DELIUS KLASING

MARK STOREY | JAMES WITTS

# FAHRRAD

## WARTUNG UND REPARATUR

AUS DEM ENGLISCHEN VON UDO STÜNKEL

DELIUS KLASING VERLAG

# Inhalt

## 1 Das richtige Fahrrad



## 2 Grundlegende Wartung und Reparaturen

## 3 Bremssysteme



## 4 Antrieb

## 5 Kontaktbereiche



## 6 Laufräder



## 7 Rahmen, Gabel, Lenkung und Federung



## 8 Schutz, Sicherheit und Zubehör



## 9 Anhänge

SCHWALBE
ONE
DT SWISS

# 1

# Das richtige Fahrrad

# Fahrräder für Erwachsene

**Vor dem Kauf eines Rades muss man sich darüber im Klaren sein, was überhaupt benötigt wird. Viele Fahrräder werden an den ersten warmen Frühlingstagen übereilt gekauft, um dann ungenutzt in Garagen und Kellern herumzustehen, weil ihre Besitzer erkannt haben, dass ihre Errungenschaft für sie nutzlos, unbequem oder unpassend ist. Radsport-Neulinge sollten sich ein Fahrrad mieten oder ausborgen, bevor hart verdientes Geld dafür ausgegeben wird.**

Lange Zeit wurde der Fahrradmarkt von 28er-Straßenrädern dominiert. Ab Anfang der 1980er-Jahre begann jedoch der Siegeszug der auf 26 Zoll großen Geländereifen rollenden Mountainbikes (MTB), deren Verkaufszahlen in den 1990er-Jahren immer weiter anstiegen. Seitdem wird das Angebot mit Trekkingrädern, Crossrädern, ATBs und Citybikes (alle mit 28 Zoll-Rädern) immer unübersichtlicher, zudem gibt es seit einigen Jahren 29er-Mountainbikes, bei denen allerdings nur dicke Reifen auf die für 28er-Reifen üblichen 622er-Felgen aufgezogen wurden. Hinzu kommen Fatbikes, Aero-Rennräder usw. Im Anhang dieses Buches gibt es mehr Informationen über Felgen- und Reifengrößen.

## Rennräder

Wie der Name bereits andeutet, geht es hier ausschließlich um Geschwindigkeit. Und um geringes Gewicht. Das Rennrad zwingt den Fahrer in eine aerodynamische Sitzhaltung und steht auf knüppelharten fingerdicken Reifen, um den Abrollwiderstand gering zu halten. Bei den neuesten Ausführungen wurden einige Mountainbike-Merkmale übernommen. So sind die Rahmen kompakter geworden und die Schalthebel an den Lenker gewandert. Weil inzwischen Scheibenbremsen auch bei Profirennen erlaubt sind, werden sie auch bei Amateuren immer beliebter. Im High-End-Bereich kommen Kohlefaser und Titan zum Einsatz, um noch das letzte Gramm einzusparen. Echte Kenner kaufen handgefertigte Rahmen von kleinen Spezialherstellern. Wer große Distanzen in möglichst kurzer Zeit überwinden will, kommt an einem hochwertigen Rennrad nicht vorbei.

*Rennrad mit Scheibenbremsen sowie kombinierten Brems- und Schalthebeln. Dünne Reifen und niedriger Lenker bieten geringen Rollwiderstand und beste Aerodynamik.*

## Endurance-Rennräder

Dies ist ein relativ neuer Rennrad-Ableger, der ein etwas höheres Steuerrohr und einen längeren Radstand aufweist, zudem besteht die Möglichkeit, breitere Reifen aufzuziehen. Dies alles soll die Fahrt etwas komfortabler machen und ist somit ideal für anspruchsvolle Strecken und Langstreckenrennen. Durch den langen Radstand haben Endurance-Bikes einen besseren Geradeauslauf, und der etwas höhere Lenker reduziert die Belastungen an Hals und Rücken – der erhöhte Komfort wird allerdings durch eine etwas schlechtere Aerodynamik erkauft.

*Das traditionelle Mountainbike weist heute zumindest eine Federgabel auf, die im Gelände den Komfort verbessert.*

*Downhill-Bikes haben nicht nur deutlich mehr Federweg, sondern auch eine speziell für Abfahrten ausgelegte Rahmen-Geometrie.*

## Mountainbikes

Dies ist der zur Zeit vielfältigste Bereich unter den Fahrrädern. Es gibt sie von Rennversionen, die sich schnell über lockeren Untergrund fahren lassen, bis hin zum Downhill-Rad, mit dem die steilsten Abfahrten und größten Hindernisse bewältigt werden können, längere Strecken auf ebener Fläche aber nahezu unmöglich sind. Ihre kompakte Geometrie und die dicken Reifen sollen natürliche und künstliche Hindernisse gut absorbieren. Der Komfort wird bei den meisten Mountainbikes durch eine Federgabel und oft auch ein gefedertes Hinterrad erhöht.

Mountainbike-Rahmen können aus Stahl, Aluminium, Titan oder »Carbon« (kohlenstofffaserverstärkter Kunststoff) hergestellt sein. Die zumeist mit Scheibenbremsen ausgerüsteten Räder gibt es je nach Einsatzzweck in unterschiedlichen Größen. Ursprünglich wurden 26er-Räder (mit 559 oder 571 mm Felgendurchmesser) verwendet, wogegen heute vor allem Fahrzeuge mit 27,5 oder 29 Zoll-Reifen verkauft werden. Größere Räder bieten mehr Traktion, rollen besser über Hindernisse und erlauben höhere Geschwindigkeiten, wiegen aber auch mehr und machen das Fahrrad unhandlicher.

In jüngster Zeit kommen sogenannte Fatbikes immer mehr in Mode. Hierbei kommen bis zu 12 cm breite Reifen zum Einsatz, die nicht nur das Fahren auf Schnee und Sand ermöglichen, sondern auch die Federung übernehmen. Die dafür erforderlichen speziellen Rahmen wurden erstmals in Alaska entwickelt.

Spezielle Downhill-Maschinen weisen an Motocross-Motorräder erinnernde Fahrwerke mit bis zu 200 mm Federweg auf, die schnelle Abfahrten und weite Sprünge auf felsigen Untergründen erlauben. Stabilität bedeutet aber auch Gewicht.

*»29er« sollen gegenüber kleineren Rädern für mehr Traktion und höhere Geschwindigkeit sorgen.*

*Fatbikes sind rein luftgefedert, sodass beim Wechsel zwischen Straße und Gelände eine Luftpumpe unerlässlich ist. Nicht nur der Rahmen, die Gabel und die Felgen sind Sonderanfertigungen, auch die Radnaben und das Tretlager müssen an die Breitreifen angepasst werden.*

## Aero-Rennräder

Aero-Bikes gehören zu den jüngsten Entwicklungen der Fahrradindustrie. Mit ihren im Windkanal optimierten Komponenten ist ihre Aerodynamik besser als die klassischer Rennräder.
Erreicht wird dies durch stromlinienförmige statt runde Rohre, integrierte Bremsen, innen verlegte Bowdenzüge sowie extrem tiefe Hohlkammerfelgen.

*Bis hin zu ovalen Speichen und windschnittigen Kurbelgarnituren geht es beim Aero-Rennrad vor allem um einen guten $c_W$-Wert – manchmal auch zulasten des Gewichts.*

## Triathlon- und Zeitfahrräder

Noch vor den Aero-Rennrädern kamen bei diesen Spezialmaschinen im Windkanal optimierte Baugruppen auf. Der Sitzrohr-Winkel ist steiler, um den Fahrer eine weit nach vorn gebeugte und windschnittige Position einnehmen zu lassen (auch dies wurde im Windkanal erprobt). Aerobar-Lenker und die extreme aerodynamische Geometrie erschweren die Handhabung, sodass diese Räder eher für Triathlons mit Windschattenverbot oder Einzelzeitfahren geeignet sind, aber nicht für Massenveranstaltungen. Triathlon- und Zeitfahrräder sind sich sehr ähnlich, doch erstere bieten oft größere Stauraum-Optionen. Weil bessere Aerodynamik mit schlechterem Komfort erkauft werden muss, sind Triathlon- und Zeitfahrräder für sehr lange Fahrtzeiten eher ungeeignet.

*Dieses Triathlon-Rad bietet neben der hervorragenden Aerodynamik auch ein im Windkanal optimiertes Trinksystem.*

## Cyclocross

Diese auch Querfeldeinräder genannten Maschinen ähneln auf dem ersten Blick klassischen Rennrädern, doch bei näherer Betrachtung lassen sich einige dezente, aber bedeutende Unterschiede entdecken. Da sind zuerst die etwas breiteren und profilierten Reifen, die auch abseits des Asphalts Traktion und Stabilität bieten. Zwischen den Reifen und dem Rahmen ist etwas mehr Platz, damit Matsch und Dreck nicht gleich zur Bremse wird. Scheibenbremsen sind inzwischen Standard, weil sie im Offroad-Betrieb deutlich besser funktionieren. Die Übersetzung ist etwas kürzer ausgelegt, damit dem erhöhten Widerstand unbefestigter Untergründe mit erhöhter Trittfrequenz begegnet werden kann.

*Cyclocrosser sind geländegängige Rennräder – und entsprechend in vielen Details angepasst.*

*Gravel-Bikes ähneln Cyclocrossern, eignen sich aber besser für die Langstrecke.*

## Gravel-Bikes

Wer den Unterschied zwischen einem Querfeldein- und einem Straßen-Rennrad als marginal bezeichnet, wird die Differenzen zwischen einem Cyclocrosser und einem Grave-Bike (»Schotterrad«) als Haarspalterei abtun. Der wichtigste Unterschied ist, dass das Gravel-Bike weniger für Rennen als vielmehr für lange Strecke über Untergründe aller Art ausgelegt ist. Es weist Aufnahmen für Schutzbleche und einen Gepäckträger auf. Die Rahmengeometrie sorgt für etwas mehr Entspannung und Komfort und das gesamte Paket ist für breitere Reifen und eng abgestufte »kleine« Gänge ausgelegt, um lange Strecken querfeldein möglichst bequem zu machen.

## Fixies

Hierbei handelt es sich um Fahrräder ohne Schaltung und ohne Freilauf – die Pedale sind also »fest« mit dem Hinterrad verbunden, sodass auch bergab mitgetreten werden muss. In der Fahrrad-Community sorgen sie gleichzeitig für Bestürzung und Freude, doch egal, ob man sie mag oder nicht: Sie haben ihre Vorzüge. Der erste ergibt sich aus der Tatsache, dass man mit traditionellen Fahrrädern bei jeder Fahrt bis zu ein Drittel der Strecke im Freilauf zurücklegt. Mit einem Fixie ist dies nicht möglich, sodass das Nerven- und Muskelsystem härter arbeiten muss; manche behaupten gar, dass eine Stunde auf einem Fixie zwei Stunden auf einem Rennrad bedeuten. Hardcore-Fixies haben noch nicht einmal Bremsen, sodass auch die Verzögerung mit den Beinen erledigt werden muss. Weil ein Fixie stets auf eine Schaltung verzichtet, ist es zudem wesentlich einfacher in Schuss zu halten. Eingangräder mit Freilauf nennt man Singlespeed-Bike. Man kann das Rad auch mit einer »Flip-Flop«-Nabe ausrüsten, bei der das Hinterrad einfach umgedreht wird, um von Fixie auf Freilauf wechseln zu können.

*Weil weder die Übersetzung geändert noch gerollt werden kann, ist der Trainingsfaktor auf einem Fixie beträchtlich höher als auf jedem anderen Sportrad.*

## Trekkingräder

Unter diesem Sammelbegriff finden sich alle möglichen 28er-Fahrräder, die sowohl für die Stadt als auch für leichtes Gelände geeignet sind. Die ursprüngliche Idee war, einen leichten Rennrad-Rahmen mit stabilen Mountainbike-Komponenten zu kombinieren. Je nach Preis und Einsatzzweck kommen Rahmen aus Stahl oder Aluminium, starre oder gefederte Gabeln, Ketten- oder Nabenschaltungen, Felgen- oder Scheibenbremsen sowie Slicks oder Stollenreifen zum Einsatz. Zudem gibt es sie mit und ohne Beleuchtung und/oder Schutzbleche.

Dank der aufrechten Sitzposition, der Unempfindlichkeit gegenüber Schlaglöchern oder Bordsteinen sowie der Möglichkeit, Gepäckträger anzubringen, eignen sie sich gut für den Alltagseinsatz und für Radtouren.

## Reiseräder

Hier handelt es sich im Prinzip um alltagstaugliche Rennräder, die mit längeren Rahmen samt diverser Befestigungsmöglichkeiten für die große Tour vorbereitet sind. Traditionelle Reiseräder haben Rennradlenker, doch heute werden auch gern MTB- oder gar gekröpfte Lenker verwendet. Manche Reiseräder sind auch mit stabileren 26-Zoll-Laufrädern ausgerüstet. Für den echten Weltreisenden kommt auch heute nur ein maßgeschneiderter Stahlrohrrahmen infrage, denn dieser kann notfalls überall geschweißt werden.

*Dieses Tourenrad ist mit einem Gepäckträger, Schutzblechen, Flaschenhaltern sowie stabilen Laufrädern mit 36 Speichen gut für lange Reisen vorbereitet.*

## Falträder

Wie das E-Bike erlebt auch das Faltrad zur Zeit einen echten Boom. Viele Pendler nehmen das zusammengefaltete Gefährt im Bus oder in der Bahn mit, um das letzte Stück in der Innenstadt mit dem Faltrad zu fahren (und die Kosten für den Fahrradtransport zu sparen). Aufgrund der kleinen Laufräder eignen sie sich weniger gut für lange Strecken. Je höher der Preis, desto geringer das Gewicht und kleiner das zusammengefaltete Packmaß.

*Dieses Faltrad von Bickerton ist mit Gangschaltung, Gepäckträger und Schutzblechen ausgestattet.*

## E-Bikes

Fahrräder mit elektrischer Unterstützung werden weltweit immer beliebter. Anfangs als Mobilitätshilfe für Senioren belächelt, setzen sich E-Bikes in immer mehr Bereichen des Radsports durch – bis hin zum Rennrad. Auf Strecken bis zehn Kilometer zum Arbeitsplatz (und bei einigermaßen gutem Wetter) sind sie fast jedem anderen Fahrzeug überlegen, und weil der Motor nur arbeitet, wenn auch in die Pedale getreten wird, tut man auch noch etwas für die Gesundheit.

*E-Bikes gibt es heute für jeden Einsatzzweck. Je nach Ausführung schaltet der Motor bei 25 km/h oder bei 45 km/h ab – dann ist aber auch ein Versicherungskennzeichen und ein entsprechender Führerschein fällig.*

### Die richtige Rahmengröße

**Bei Fahrrädern mit klassischem Diamantrahmen samt horizontalem Oberrohr ist die Auswahl der korrekten Rahmengröße eine einfache Sache. Die Hersteller geben die Rahmengröße als Abstand zwischen der Tretlager-Mitte und der Sitzrohr-Klemmschraube (oder auch dem oberen Rand des Oberrohrs) an. Das Oberrohr wird dabei proportional angepasst. Wer weiß, wie groß sein Rahmen sein muss, kann mehr oder weniger leicht von einem Hersteller zum anderen wechseln.**

**Mit der Ankunft des Mountainbikes und des nach hinten abfallenden Oberrohrs an kompakten Straßenrädern wurde diese einfache Gleichung zunichte gemacht. Heute kommen noch die »Aheadset«-Lenkkopflager mit ihren leicht austauschbaren Vorbauten sowie überlange Sattelstützen (bis zu 300 mm) hinzu, was nicht zur Übersichtlichkeit beiträgt. Viele Hersteller haben sich von feiner abgestuften Rahmengrößen verabschiedet und bieten ihre Fahrräder einfach in S, M oder L samt entsprechender Körpergrößen-Tabelle an.**

**Die unten aufgeführte Tabelle stellt einen guten Anhaltspunkt für Straßenräder ohne Hinterradfederung dar. Gefederte Rahmen haben meistens kleinere Maße. Den besten Rat liefert immer noch fachkundiges Personal beim örtlichen Fahrradhändler. Oft kann man sich dort verschiedene Fahrradtypen für einen Tag ausleihen – und der Mietpreis wird zumeist beim Kauf eines Rades verrechnet. Allerdings wird kaum ein Händler alle Fahrradtypen in allen Größen vorrätig haben, sodass man nicht unbedingt ein Karbon-Rennradrahmen in XXL erwarten darf.**

| Rahmengröße (Zoll) | Rahmengröße (cm) | Schrittlänge |
|---|---|---|
| 15 in | 38 cm | 61 bis 73 cm |
| 16 in | 41 cm | 64 bis 76 cm |
| 17 in | 43 cm | 66 bis 79 cm |
| 18 in | 46 cm | 68 bis 81 cm |
| 19 in | 49 cm | 71 bis 84 cm |
| 20 in | 51 cm | 74 bis 86 cm |
| 21 in | 54 cm | 76 bis 89 cm |
| 22 in | 56 cm | 79 bis 91 cm |
| 23 in | 59 cm | 81 bis 94 cm |

#### Triathlonrad

**Triathlon- und Zeitfahrräder sind für möglichst hohe Geschwindigkeit gebaut. Deswegen haben sie einen aerodynamischen Rahmen, Aerobars und Disc-Laufräder. Damit auch der Fahrer eine möglichst windschnittige Haltung einnimmt, muss der Rahmen – besonders für lange Strecken – die richtige Größe aufweisen.**

| Körpergröße | Rahmengröße |
|---|---|
| 148 bis 152 cm | 47 bis 48 cm |
| 152 bis 160 cm | 49 bis 50 cm |
| 160 bis 168 cm | 51 bis 53 cm |
| 168 bis 175 cm | 54 bis 55 cm |
| 175 bis 183 cm | 56 bis 58 cm |
| 183 bis 191 cm | 58 bis 60 cm |
| 191 bis 198 cm | 60 bis 63 cm |

#### Trekkingbikes

**Diese Fahrräder werden oft als Freizeitgerät oder für den Weg zur Arbeit genutzt. Sie verbinden Elemente aus dem Mountainbike mit schmaleren Straßenreifen. Oder sie sehen wie ein Rennrad mit flachem Lenker aus. Bei der Größenbestimmung eines Trekkingrad-Rahmens sollte berücksichtigt werden, ob das Rad eher auf der Straße (größerer Rahmen) oder im Gelände (im Zweifel der kleinerere Rahmen) eingesetzt wird.**

| Körpergröße | Rahmengröße (cm) | Rahmengröße (Zoll) |
|---|---|---|
| 148 bis 158 cm | 33 bis 36 cm | 13 bis 14 in |
| 158 bis 168 cm | 38 bis 41 cm | 15 bis 16 in |
| 168 bis 178 cm | 43 bis 36 cm | 17 bis 18 in |
| 178 bis 185 cm | 49 bis 51 cm | 19 bis 20 in |
| 175 bis 193 cm | 54 bis 56 cm | 21 bis 22 in |
| 193 bis 198 cm | 59 bis 61 cm | 23 bis 24 in |

## Fahrräder für Frauen

Einst zeichneten sich »Damenräder« ausschließlich durch ein fehlendes Oberrohr und ein bis zwei geschwungene Unterrohre aus. Diese eleganten Hollandräder mit Durchstieg sind noch heute populär, doch inzwischen sind auch andere Fahrradtypen frauenspezifisch abgestimmt.

Für Frauen entwickelte Rennräder tragen heute die Bezeichnung »WSD« für Woman-Specific Design. Wo manche Hersteller früher einfach pinkfarbenen Lack auftrugen, zeichnen sich WSD-Räder heute durch kürzere Oberrohre und längere Unterrohre aus, um sich an die weibliche Anatomie mit proportional kürzerem Oberkörper und längeren Beinen anzupassen. Auch die Kurbeln können kürzer sein, und kleinere Frauen-Rennräder sind mit 650er- statt der üblichen 700er-Räder ausgerüstet. Am Mountainbike finden sich speziell abgestimmte Federelemente.

Es lohnt sich allerdings, die Herstellerangaben für spezielle Frauenräder mit denen für »normale« Fahrräder zu vergleichen. Oft unterscheiden sie sich in nur wenigen Details. Manchmal wird sogar der gleiche Rahmen mit kürzeren Vorbauten, einem Damensattel und kürzeren Kurbeln ausgerüstet und in einer typisch »weiblichen« Farbe überzogen – um anschließend zu einem Premiumpreis angeboten zu werden. Es kann deutlich billiger sein, ein »Herrenrad« mit neuem Vorbau und Sattel in ein preiswertes WSD-Rad zu verwandeln.

Das klassische Damenrad mit Durchstieg bleibt trotz schwereren und instabileren Rahmens für viele Frauen erste Wahl – besonders, wenn es als »Hollandrad« mit einem geschlossenen Kettenkasten, Nabenschaltung samt Rücktrittbremse, integriertem Schloss und hohem Lenker ausgerüstet ist. Solche Modelle eignen sich nicht unbedingt für große Reisen, aber für Alltagseinsätze und kleine Feierabend-Runden sind sie nahezu perfekt.

Der für viele Frauen vielleicht wichtigste Punkt ist ein bequemer Sattel. Generell sind Frauensättel hinten etwas breiter und vorn kürzer als Herrensättel. Meistens sind sie mit Gelpolstern ausgerüstet, um das Fahren möglichst bequem zu machen. Allerdings bedeutet weich nicht immer auch komfortabel. Viele Radsportler bevorzugen eher feste Sättel. Weil das Komfortempfinden stark von persönlichen Vorlieben abhängt, sollte die endgültige Entscheidung für den Sattel erst nach dem Ausprobieren unterschiedlicher Modelle erfolgen.

*Ein in der Rahmengeometrie und den Komponenten für die weibliche Anatomie ausgelegtes Mountainbike von Liv.*

*Ein Damen-Rennrad mit kompaktem Rahmen kann natürlich nicht nur von Frauen, sondern auch von kleiner gewachsenen Männern gefahren werden. Für ambitionierte Radsportler gleich welchen Geschlechts ist eine individuelle Rahmen- und Einstellungsmessung eine sinnvolle Investition.*

*Das klassische Damenrad mit geradem Unterrohr und gebogenem Oberrohr. Der weit zurückgezogene hohe Lenker verspricht zusammen mit dem Federsattel eine entspannte Sitzposition – aber nicht auf langen Strecken.*

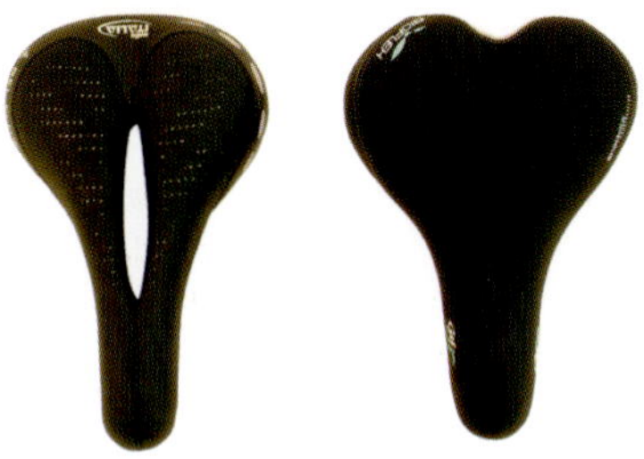

*Damensättel sind generell kürzer und hinten breiter als Herrensättel. Während der linke Sattel für den sportlichen Einsatz konzipiert ist, wird der stärker gepolsterte rechte Sattel eher auf Alltags-Rädern Verwendung finden.*

## Anpassungsmöglichkeiten

**1** Eine gekröpfte Sattelstütze ist eine Alternative zu einem längeren Vorbau.

**2** Hochwertige Bremsarmaturen lassen sich in der Hebel-Reichweite einstellen.

**3** Mit einem einstellbaren Vorbau lässt sich rasch die Sitzposition ändern. Solche Vorbauten sind allerdings nicht für den Geländeeinsatz geeignet.

# Die richtige Sitzposition

Hat man ein Fahrrad der richtigen Größe beschafft, müssen einige kleine Anpassungen erledigt werden, um die richtige Sitzposition zu erzielen. Man kann viele Radfahrer beobachten, die entweder ein Fahrrad der falschen Größe fahren oder ihr Rad nicht korrekt eingestellt haben. Man sieht Menschen, die mit wiegenden Hüften auf zu großen Rädern oder zu hoch eingestellten Sätteln sitzen. Und gelegentlich sieht man auch Fahrer, deren Knie fast schon das Kinn berühren.

Abgesehen von deutlichen Komfort-Einbußen, kann ein unangepasstes Fahrrad auch zu ernsthaften Verletzungen führen, besonders im Kniebereich. Wie aber kommt man zum perfekt passenden Fahrrad? Im Internet findet sich eine Fülle von Tipps, doch wer es sich leisten kann, sollte sich professionellen Rat holen.
Ein guter Fahrradhändler wird neben der Anatomie auch individuelle Wünsche und sportliche Ziele berücksichtigen. Wer ein aerodynamisches Triathlonrad sucht, will anders sitzen als jemand, der ein bequemes Rad mit Durchstieg und Hochlenker fahren will. Fachleute können die muskuläre Flexibilität und Leistungsfähigkeit ihres Kunden einschätzen, ihn vermessen und nötigenfalls mit orthopädischen Hilfsmitteln versorgen. Solche Ratschläge kosten eventuell etwas Geld, aber das sollten sie uns auch Wert sein.

Wer darauf verzichtet und beim hier beschriebenen Prozess methodisch vorgeht, wird auch mit einem selbst angepassten Fahrrad zufrieden sein. Wir empfehlen die 109%-Methode. Diese wissenschaftlich gestützte Formel geht davon aus, dass die Sattelhöhe für den wirkungsvollsten Pedalhub 109 Prozent der Schrittlänge beträgt. Man misst also einfach die innere Beinlänge – barfuß und gerade stehend – und multipliziert diesen Wert mit 1,09, um den optimalen Abstand zwischen dem ganz unten stehenden Pedal und der Oberseite des Sattels zu erhalten. Wessen Schrittlänge beispielsweise 81 cm beträgt, dessen Sattel muss sich 88 cm über dem unten stehenden Pedal befinden.

Anschließend wird die Längsposition des Sattels durch Verschieben nach vorne oder hinten eingestellt. Dazu setzt man sich aufs Rad, bringt die Kurbeln in die horizontale Position und prüft mit einem Lot, ob sich das Knie direkt über der Pedalachse befindet – andernfalls muss der Sattel entsprechend vor- oder zurückgeschoben werden.
Wenn der Sattel gut eingestellt ist, wird es Zeit, sich um den Lenker zu kümmern. Dessen Form hängt stark vom Fahrradtyp und dem eigenen Fahrstil ab. Für Freizeitradler und Mountainbiker, die lieber etwas aufrechter fahren und ein Rad mit Aheadset-Lenkkopflagern besitzen, gibt es eine Vielzahl an Vorbau-Längen und -Höhen. Wer ein klassisches Gewinde-Lenkkopflager hat, kann entweder andere Klemm-Vorbauten benutzen oder gleich einen Adapter verwenden, um die Gabel mit einem »Ahead-Vorbau« auszurüsten. Wichtig ist, dass beim Fahren die Bremsen gut erreicht werden und die Lenkung nicht behindert wird.

Für Spazierfahrten oder Besorgungen ist eine fast aufrechte Position in Ordnung; der aggressive Geländefahrer muss sich hingegen weit nach vorn beugen, um das Vorderrad besser belasten und kontrollieren zu können. Beim klassischen Rennrad mit Bügellenker beugt sich der Fahrer beim Griff an den unteren Bereich noch weiter vor, um dem Wind möglichst wenig Angriffsfläche zu bieten. In dieser Position ist es schon schwierig, den Blick weit voraus zu richten. Doch selbst auf dem Rennrad hat man die Hände meistens knapp über den Bremshebeln im oberen Bereich. In dieser Position ist der Rücken um etwa 45° nach vorn gebeugt, doch auch hier hängt die exakte Haltung von den persönlichen Vorlieben ab. Viele Straßenfahrer mögen zwar eine eher aufrechte Position bei gemütlicher Fahrt, schieben sich jedoch weiter nach hinten, wenn sie den Lenker unten greifen.

Für viele Fahrer sind gelegentliche kleinere Einstellungswechsel am Lenker, Vorbau und Sattel angenehmer als feste Vorgaben. Wenn es sich gut anfühlt und zum eigenen Fahrstil passt, ist alles in Ordnung.

*Mit dem Fußballen auf dem Pedal darf das Bein niemals ganz durchgestreckt sein. Diese Schuhe werden in Klickpedale eingehakt, sodass der Fuß immer in der korrekten Position steht.*

*Ein improvisiertes Lot kann beim Einstellen der Längsposition des Sattels hilfreich sei*

# Fahrräder für Kinder

Kinderräder werden eher nach dem Felgendurchmesser als der Rahmengröße klassifiziert. Die nebenstehende Tabelle kann als grober Hinweis für die Wahl des richtigen Fahrrades genutzt werden. Der größte Fehler beim Kauf des ersten Fahrrades liegt in dem Glauben, das Kind würde schon »hineinwachsen«. Denn nichts hindert einen kleinen Menschen mehr am Radfahren als ein zu großes Fahrrad. Natürlich wird das Rad irgendwann passen, doch bis dahin kann die Frustration so groß werden, dass der Nachwuchs nie wieder Lust aufs Radfahren hat.

Am Anfang steht zumeist ein Laufrad – mehr dazu auf Seite 17. Dann kommt das erste Fahrrad mit 14er- oder 16er-Rädern. Diese sind häufig sehr einfach gebaut und mit extrem preiswerten Komponenten ausgerüstet, doch sie sind meistens funktional und robust und halten mit etwas Wartung bis zum nächsten Modell. Besondere Aufmerksamkeit muss auf die oft schwachen Bremsen gelegt werden, denn kleine Hände schaffen es nicht immer, gegen schwergängige Züge und schlecht eingestellte Hebel anzukämpfen.

Je größer die Räder, desto mehr entwickeln sich Kinderräder zu verkleinerten Erwachsenen-Fahrrädern. BMX-Räder mit 20-Zoll-Felgen gehören zu den robustesten Fahrrädern überhaupt und eignen sich für Kinder ab acht bis unendlich. Ihr einfacher Aufbau ohne Schaltung bedeutet einfache und unkomplizierte Wartung. 24-Zoll-Fahrräder können bereits von kleinen Erwachsenen gefahren werden. Wenn das Rad an jüngere Geschwister weitergereicht werden kann, sollte in höherwertigeres Material investiert werden.

Auch wenn Kinder quengeln, sollte auf modische und trendige Bikes verzichtet werden, da diese oft teuer, schwer und empfindlich sind. Besonders bei größeren Kinderrädern ist der klassische Diamantrahmen oft die beste Option. Und wenn nicht gerade ein sehr hochwertiges Rad angeschafft wird, sollte auf Federelemente verzichtet werden, da sie meistens nur schwer und störungsanfällig sind.

*Ein Laufrad für sehr kleine Kinder; balancieren kann man darauf kaum lernen.*

| Felgendurchmesser | Alter |
|---|---|
| 14 Zoll | 2 bis 5 Jahre |
| 16 Zoll | 5 bis 7 Jahre |
| 20 Zoll | 7 bis 9 Jahre |
| 24 Zoll | 9 bis 11 Jahre |
| 26 Zoll | ab 11 Jahren |

## 24er-Räder

Diese Fahrräder sind oft bereits mit »Aheadsets«, V-Bremsen, Kettenschaltung, abgedichteten Radlagern und Leichtmetallfelgen ausgerüstet, sodass man sie mithilfe einer längeren Sattelstütze leicht zu kleinen Erwachsenen-Rädern umwandeln kann.

## BMX-Räder

Dieses hat 16er-Räder, die meisten rollen auf 20ern. Mit ihren dicken Reifen und 36-Speichenrädern (es gibt sie auch mit 48 Speichen) machen solche Fahrräder einiges mit. Sie eignen sich gut zum Erlernen von Sprüngen und Geländefahrten, sind aber nicht für längere Strecken geeignet. Dieses Modell ist mit einer speziellen Vorderradbremse ausgerüstet, die das vollständige Herumdrehen der Lenkung erlaubt.

## 14er-Räder

Für viele Kinder das erste Fahrrad. Die häufig mitgelieferten Stützräder sollten möglichst bald wieder abgeschraubt werden.

## 16er-Räder

Auch hier werden oft Stützräder mitgeliefert, die jedoch nur so lange dranbleiben sollten, bis der Bewegungsablauf stimmt. Wichtig sind leichtgängige Bremsen. Ein kleiner Familienausflug ist mit solchen Rädern bereits möglich.

## 20er-Räder

Ab etwa sieben Jahren können Kinder auch mit Schaltungen umgehen. Bevor man sich jedoch für eine empfindliche Kettenschaltung entscheidet, sollte eine wartungsarme Nabenschaltung in Betracht gezogen werden.

# Kindern das Radfahren beibringen

Jahrzehntelang wurden Kinder über das Dreirad und das Fahrrad mit Stützrädern ans eigentliche Fahrrad herangeführt. Erst um die Jahrtausendwende wurde die ursprüngliche Idee der 1817 von Karl von Drais erfundenen Laufmaschine wieder aufgegriffen, um Kindern das Einspurfahrzeug näherzubringen. Das Kinder-Laufrad hat keine Pedale, sodass das Kind sich wie beim Roller mit dem Fuß vom Boden abstoßen muss; oft ist auch keine Bremse vorhanden. So erlernt das Kind zunächst nur das Balancieren, ohne sich um das richtige Pedalieren und Bremsen kümmern zu müssen.

Kinder-Laufräder gibt es heute in unzähligen Varianten. Am wichtigsten ist die Größe des Rahmens: ist der zu groß, wird der Knirps sich schwertun; ist er zu klein, wird es ihm rasch zu eng. Hier muss darauf geachtet werden, wie weit der Sitz verstellbar ist.

Selbst nach einem Laufrad kann der Schritt zum Fahrrad zu groß sein, sodass Stützräder Vertrauen bringen können, bis die Sache mit den Pedalen und den Bremsen erlernt ist. Beim Balancieren sind Stützräder jedoch extrem hinderlich, und wenn bereits mit nur einem Stützrad beschleunigt wird, müssen die Krücken weg.

Ohne Stützräder beginnt man am besten auf einer leicht abschüssigen Rasenfläche, auf der das Fahrrad ohne Pedaleinsatz rollen kann. Im Idealfall endet der Rasen unten mit einem leichten Anstieg, der das Rad wieder bremst. Der Sattel sollte in eine Position gebracht werden, in der beide Füße fest auf dem Boden stehen können, dann lässt man das Kind mit angehobenen Füßen losrollen und folgt ihm mit einer Hand unter dem Sattel, die aber das Rad nicht berührt, solange kein Unfall droht. Hat das Kind genügend Vertrauen gefunden, bittet man es, die Füße auf die Pedale zu stellen; am Ende darf es selbst treten.

Sobald sich das Kind sicher auf dem Rad hält, kann der Sattel in die korrekte Höhe gebracht werden. Anschließend werden einige Grundübungen wie Anhalten an einer Linie oder Slalom auf einer Hütchen-Strecke durchgeführt. Wenn diese Dinge beherrscht werden, kann es auf öffentliche Straßen gehen. Hierbei beginnt man natürlich in einem ruhigen Wohnviertel und fährt immer hinter dem Kind her – aber nicht zu dicht.

Schließlich sollte jeder Fahrrad-Neuling ein formales Training mitmachen, wie es oft an Schulen angeboten wird.

*Kinder sollten beim Radfahren einen Helm tragen. Dies ergibt sich von selbst, wenn auch die mitfahrenden Eltern einen Helm tragen.*

FINISH LINE
TEFLON
FLUOROPOLYMER
GREASE
FETT
GRAISSE
Prevents Rust
Schützt vor Rost
Prévient La
Rouille
Net Wt. 3.5oz 100g
Super
Lube
Synthetic
Grease
With Syncolon® (PTFE)
Multi-Purpose Lubricant
Español al Dorso
Cross Country
FINISH LINE
WET
LUBRICANT
EXTREME RIDING CONDITIONS
4 fl oz ℮ 120 mL
READ PRECAUTIONS ON BACK LABEL
Rock N Roll
Lubrication
THE KING OF LUBES
Extreme

# 2

# Grundlegende Wartung und Reparaturen

# Fachbegriffe

Vorbau
Aheadset-Distanzringe
Oberrohr
Bowdenzug-Widerlager
Unterrohr
Kettenblätter
Kurbeln
Gabel-Ausfallende
Bremshebel/Schalthebel
Lenker
Lenkkopflager
Steuerrohr
Vorderrad-
bremse
Reifenventil
Vorderrad
Speiche
Reifen
Gabel
Nabe
Felge
Speichennippel
Radmuttern oder
Schnellspanner
GENESIS
KENDA
ALEXRIMS
KENDA KRITERIUM

## Alternative Sättel

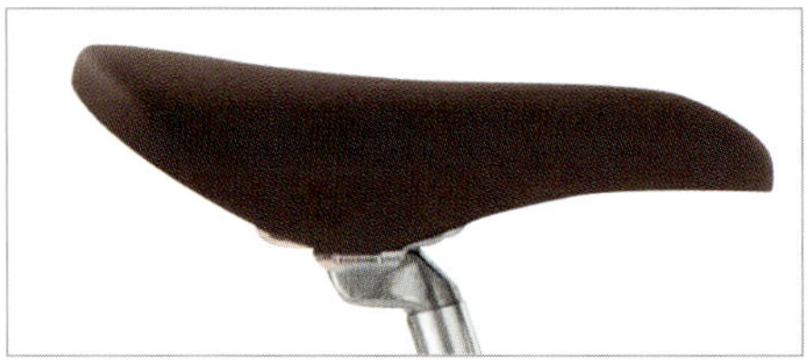

**Damensattel**
*Hinten breiter, vorn kürzer – der weiblichen Anatomie angepasst.*

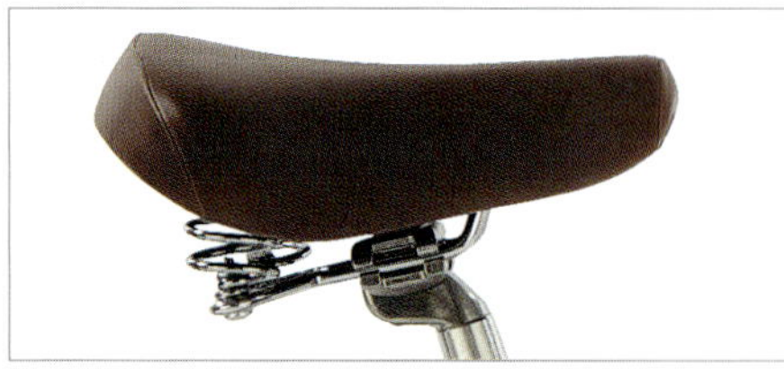

**Federsattel**
*Immer noch der weitverbreitete klassische Fahrradsattel.*

**I-Beam**
*Das Ultra-Leichtgewicht von SDG.*

## Alternative Lenker

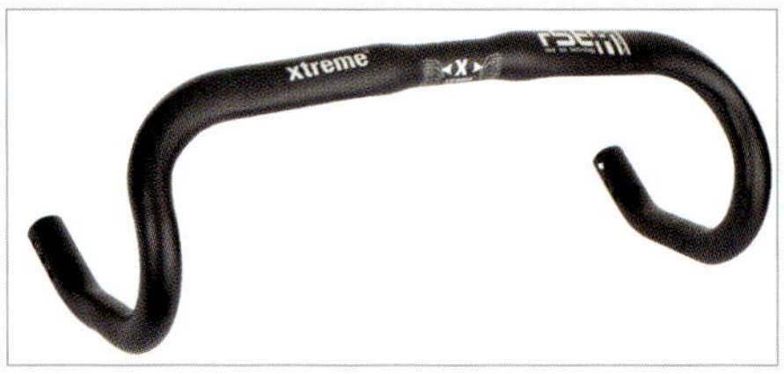


**Bügellenker**
*Für Rennräder, Reiseräder und Querfeldein- (CX-) Räder.*

**Lenkstange**
*Für Kinderräder, Mountainbikes und ATBs.*

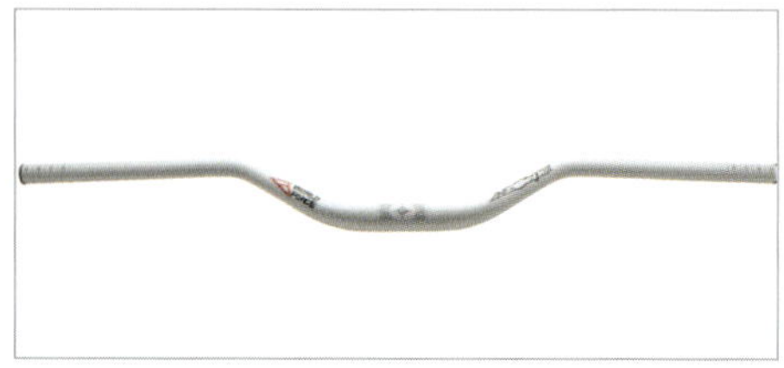

**Gekröpfte Lenker**
*Für viele verschiedene Fahrräder, auch MTBs und Trekkingräder.*

## Alternative Antriebe

**Nabenschaltung**
*Dank ihrer Wartungsarmut weiterhin populär.*

**Eingang-Naben**
*Lange verbreitet an Kinder- und BMX-Rädern. In der belastbaren Bahnradsport-Variante heute auch an Singlespeed-Bikes zu finden.*

## Alternative Reifen

**26er-Slicks**
*Für auf reinen Straßenbetrieb umgebaute MTBs.*

**28er-Straßenreifen**
*Für Rennräder, Reiseräder und ATBs.*

# Werkzeug

Ein umfangreiches Werkzeugsortiment ist unerlässlich. Jeder Radfahrer sollte mit einer Basis-Ausrüstung für unterwegs beginnen, die er für den Fall der Fälle ständig mit sich führt. Gern wird dieses Set zusammen mit einem Ersatzschlauch in einer kleinen Tasche unter dem Sattel mitgeführt. Wer jetzt noch eine Luftpumpe dabei hat, dürfte gegen die meisten Probleme gewappnet sein.

Zur Grundausstattung für zuhause gehören neben üblichen Handwerkzeugen auch einige spezielle Fahrradwerkzeuge. Reinigungsmittel werden genauso benötigt wie eine Auswahl an Schmiermitteln. Eine Werkbank mit Schraubstock kann sehr hilfreich sein.

Der engagierte Heimwerker benötigt weitere Spezialwerkzeuge sowie einen stabilen Montageständer für das Fahrrad und einen Zentrierständer für Laufräder.

Die meisten der hier gezeigten Werkzeuge werden zusätzlich zur Grundausstattung benötigt, die man sowieso zuhause haben sollte.

## Universalwerkzeug

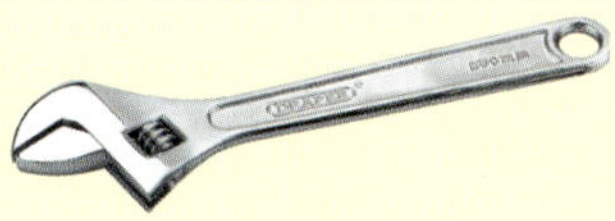


**Zangen** – Eine Kombizange kann vielfältig eingesetzt werden. Sie eignet sich ideal zum Vorspannen von Bowdenzügen.

**Rollgabelschlüssel** – Die beste Option für ungewöhnliche Schrauben- und Mutterngrößen. Sehr sinnvoll beim Anziehen der Kontermuttern an traditionellen Gewinde-Steuersätzen.

**Schraubendreher** – Ein kleiner Schlitz- oder Kreuzschlitz-Schraubendreher wird zum Einstellen der Bremsen und Schaltungen benötigt. Große Schraubendreher können gut als Hebel eingesetzt werden.

**Schraubenschlüssel** – ein Satz Maul/Ringschlüssel von 6 bis 19 mm ist unerlässlich.

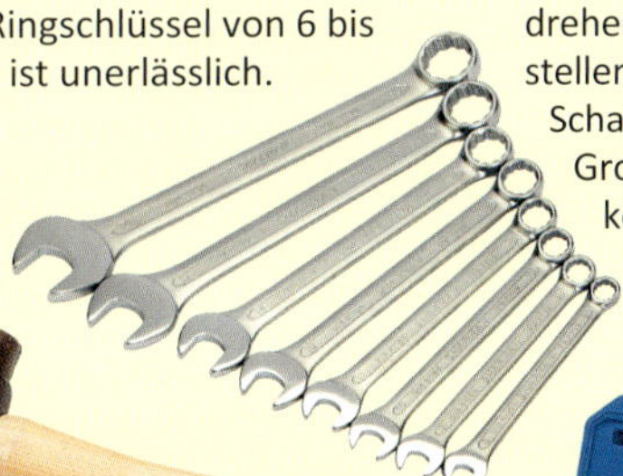

**Hammer**
Nylon- oder Kunststoffhammer (oder Kupfer/Rohhaut-Hammer) – Eignet sich gut zum Austreiben von Komponenten, ohne dabei Schäden anzurichten.

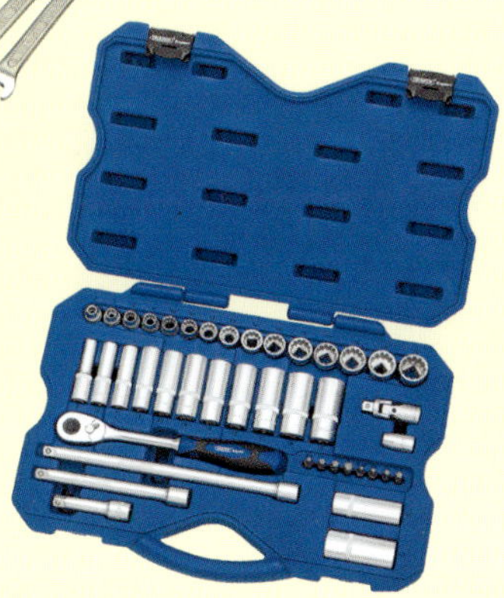

**Steckschlüsselsatz ($^3/_8$-Zoll)** – Sinnvoll, um viele Arbeiten schneller zu erledigen. BMX-Fußrasten und manche Federgabeln lassen sich nur mit Steckschlüsseln demontieren.

**Reißnadel** – Wunderbar zum Öffnen gekappter (und dabei gequetschter) Bowdenzug-Hüllen. Eignet sich auch gut zum Reinigen von Inbus- und Torxschrauben.

## Minimal-Bordwerkzeug

Dies ist wahrscheinlich das absolute Minimalwerkzeug für unterwegs – plus die obligatorische Luftpumpe. Das mit einem Rollgabelschlüssel ausgerüstete Multitool löst die meisten bei kleinen Ausflügen entstehenden Probleme.

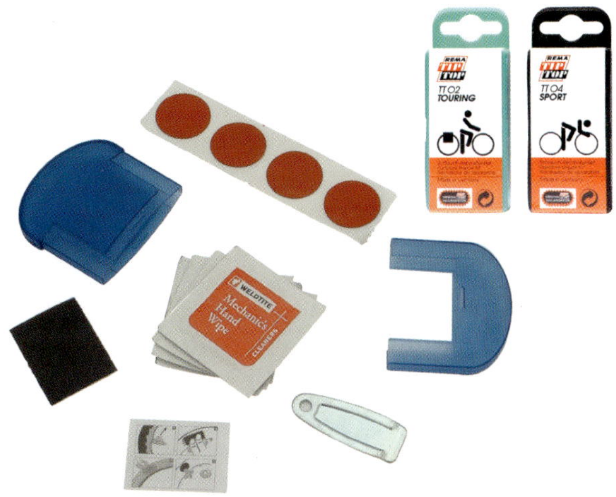


**Flickzeug**
Unentbehrlich – niemals ohne losfahren! Es gibt inzwischen haltbare selbstklebende Flicken, doch viele Radsportler bevorzugen die klassischen Gummiflicken mit Vulkanisierlösung.

**Montierhebel**
Sollten aus Kunststoff bestehen, um Felgen, Schläuche und Reifen nicht zu beschädigen.

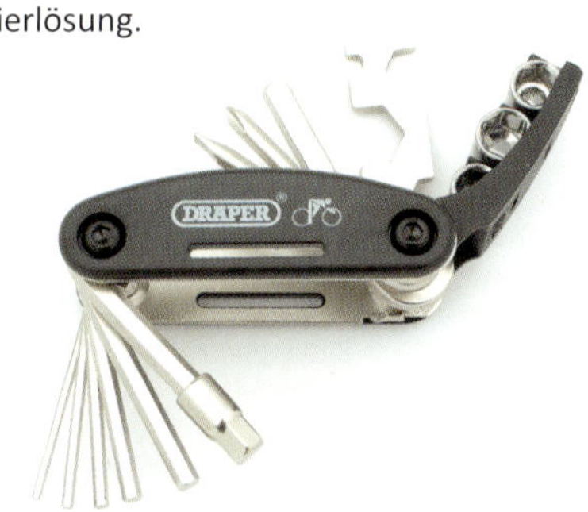


**Multitool**
Gibt es heute in zahllosen Varianten. Viele Modelle sind auch mit einem Kettennieter ausgerüstet.

**Ersatzschlauch**
Besonders an kalten und regnerischen Tagen ein erfreuliches Mitbringsel.

**Kettennieter**
Unerlässlich, soweit nicht schon das Multitool damit ausgerüstet ist.

**Kettenschloss**
Die schnelle Lösung für unterwegs – solange es zur Kette und zur Schaltung passt.

# Grundausstattung für zuhause

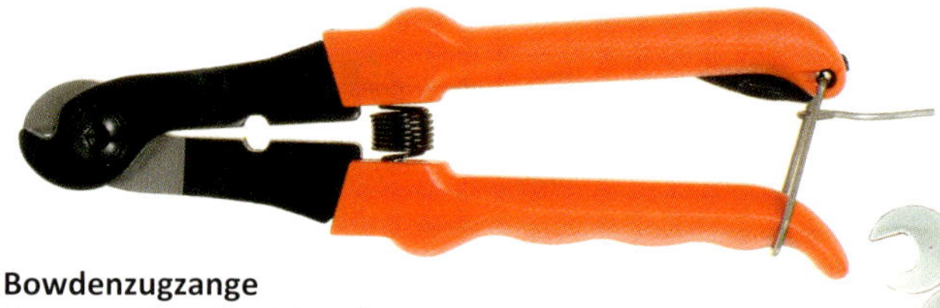

**Bowdenzugzange**
Das von allen Spezialwerkzeugen wohl am häufigsten verwendete Werkzeug, sodass auch Geld für ein hochwertiges Modell ausgegeben werden kann, wenn man lange Jahre etwas davon haben möchte.

**Lenkkopflager-Schlüssel**
Kommen bei traditionellen Gewinde-Steuersätzen oft in Verbindung mit einem Rollgabelschlüssel zum Einstellen des Lagerspiels zum Einsatz.

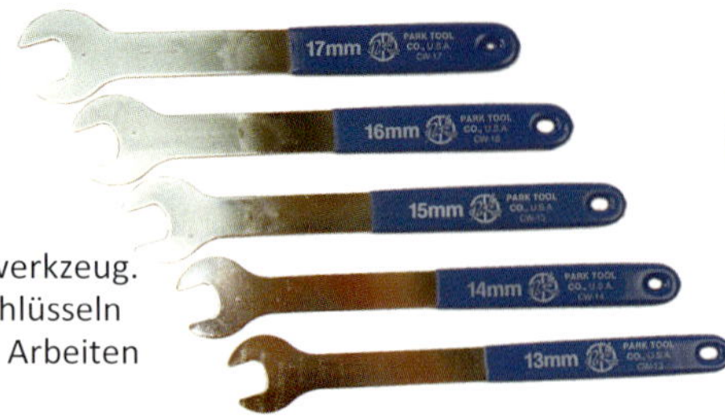


**Konusschlüssel**
Ein wichtiges Spezialwerkzeug. Dieses Set mit fünf Schlüsseln reicht für die meisten Arbeiten aus.

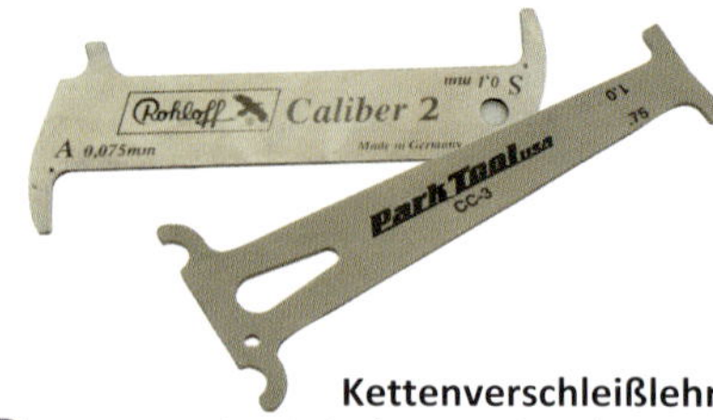


**Kettenverschleißlehre**
Die einfachste und wirksamste Methode zur Ermittlung des Kettenverschleißes. Es sind verschiedene Ausführungen am Markt.

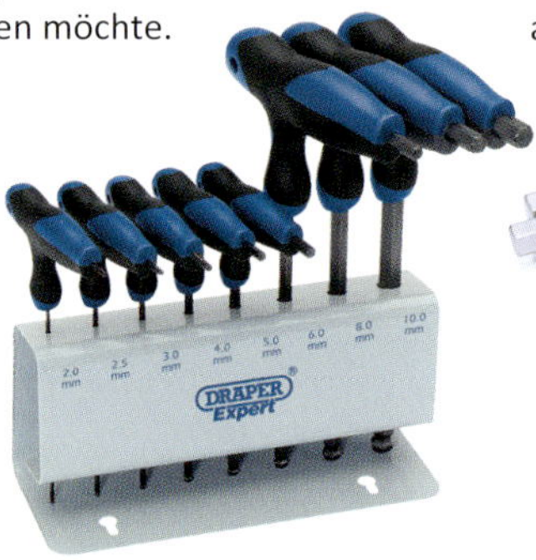


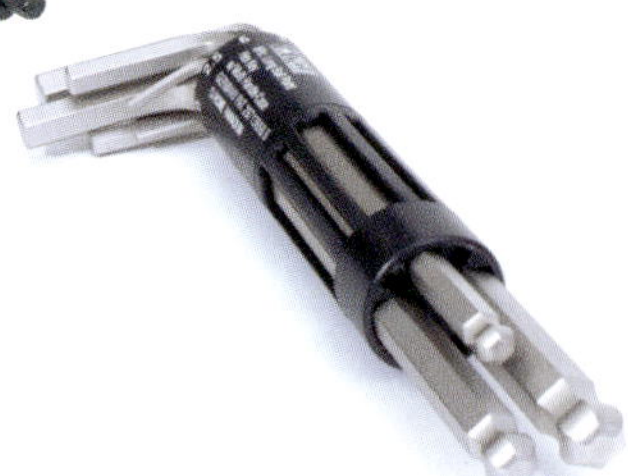

**Inbusschlüssel** – Die meisten modernen Fahrräder sind mit Innensechskantschrauben (auch Inbusschrauben genannt) zusammengebaut, sodass man um ein Set passender Schlüssel kaum herumkommt. T-Griffe erleichtern die Handhabung. Schlüssel mit Kugelköpfen erreichen auch schwer zugängliche Stellen.

**Torxschlüssel**
Immer öfter werden Inbus- durch Torxschrauben ersetzt. Häufig findet man sie an Kettenblättern und Bremsscheiben. Ein handliches Set ist eine gute Investition in die Zukunft.

**Kettennieter**
Ein solches stabiles Ketten-Nietwerkzeug wird viele Jahre gute Dienste leisten.

**Kurbelabzieher**
Unentbehrlich zur Demontage von Kurbeln von Tretlagern. Ausführungen für Vielzahnwellen haben etwas größere Köpfe, können aber mit etwas Geschick auch durch Vierkant-Abzieher ersetzt werden.

**Zahnkranzabzieher**
Vor der Erfindung des Freilaufs und der Kassetten waren die meisten Ritzel an die Radnabe geschraubt. Jeder Hersteller hat sein eigenes Abziehwerkzeug. Viele der hier gezeigten älteren Spezialwerkzeuge gibt es heute nicht mehr neu zu kaufen.

**Kettenpeitsche**
Wird benötigt, um einen Kassettenzahnkranz zu halten, während der Konterring gelöst wird. Kann auch selbst aus einem Stück Kette und einem Metallstreifen hergestellt werden.

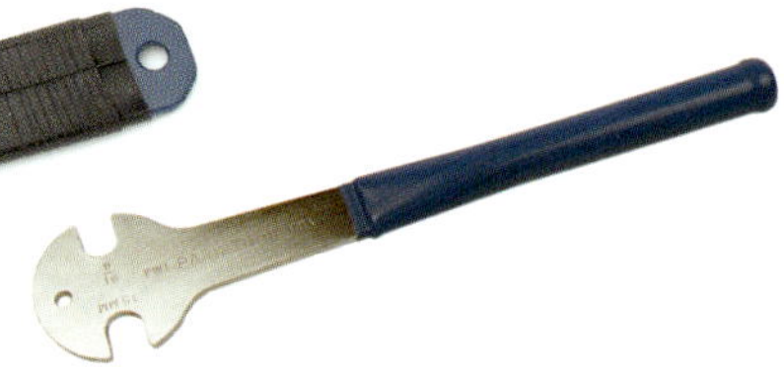

**Pedalschlüssel**
Manche Pedale lassen sich mit einem normalen 15er-Maulschlüssel lösen, andere von innen mit einem 6er-Inbusschlüssel. An manchen Pedalen sind die Abflachungen zwischen der Kurbel und dem Pedal jedoch so schmal, dass nur ein schmaler Pedalschlüssel angesetzt werden kann.

**Speichenschlüssel**
Da es für Speichennippel keine Normmaße gibt, muss nach dem Kauf eines Sets penibel auf die korrekte Größe geachtet werden.

**Tretlager-Werkzeuge**
Für die zahllosen Tretlager-Typen wird eine entsprechend große Werkzeug-Vielfalt benötigt. Sollte zunächst nur für den tatsächlichen Bedarf angeschafft und ggf. erweitert werden.

# Profi-Werkzeug

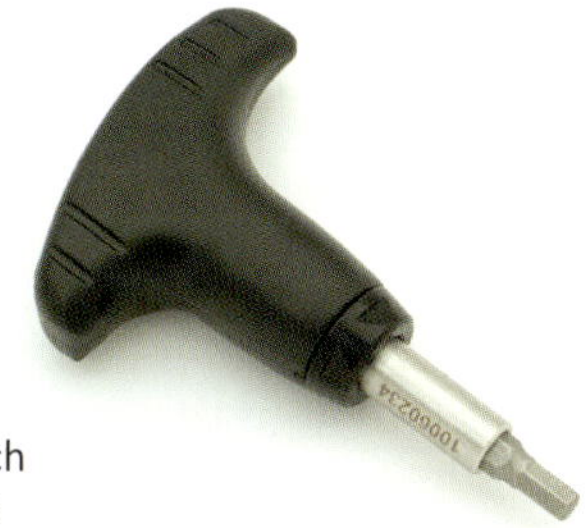

**Kettenblatt-Schlüssel**
Obwohl man auch einen großen Schraubendreher benutzen könnte, sollte dieses recht preiswerte Werkzeug in keiner Profiwerkstatt fehlen.

**Drehmomentschlüssel**
Ein solcher Auslöse-Schlüssel mit $^{3}/_{8}$-Zoll-Antrieb und einem Einstellbereich vom 10 bis 80 Nm ist für den Einsatz am Fahrrad ideal. Wer sich Kohlefaser-Bauteile an seinem Fahrrad leisten kann, sollte noch etwas Geld in den rechts abgebildeten T-Griffschlüssel mit voreingestellter Auslösung bei 5 oder 6 Nm investieren, da Carbon-Teile sehr empfindlich auf zu fest gezogene Schrauben reagieren.

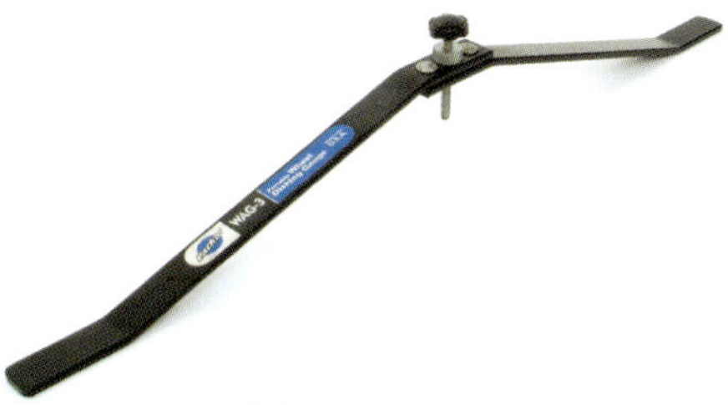

**Zentrierlehre**
Dient beimEinspeichen zur Kontrolle, ob eine Felge sowohl radial als auch axial korrekt sitzt.

**Lenkkopflager-Presse**
Hier ist die Werkstatt-Ausführung gezeigt. Der Heimwerker kann sich auch mit einer Gewindestange und Steckschlüssel-Nüssen sowie Muttern und großen Scheiben behelfen.

**Zentrierständer**
Zum Richten von Laufrädern. Profi-Werkzeuge sind teuer, doch mit etwas Geschick lassen sich geeignete Geräte auch selbst anfertigen.

**Lenkschaftlagerschalen-Abzieher**
Ein nützliches Werkzeug, wenn öfter Lenkkopflager ersetzt werden müssen. Viele Headsets werden heute aber mit einer geteilten unteren Innenlagerschale geliefert, die sich leichter vom Lenkschaft befreien lässt – hierfür wird ein solcher Abzieher nicht benötigt.

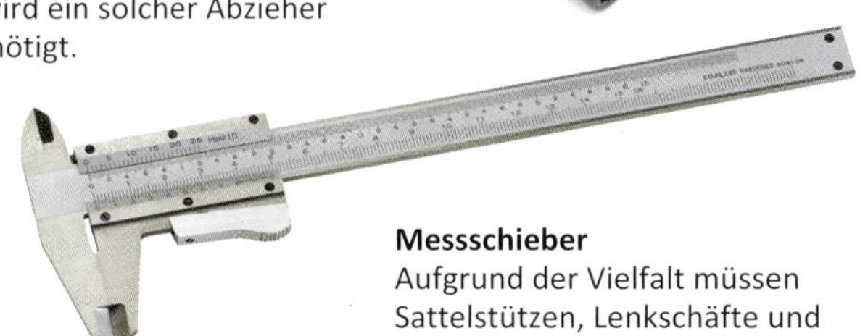

**Messschieber**
Aufgrund der Vielfalt müssen Sattelstützen, Lenkschäfte und Ketten heute penibel vermessen werden, um Ersatzteile der korrekten Größe zu beschaffen.

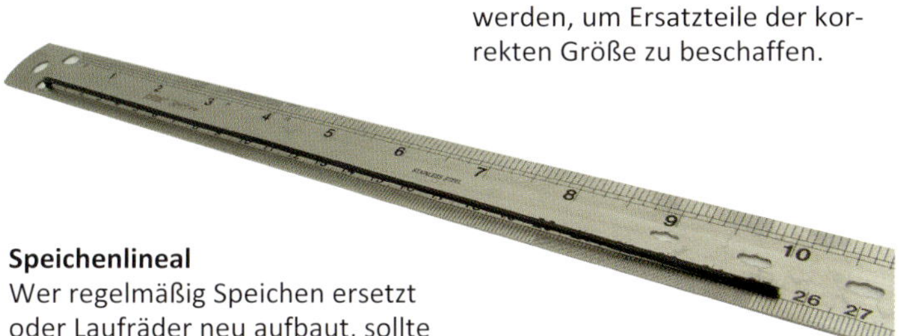

**Speichenlineal**
Wer regelmäßig Speichen ersetzt oder Laufräder neu aufbaut, sollte sich ein solches Werkzeug zulegen.

## Große Steckschlüssel

**Für die Wartung von Federgabeln werden oft große Steckschlüssel mit $^{1}/_{2}$-Zoll-Antrieb benötigt. Weil die Standrohr-Verschlüsse oft sehr versteckt sitzen, sollten sie und die Gabelbrücke mit einem dünnen Lappen oder Papiertaschentuch geschützt werden.**

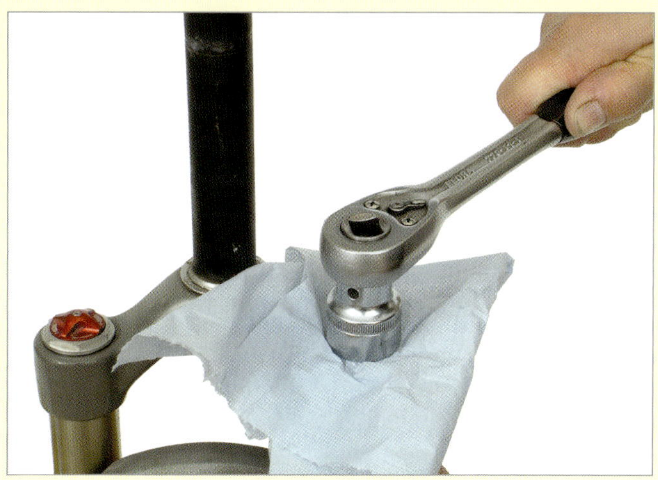

# Werkzeug richtig einsetzen

Durch die korrekte Benutzung von Werkzeugen lassen sich Verletzungen und Schäden an teuren Komponenten minimieren. Beim Lösen von Schrauben und Muttern sollte das Werkzeug möglichst immer zum Körper hin gezogen werden. Bei Muttern und Außensechskantschrauben sollten möglichst immer Steck- oder Ringschlüssel zum Einsatz kommen, da sie Kräfte gleichmäßig verteilen und nicht abrutschen können.

Inbus- und Torxschrauben müssen oft freigekratzt werden, damit der Schlüssel vollständig eingeschoben werden kann. Verschlissene Inbus- oder Torxschlüssel müssen unverzüglich ersetzt werden, da sie zum einen die Schrauben beschädigen (was ihren Ausbau extrem erschwert) und zum anderen plötzlich abrutschen können. Besondere Vorsicht ist bei Schrauben mit flachen oder abgerundeten Köpfen geboten.

Wie fest ist fest genug? Die einfache Antwort liegt in der ständigen Benutzung eines Drehmomentschlüssels. Besonders unterwegs muss man jedoch auf seine eigene Erfahrung vertrauen. Wenn man sich nicht sicher ist, ob eine Befestigung korrekt angezogen ist, sollte eine erfahrenere Person den Anzug kontrollieren. Es kann hilfreich sein, zuhause mit in einen Schraubstock geklemmten schrottreifen Komponenten das Anziehen bis zur Zerstörung zu üben, damit man ein Gefühl für Drehmomente bekommt. Besonders bei Inbus- und Torxschrauben neigen Anfänger dazu, diese zu fest zu ziehen. Bei empfindlichen Komponenten aus Leichtmetall oder Kohlefaser-Werkstoffen sollte generell mit einem Drehmomentschlüssel gearbeitet werden.

Wenn sich Befestigungen immer wieder lockern, sollte die Mutter und/oder Schraube ersetzt werden. Normale Muttern können durch selbstsichernde Teile mit Nylon-Einsatz ersetzt oder mit einer Federscheibe unterlegt werden, nötigenfalls hilft der Einsatz von Schraubensicherungspaste (z. B. von Loctite).

Bei Arbeiten mit Schalt- oder Brems-Bowdenzügen ist eine Seilzugzange unentbehrlich, die bei den meisten Hobbymechanikern zu den ersten Spezialwerkzeugen gehört. Da diese Zange regelmäßig zum Einsatz kommt, sollte bei der Anschaffung nicht gespart werden. Nach dem Kürzen der Bowdenzughülle muss ihr Ende oft mit einer Feile bearbeitet werden, um scharfe Kanten zu entfernen. Die Enden neuerer Schaltzughüllen werden beim Kappen leicht zusammengequetscht, sodass sie mit einer Reißnadel oder einer alten Speiche wieder geöffnet werden müssen.

**1** Bei Muttern und Außensechskantschrauben sollten möglichst immer Steck- oder Ringschlüssel zum Einsatz kommen, da sie Kräfte gleichmäßig verteilen und nicht abrutschen können.

**2** Beim Lösen oder Anziehen von Pedalen sollten die Kettenblätter immer mit Lappen abgedeckt oder die Kette auf das äußere Blatt geschaltet werden, da ein Abrutschen hier immer sehr schmerzhaft ist.

**3** Inbusschlüssel mit langen Schäften erleichtern oft die Arbeit – allerdings ist Vorsicht geboten, wenn diese als Hebel eingesetzt werden.

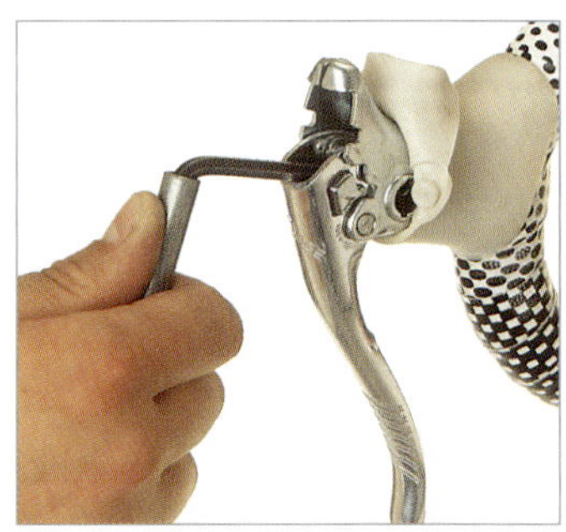

**4** Wer nur einfache abgewinkelte Inbusschlüssel hat, kann diese bei tief sitzenden Schrauben umdrehen und ein kleines Rohr auf das kurze Ende stecken, um genügend Hebelwirkung zu erzielen.

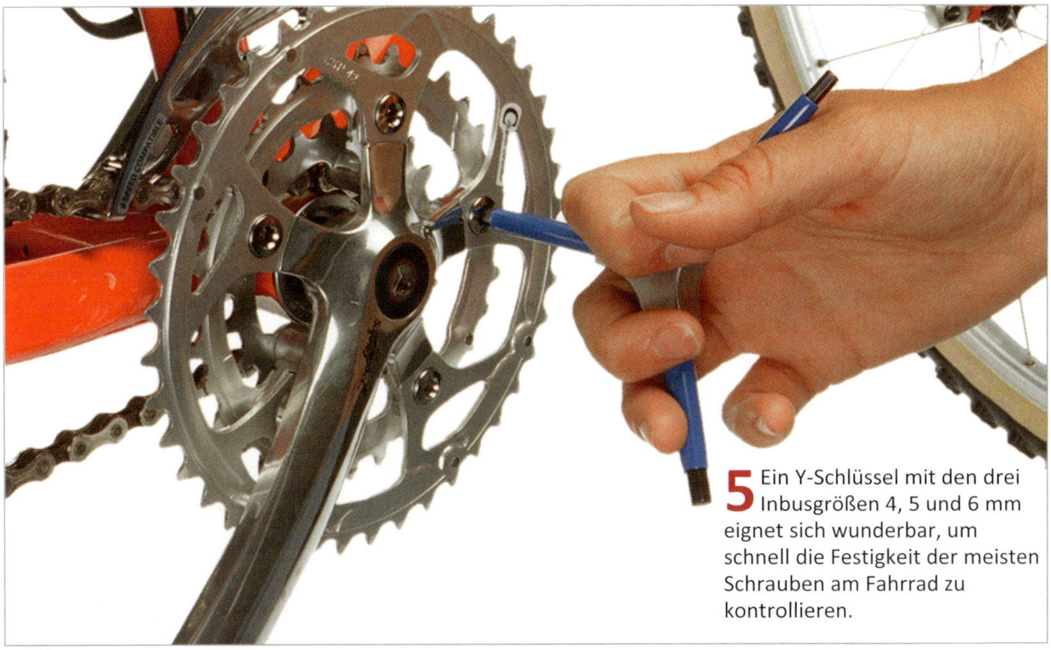

**5** Ein Y-Schlüssel mit den drei Inbusgrößen 4, 5 und 6 mm eignet sich wunderbar, um schnell die Festigkeit der meisten Schrauben am Fahrrad zu kontrollieren.

**6** Verschmutzte Inbus- und Torxschrauben müssen oft mit einer Reißnadel freigekratzt werden, damit der Schlüssel vollständig eingeschoben werden kann.

**7** Die Anschlagschrauben von Umwerfern müssen auch heute noch mit passenden Schlitz- oder Kreuzschlitzschraubendrehern verstellt werden.

**8** Das Zugseil eines Schalt- oder Bremszuges muss etwa 5 cm hinter der Klemmschraube sauber abgeschnitten werden. Falls das Seil auffasert, muss es wieder sorgfältig in seiner Wicklungs-Richtung zusammengedreht werden.

**9** Nach dem Kappen des Zugseils wird möglichst rasch eine Kappe aufgepresst. Notfalls hilft auch ein Tropfen Sekundenkleber.

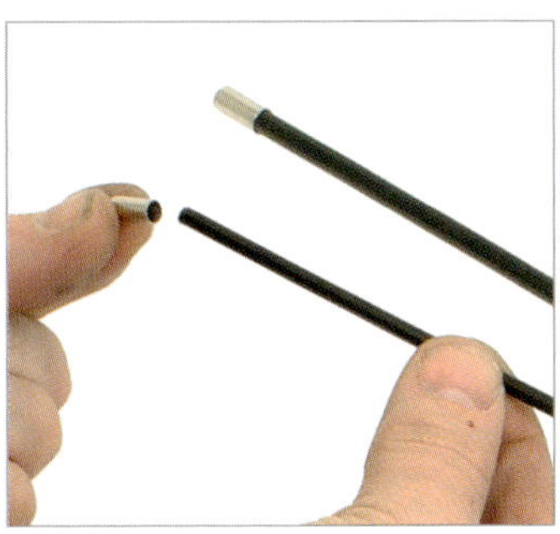

**10** Sowohl Schalt- als auch Bremszug-Hüllen müssen an den Enden mit Abschlusskappen ausgerüstet werden – diejenigen von Bremszügen sind aus Metall, die von Schaltzügen aus Kunststoff. Manchmal können die alten Kappen nach sorgfältiger Kontrolle wiederverwendet werden.

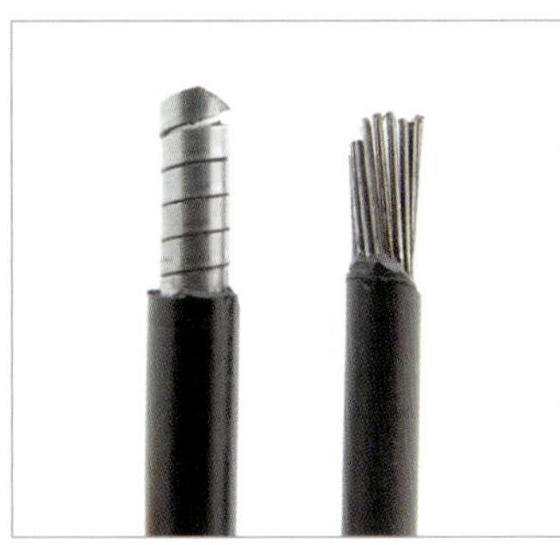

**11** Die Hüllen von spiralförmig gewickelten Bremszügen (links) sind dicker als die von Schaltzügen (rechts), die mit parallel laufenden Drähten weniger flexibel und daher exakter sind.

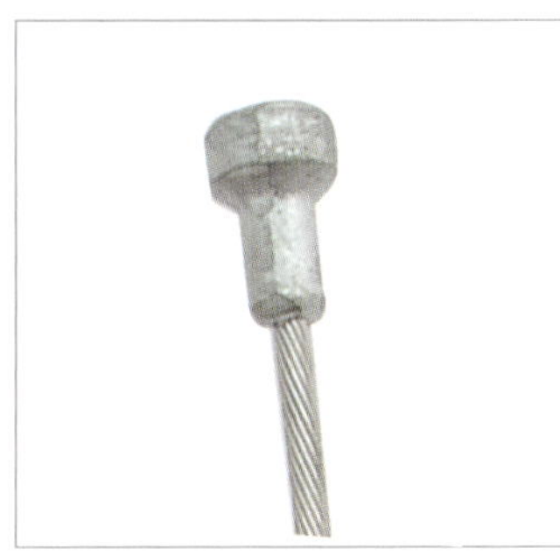

**12** Schaltzugnippel sind universell einsetzbar, während sich die Nippel von Bremszügen unterscheiden können. Bei Bremszügen, die an beiden Seiten mit Nippeln ausgerüstet sind, muss einer von ihnen abgeschnitten werden.

# Monatliche Kontrollen

Es gibt am Fahrrad einige Dinge, die einfach jeden Monat überprüft werden müssen – besonders wenn monatlich hunderte Kilometer und das ganz Jahr hindurch gefahren wird. Soweit es um Verschleißkontrollen geht, erfordert keine dieser Arbeiten Spezialwerkzeuge.

**1** Die Kontaktflächen der Felgen müssen auf Verschleiß und Beschädigungen untersucht werden. Diese Felge hat schon bessere Zeiten erlebt.

**2** Bremsscheiben müssen fest an der Radnabe sitzen.

**3** Alle Speichen müssen gleichmäßig fest sitzen.

**4** Bremszüge sind lebenswichtig – dieser hier muss unverzüglich ersetzt werden.

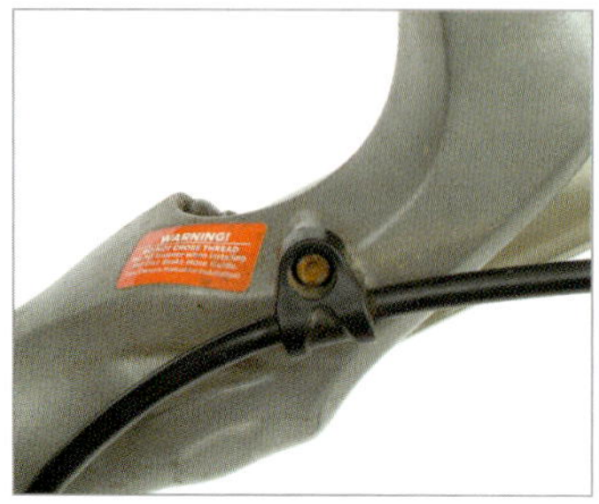

**5** Brems-Hydraulikleitungen dürfen keine Scheuerstellen oder Knicke aufweisen – dies gilt besonders an ihren Befestigungen.

**6** Mit gezogener Vorderradbremse wird das Fahrrad vor- und zurückbewegt, um Spiel in den Lenkkopflagern zu ermitteln.

**7** Der Sattel muss fest mit der Sattelstütze verbunden sein.

**8** Auch Reifenflanken unterliegen einem gewissen Verschleiß – dieser Pneu muss dringend ersetzt werden.

**9** Durch Wackeln an den Kurbeln in verschiedene Richtungen wird Spiel im Tretlager festgestellt.

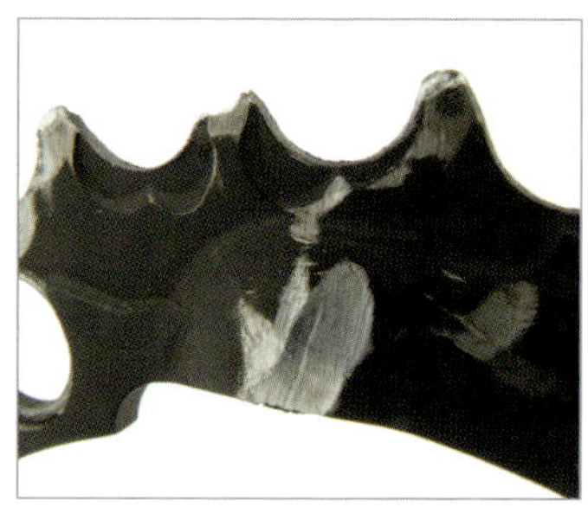

**10** Kettenblätter unterliegen Verschleiß und können beschädigt werden – hier ist ein Zahn ausgebrochen.

**11** Auch der Zahnkranz muss auf Verschleiß und Beschädigungen überprüft werden. Das gilt ebenfalls für die Kette.

**12** Das Schaltwerk ist auf korrekte Ausrichtung und verschlissene Rollen zu prüfen – diese Rolle muss dringend ausgetauscht werden.

**13** Federgabeln müssen auf austretendes Öl und Verschleiß überprüft werden.

**14** Alle Elemente der Hinterradfederung müssen auf Verschleiß an den Lagern kontrolliert werden.

# Schnell-Check vor jeder Fahrt

Bei der Blitz-Inspektion vor jeder Fahrt sollten zuerst immer die sicherheitsrelevanten Teile überprüft werden, dann die Antriebskomponenten und schließlich die »Komfort«-Bauteile. Ein lockerer Flaschenhalter ist zwar unangenehm, aber kein Desaster – ganz im Gegensatz zu einem lockeren Laufrad. Abgesehen von der Luftdruckprüfung wird bei keiner dieser Kontrollen irgendein Werkzeug benötigt – hat man ein Multitool zur Hand, lassen sich rasch Einstellungen erledigen oder Befestigungen anziehen.

**1** Beide Laufräder müssen fest in ihren Aufnahmen sitzen.

**2** Durch seitliches Wackeln des Vorderrades wird geprüft, ob in den Lagern Spiel besteht. Ein frei drehendes Rad weist durch Rumpeln oder Geräusche auf verschlissene Lager hin.

**3** Die Prüfung wird am Hinterrad wiederholt. Äußerst geringes Spiel ist akzeptabel.

**4** Alle Bremsbeläge werden auf Verschleiß überprüft.

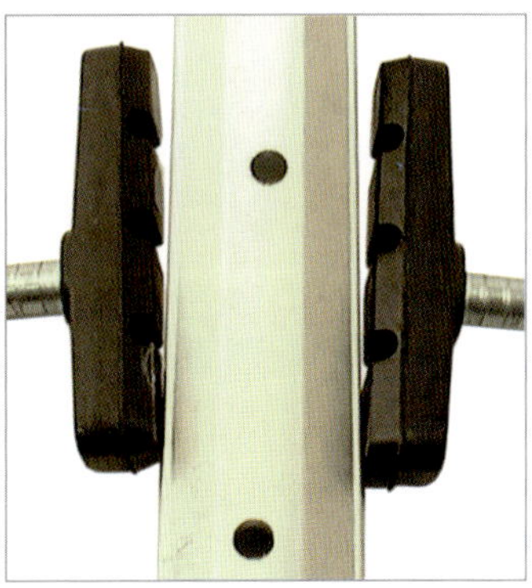

**5** Die Bremsbeläge müssen korrekt an der Felge anliegen.

**6** Auch Scheibenbremsen unterliegen einem Verschleiß – sowohl an den Belägen als auch an der Scheibe.

**7** Nach dem Einklemmen des Vorderrades wird die Festigkeit des Lenkers geprüft.

**8** Die Lauffläche des Reifens muss auf Verschleiß und eingedrungene Objekte untersucht werden.

**9** Ein korrekter Luftdruck verbessert den Komfort und die Sicherheit, zudem halten Schläuche, Reifen und Felgen länger.

# Räder ausbauen

Fahrräder mit Felgenbremsen, besonders solche mit dicken Reifen, müssen mit Vorrichtungen zum Lösen der Bremsen ausgerüstet sein, damit der Reifen zwischen den Bremsbelägen hindurchpasst. In Kapitel 3 finden sich Details für die geläufigsten Bremsentypen. Bei Fahrrädern mit Kettenschaltung muss die Kette vorn und hinten auf dem kleinsten Kettenblatt bzw. Ritzel liegen. Bei Rädern mit Nabenschaltung muss der Schaltzug ausgehängt werden. Dies ist in Kapitel 4 beschrieben.

Nachdem das Fahrrad auf den Kopf gestellt oder in einen Montageständer geklemmt wurde, werden ggf. die Schnellspanner geöffnet, das Schaltwerk nach hinten geschwenkt und das Hinterrad befreit. Dies geht mit vertikalen Ausfallenden (den Schlitzen, in denen die Achse geführt wird) recht einfach, schräge oder horizontale Ausfallenden machen die Sache etwas schwieriger. Bei Rädern ohne Kettenspanner muss das Rad nach vorn geschoben werden, damit die Kette vom Ritzel gehoben werden kann.

Am Vorderrad muss nach dem Öffnen des Schnellspanners dessen Rändelmutter (an der anderen Seite) etwas geöffnet werden, damit das Laufrad aus den Sicherheitslaschen (die das unbeabsichtigte Herausfallen verhindern sollen) befreit wird. Manche Mountainbikes sind mit eingeschraubten Achsen ausgerüstet, die nach dem Öffnen des Schnellspanners gelöst werden müssen.

Bei Laufrädern mit Achsmuttern müssen diese mit zwei passenden Schlüsseln gelöst werden. Beim Ausbau des Rades ist auf alle vorhandenen Scheiben und deren Positionen zu achten – üblicherweise findet sich an jeder Seite eine außerhalb und eine innerhalb des Ausfallendes.

Der Einbau ist bei vertikalen Ausfallenden einfach, da das Rad automatisch im Rahmen zentriert wird. Bei schrägen oder horizontalen Ausfallenden muss das Hinterrad korrekt ausgerichtet werden. Hierzu wird es nach hinten gezogen und dann mittig zwischen den Kettenstreben und Bremsbelägen zentriert. Bei Modellen ohne Kettenspanner muss das Einstellen des Kettendurchhangs zeitgleich mit dem Ausrichten des Rades erfolgen – dies kann besonders bei Ausführungen mit Achsmuttern langwierig und schwierig sein.

## Räder mit Achsmuttern

**1** Zunächst wird die Kette auf das kleinste Ritzel geschaltet, dann werden beide Achsmuttern drei bis vier Umdrehungen gelockert. Gute Muttern sind mit einer integrierten Rändelscheibe ausgerüstet, die sie am Rahmen hält – solche Ausführungen sollten auch beschafft werden, falls normale Muttern mit separaten Scheiben montiert sind.

**2** Indem das Schaltwerk nach hinten geschwenkt wird, gibt der Kettenspanner die Kette frei und das Rad kann nach vorn aus den Ausfallenden genommen werden – falls es klemmt, muss ihm mit der freien Hand ein kräftiger Stoß nach vorn verpasst werden.

**3** Die Kette bleibt beim Befreien des Rades auf dem Ritzel. Nachdem das Schaltwerk in seine normale Position zurückgekehrt ist, kann versucht werden, das Rad zu befreien – nötigenfalls muss die Kette von Hand abgehoben werden.

**4** Beim Einbau des Rades muss das Schaltwerk wieder nach hinten geschwenkt und die Kette auf das kleine Ritzel gelegt werden. Dann wird das Rad angehoben, sodass der Zahnkranz zusammen mit der Kette am Schaltwerk vorbei in Position gebracht werden kann.

**5** Jetzt wird die Achse in die Ausfallenden eingeführt – alle Scheiben müssen an ihren ursprünglichen Positionen liegen. Wenn die Achse etwa in der Mitte der Nuten liegt, wird geprüft, ob das Rad gerade im Rahmen sitzt, dann werden die Muttern leicht angezogen. Wenn die Felge mittig zwischen den (inzwischen wieder eingehängten) Bremsklötzen sitzt, werden die Achsmuttern fest angezogen.

**6** Bei Rahmen mit nach hinten zeigenden Ausfallenden muss das Rad nach dem Lösen der Muttern zunächst nach vorn gedrückt werden, um die Kette vom Ritzel heben zu können. Anschließend wird das Rad nach hinten gezogen und die Kette vollständig abgenommen.

## Räder mit Schnellspannern

**1** Ein Schnellspanner sollte sich mit dem Daumen lösen lassen. Sobald der Hebel sich bewegt, lässt er sich leicht nach außen schwenken und die Achse sitzt locker.

**2** Die Rändelmutter wird mit einer Hand gehalten und mit der anderen der Hebel ein paar Umdrehungen gelöst, um die Achse aus den Ausfallenden freizugeben.

**3** Beim Einbau des Rades kann es sein, dass die Ausfallenden etwas auseinandergedrückt werden müssen, bis die Achse dazwischen passt. Nötigenfalls muss die Rändelmutter wieder etwas angezogen werden, bevor der Hebel umgelegt wird.

**4** Der Schnellspanner-Hebel lässt sich anfangs leicht bewegen, doch sobald er etwa parallel zur Achse steht, muss er schwergängig werden, um zum Ende hin nur noch mit reichlich Druck bewegt werden zu können – andernfalls ist er nicht richtig eingestellt und die Mutter muss etwas gelockert oder angezogen werden. Der Hebel muss zum Schluss parallel zur Gabel stehen.

## RockShox-Steckachse

**1** Gesichert muss der Hebel parallel zur Gabel nach oben stehen. Zum Öffnen wird er heruntergeklappt und gegen den Uhrzeigersinn gedreht, um die Achse zu entfernen – das Rad wird nach unten aus der Gabel rutschen.

**2** Die Achsbohrungen der Rahmen- und Gabel-Hersteller unterscheiden sich leicht. Die RockShox-Steckachse wird daher mit zwölf verschiedenen Drehmoment-Kombinationen ausgeliefert.

**3** Um Zugang zu einer der Kombinationen zu erhalten, wird auf das Ende der Steckachse gedrückt und sie dabei entsprechend verdreht.

**4** Im richtigen Drehmoment wird der Steckachsen-Hebel beim Umklappen einen leichten Widerstand zeigen. Zu fest würde die Vorrichtung brechen; zu locker würde sie das Laufrad nicht halten.

## Fox-Steckachse

**1** Wie bei der RockShox-Achse wird der Hebel heruntergeklappt und gegen den Uhrzeigersinn gedreht, um das Rad auszubauen.

**2** Beim Einbau der Achse muss eventuell die Madenschraube mit einem 2,5-mm-Inbusschlüssel gelöst werden. Jetzt wird die Mutter entfernt und gedreht, bis die perfekte Achs-Position gefunden ist.

**3** Auch hier muss der Hebel beim Hochklappen leichten Widerstand leisten.

## BMX-Räder

Bei BMX-Rädern mit »Pegs« an den Achsen wird ein Steckschlüssel samt Verlängerung benötigt, um das Rad aus- und einbauen zu können.

# Laufrad- und Reifenpflege

Nachdem man das freie Vorderrad kräftig in Drehung versetzt hat, muss es sich sanft und leise drehen. Kommt es mit deutlichen Geräuschen rasch wieder zum Stillstand (und ist dies nicht auf eine schleifende Bremse zurückzuführen), werden wahrscheinlich die Radlager die Ursache dieses Problems sein – siehe Kapitel 6. Bei der Wiederholung dieses Tests am Hinterrad muss der leichte Widerstand des Freilaufs berücksichtigt werden. Bei Fahrrädern mit Scheibenbremsen haben die Beläge oft leichten Kontakt zur Scheibe, sodass sie Geräusche und leichte Reibung erzeugen.

Als Nächstes greift man den Reifen und prüft durch Wackeln am Rad im Rahmen oder der Gabel, ob Spiel vorhanden ist. Bei Rädern mit klassischen Konuslagern ist etwas Lagerspiel üblich – bei Laufrädern mit abgedichteten Patronenlagern nicht.

Nun wird das Rad langsam gedreht, während man mit einer Hand die Gabel oder den Rahmen umgreift und den Daumen nahe an die Felge hält. Jeder Verzug der Felge ist jetzt offensichtlich. Wird man durch einen ausgebeulten Reifen abgelenkt, muss dieser (wie in der nächsten Sektion beschrieben) demontiert und der Test mit der wieder eingebauten Felge wiederholt werden.

Falls das Rad nicht rund läuft, müssen als Nächstes die Speichen kontrolliert werden. Hierbei beginnt man am Ventil und überprüft das gesamte Laufrad auf gebrochene und lockere Speichen. Alle lockeren Speichen müssen mit ihren Nippeln wieder gespannt werden. Diese Prozedur ist in Kapitel 6 erklärt.

Nun beginnt man wieder am Ventil und inspiziert die Felge auf Risse und andere Schäden. Sehr wichtig ist eine Verschleißkontrolle der Bremsfläche; diese wird mit der Zeit konkav und lässt sich bei starkem Verschleiß leicht eindrücken. Eine vollständige Kontrolle kann nur bei demontiertem Reifen erfolgen. Nötigenfalls muss die Bremsfläche mit einem Scheuerschwamm gereinigt werden, um eingedrungene Partikel entdecken und entfernen zu können.

Schließlich wird noch der Reifen auf Risse und Schnitte kontrolliert und von Split und Steinen befreit. Auch die Flanken müssen begutachtet werden – sie neigen mit der Zeit zu Rissbildung und Porosität. Für eine penible Kontrolle muss die Luft abgelassen werden, damit der Reifen geknetet werden kann.

## Reifen und Räder kontrollieren

**1** Das frei drehende Rad wird dabei beobachtet, wie es sich durch die Bremsbeläge dreht; bei Modellen mit Scheibenbremsen wird der Daumen als Führung neben die Felge gehalten. Eine verzogene Felge lässt sich so leicht erkennen.

**2** Läuft der Reifen nicht rund, wird die Luft abgelassen und versucht, ihn rundherum gleichmäßig in die Felge zu drücken. Unabhängig vom Reifen müssen nebeneinanderliegende Speichen zusammengedrückt werden, um ihre Spannung zu kontrollieren.

**3** Mithilfe eines kleinen Schraubendrehers werden alle im Reifen steckenden Fremdkörper herausgepult. Bei tiefen Kerben muss nachgeschaut werden, ob darin Splitter stecken. Bei ernsthaften Beschädigungen muss der Reifen ersetzt werden.

**4** Die Reifenflanke muss rundherum auf Risse und Beschädigungen kontrolliert werden. Falls Porösität entdeckt wird, muss die Luft abgelassen und der Reifen geknetet werden, um festzustellen, wie ernsthaft die Schäden sind.

**5** Beim ausgebauten Rad wird die Achse mit den Fingern gedreht – wenn sie knirscht und klemmt, muss sie zerlegt und neu geschmiert werden. Ansonsten werden ein paar Tropfen Öl zwischen Achse und Radnabe eingeträufelt.

**6** Mit einem Scheuerschwamm lässt sich die Bremsfläche der Felge leicht von Schmutz und Fremdkörpern befreien.

## Reifen aufpumpen

**1** Bei Sclaverand-Ventilen (auch französische oder Presta-Ventile genannt) muss nach dem Entfernen der Staubkappe die kleine Rändelmutter aufgeschraubt und das Ventil kurz eingedrückt werden (wobei etwas Luft entweicht), damit es sich in seinem Sitz löst. Anschließend wird die passende Luftpumpe angesetzt.

**2** Schrader- oder Auto-Ventile sind an Mountainbikes weit verbreitet. Zum Aufpumpen wird eine entsprechende Pumpe mit Mittelstift benötigt, der den Ventilstift eindrückt. Bei Tankstellen-Luftdruckgeräten ist Vorsicht geboten, da diese sehr viel Luft mit hohem Druck abgeben.

**3** Die meisten Luftpumpen werden einfach auf das Ventil gedrückt – hierbei ist auf stetiges Andrücken und senkrechten Sitz zu achten.

**4** Nachdem der Reifen soweit aufgepumpt ist, dass er in Form bleibt, wird das Rad fest über den Boden gerollt, damit er sich korrekt in der Felge setzt, notfalls muss mit seitlichem Druck nachgeholfen werden. Wenn der Reifen rundherum gleichmäßig sitzt, wird er vollständig aufgepumpt – an den Reifenflanken sind zumeist empfohlene Luftdrücke angegeben.

**5** Beim Befüllen des Reifens darauf achten, dass das Ventil senkrecht zur Felge steht. Der Sicherungsring darf nur handfest, da er ansonsten den Schlauch abquetschen kann. Beim Slaverand-Ventil wird die Rändelmutter angezogen und bei allen Ventilen muss die Staubkappe aufgedreht werden.

## Luftpumpen

**1** Eine Standpumpe macht das Befüllen von Reifen einfach. Wer mehrere Fahrräder besitzt, sollte nicht darauf verzichten.

**2** Viele Handpumpen können dank doppelter Köpfe sowohl an Sclaverand- und die klassischen Dunlop-Ventile als auch an Schraderventile angeschlossen werden.

**3** Mini-Pumpen arbeiten oft nach dem Doppelhub-Prinzip – also auf Druck und auf Zug. Bei Straßenrädern ist die klassische, am Rahmen sitzende Handpumpe kaum zu schlagen.

# Reifen wechseln

Sobald es Zeit für einen Reifenwechsel wird, steht man zumindest bei den populären 26er- und 28er-Felgen einer verwirrenden Auswahl gegenüber. 20-Zoll-Reifen sind ebenfalls verbreitet – bei BMX- wie auch Kinderrädern.

Fahrräder, die nur gelegentlich in den Sommermonaten bewegt werden, benötigen keine modernen Kevlar-Karkassen, da ihre Reifen eher an Alterung als an Verschleiß oder Beschädigungen zugrunde gehen; hier kann man getrost auf Sonderangebote achten.

Fahrräder, die moderat bis extrem beansprucht werden, sollten dagegen mit Qualitätsreifen ausgerüstet werden. Diese sind oft mit widerstandsfähigem Gewebe aus Kevlar oder Kohlefaser versehen, sodass Plattfüße seltener auftreten. Auch werden verschiedene Gummimischungen für unterschiedliche Einsatzzwecke verwendet. Für Rennräder wird oft weiches Gummi mit wenig oder kaum sichtbarem Profil verwendet. Reifen für Trekkingräder sind in der Mitte oft glatt, während sie an den Rädern deutliche Profile aufweisen. Dies bringt auf der Geraden einen geringen Rollwiderstand und im Gelände zusätzliche Traktion.

Die Auswahl für Mountainbikes ist riesig. Sie reicht vom profillosen Slick bis hin zum grobstolligen Schlamm-Pneu, der auf Asphalt kaum fahrbar ist.

Wenn ein neuer Reifen montiert werden muss, empfiehlt sich auch die Verwendung eines neuen Schlauchs – hierbei ist auf die passende Größe zu achten.

Wenn möglich, sollten Fahrradreifen ohne Montierhebel aufgezogen werden. Bei manchen Reifen/Felgen-Kombinationen geht dies sehr leicht, bei anderen kaum. Manche Kombinationen erfordern immer einen Hebel, um das letzte Stück Wulst über den Felgenrand zu heben. Gelegentlich findet man sogar Reifen/Felgen-Kombinationen, die gar nicht zu passen scheinen. Der Grund hierfür liegt zumeist in den Produktions-Toleranzen der jeweiligen Hersteller. Hierbei sollte immer Folgendes bedacht werden: Wenn das Montieren unter optimalen Bedingungen in der Hobbywerkstatt schon so schwierig ist, wie soll es dann an einem kühlen Regentag am Straßenrand gehen?

## Reifen abziehen

**1** Dieser verschlissene Pneu muss ersetzt werden. Nachdem die Ventilkappe entfernt ist, wird bei Sclaverand-Ventilen die kleine Rändelmutter aufgeschraubt und das Ventil eingedrückt. Bei Schrader-Ventilen muss der Mittelstift mit einem geeigneten Werkzeug eingedrückt werden, um die Luft abzulassen.

**2** Nachdem sämtliche Luft entwichen ist, muss an beiden Seiten der Reifenwulst rundherum in die Felgenmitte gedrückt werden. Das Ventil muss nach dem Lösen des Sicherungsrings möglichst weit in den Reifen gedrückt werden, damit die Wülste tiefer in die Felge gleiten können. Mit einem Montierhebel wird nun der Wulst an einer Stelle über die Felge gehoben. Ein locker sitzender Reifen lässt sich jetzt durch den weitergeschobenen Hebel leicht über die Felge heben, andernfalls muss der Hebel an einer Speiche eingehängt und etwa 10 cm weiter ein zweiter Hebel angesetzt werden. Sollte dies immer noch nicht reichen, wird ein dritter Hebel angesetzt, sodass der mittlere entfernt und ein Stück weiter wieder eingesetzt werden kann.

**3** Nachdem der Reifenwulst an eine Stelle über den Felgenrand gehoben ist, wird er rundherum befreit.

**4** Nun greift man gegenüber vom Ventil in die Reifenkarkasse und zieht den Schlauch heraus.

**5** Am Ventil wird der Reifen vollständig von der Felge geschoben; dann lässt sich das Ventil herausziehen. Schlauch entfernen.

**6** Jetzt wird der zweite Reifenwulst in Richtung der ersten von der Felge gehoben – notfalls muss wieder ein Montierhebel eingesetzt werden.

**7** Anschließend erfolgt eine Kontrolle des Felgenbandes und der Felge selbst. Bei Felgen ohne Hohlkammern muss geprüft werden, ob keine Speichen nach innen ragen – nötigenfalls müssen sie abgefeilt werden.

**Reifenaufbau**
*Dieser 28er-Allzweckreifen ist in mehreren Lagen aufgebaut. Die Drähte des Wulsts legen den Reifendurchmesser fest. Die mit Gummi beschichteten diagonal verlaufenden Nylonfasern bilden die Karkasse, die mit einem oft aus Kevlar-Fasern bestehenden Schutzgürtel (rot) verstärkt ist. Das Profil und die Gummimischung der Lauffläche (gelb) hängen vom Einsatzzweck ab.*

## Reifen-Karkasse und Felgenbänder

**Reifen müssen sehr oft nicht wegen ihres Verschleißes, sondern aufgrund der Alterung des Gummis gewechselt werden. Sie werden meistens zuerst an den Flanken spröde und porös, sodass dieser Bereich im Auge behalten werden muss.**

*Dieser Rennradreifen könnte vom Profil her noch einige Fahrten vertragen, doch weil sich aus der Karkasse bereits einzelne Fasern gelöst haben, sollte er rasch ersetzt werden.*

*Der linke MTB-Reifen hat eine verschlissene Lauffläche. Auf der Straße kann man ihn noch gut fahren, doch im Gelände hat nur ein neuer Reifen (rechts) guten Grip.*

*Felgenbänder aus stabilem Kunststoff sind preiswert und schützen den Schlauch gut vor Graten an der Felge, den Speichen und Nippeln.*

# Reifen montieren

**1** Viele Reifen sind mit Laufrichtungspfeilen versehen, MTB-Reifen oft zusätzlich mit FRONT und REAR für die korrekte Laufrichtung des Vorder- und Hinterreifens. Der Pfeil muss in die normale Drehrichtung zeigen, um den Reifen optimal abrollen und funktionieren zu lassen.

**2** Der Schlauch wird leicht aufgepumpt, bis er in Form bleibt.

**3** Nachdem ein Wulst des Reifens über die Felge gehoben wurde, wird das Ventil des Schlauchs durch die Felge gesteckt – wenn es für das Einführen innerhalb des Reifens zu lang ist, muss dafür der andere Wulst über den Felgenrand gehoben werden.

**4** Nachdem der Schlauch ungeknickt und unverdreht im Reifen versteckt ist, wird dieser am Ventil beginnend über die Felge gedrückt – der Schlauch darf nirgends zwischen Reifen und Felge eingequetscht sein.

**5** Das letzte Stück lässt sich leichter aufschieben, wenn der bereits montierte Teil im Felgenbett liegt – nötigenfalls muss dazu wieder etwas Luft abgelassen werden.

**6** Wenn der Reifen rundherum im Felgenbett liegt, sollte sich das letzte Stück von Hand über den Felgenrand drücken lassen. Um den Schlauch nicht zu beschädigen, darf ein Montierhebel nur im Notfall benutzt werden.

**7** Der Reifen muss rundherum gleichmäßig in der Felge sitzen. Das Ventil muss ggf. in die Felge gedrückt werden, damit die Wulste nicht den Schlauch quetschen; zudem muss der Reifen nötigenfalls auf der Felge gedreht werden, um das Ventil senkrecht zu stellen.

**8** Nachdem der Reifen leicht aufgepumpt wurde, wird erneut geprüft, ob er rundherum gleichmäßig sitzt – notfalls muss durch festes Rollen oder seitlichen Druck von Hand nachgeholfen werden. Anschließend vollständig aufpumpen.

# Schlauchlose Reifen

Die ohne Schläuche auskommenden Reifen wurden für Mountainbikes entwickelt, setzen sich langsam aber auch bei Straßenrädern durch. Im Querschnitt ähnelt der Reifen einem Wulstreifen, und die Felge ist so gestaltet, dass mithilfe eines speziellen Dichtmittels eine luftdichte Verbindung eingegangen wird. Die Bezeichnung »schlauchlos« muss daher für das gesamte Laufrad gelten, da das System nur mit der speziellen Felge UND dem Reifen funktioniert. Die Spezialfelgen haben ein tieferes Felgenbett, da bei schlauchlosen Reifen sowohl die Wulst als auch die Flanken stabiler sind. Anders als bei Auto- und Motorradreifen funktioniert die Abdichtung allerdings nur mit Dichtmasse, zudem müssen die Speichennippel abgedichtet werden.

Weil kein Schlauch erforderlich ist, können schlauchlose Reifen mit geringerem Druck als Schlauchreifen gefahren werden (es können keine »Schlangenbisse« entstehen); dies erhöht im Gelände den Komfort und den Grip. Die Latex-Emulsion ist zudem in der Lage, kleine Löcher und Schnitte bis zu einem halben Zentimeter Länge wieder zu verschließen. Bei einem zu großen Loch muss allerdings der komplette Reifen ersetzt werden.

Wichtig ist die Abdichtung. Das luft- und wasserdichte Felgenband muss deutlich dicker sein als bei Schlauchreifen. Das spezielle Ventil muss luftdicht in die Felge geschraubt werden. Auch das Aufpumpen ist etwas heikel, da eine große Luftmenge benötigt wird, um die Wülste gegen die Felge zu drücken. Es gibt Luftpumpen, bei denen die Luft zunächst in einem Speicher komprimiert wird, um sie dann per Knopfdruck schlagartig in den Reifen zu drücken. Weil beim »Ploppen« des Reifens in die Felge leicht Dichtmasse verspritzen kann, sollte die Arbeit im Freien und mit Schutzkleidung erledigt werden.

## Demontage eines schlauchlosen Reifens

**1** Nachdem die Ventilkappe entfernt ist, wird ggf. das Sclaverand-Ventil aufgeschraubt und der Verschluss eingedrückt, um die (restliche) Luft abzulassen; bei Schrader-Ventilen (Auto) muss nun der Stift eingedrückt werden.

**2** Eventuell lässt sich der Reifen von Hand ins Felgenbett drücken, …

**3** … doch oft werden aufgrund der stabilen Wulst Montierhebel benötigt; diese sollten aus Kunststoff bestehen, damit die Felge nicht beschädigt werden kann.

**4** Sobald der erste Montierhebel unter die Wulst geklemmt werden kann, wird sein anderes Ende in die nächste Speiche eingehängt.

**5** Nun wird der nächste Hebel neben dem ersten unter die Wulst geschoben und auch dieser eingehängt.

**6** Jetzt wird mit dem ersten Hebel – oder einem dritten – damit begonnen, die Reifenwulst über die Felge zu hebeln.
Die zweite Wulst wird auf die gleiche Weise – und zur gleichen Seite – abgehebelt.

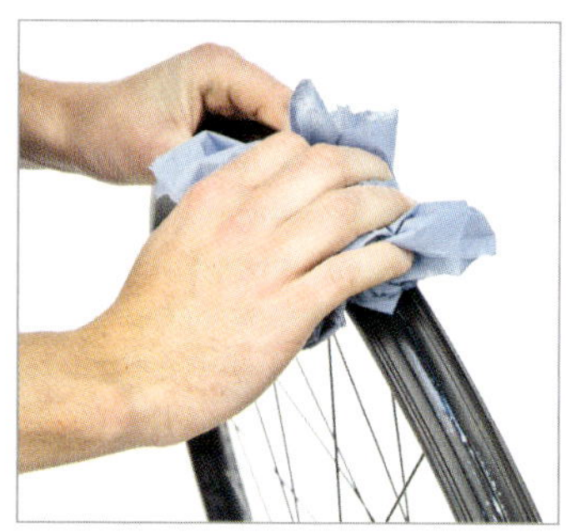

**7** Die Felge muss jetzt sorgfältig von altem Dichtmittel befreit werden.

## Montage eines schlauchlosen Reifens

**1** Das Rad wird in den Reifen gestellt und dessen erste Wulst über den Felgenrand gehoben.

**2** Beim letzten Stück muss mit dem Montierhebel nachgeholfen werden. Die zweite Wulst wird auf die gleiche Weise montiert, doch muss hier zunächst ein ein kleiner Bereich außerhalb der Felge verbleiben.

**3** Nachdem geprüft ist, dass der größte Teil des Reifens fest in der Felge sitzt, wird der noch offene Bereich nach unten gedreht …

**4** … und dort die nach Vorgabe des Herstellers bemessene Dichtmasse hineingegossen.

**5** Der offene Bereich wird nach oben gedreht …

**6** … und ebenfalls über die Felge gehebelt.

**7** Wer keinen Zugang zu einem Kompressor hat, schließt die Spezialpumpe oder eine mit einem Druckbehälter ausgerüstete normale Pumpe an das Ventil an. Der Reifen wird mit dem vom Hersteller vorgegebenen Druck aufgepumpt.

**8** Um die Dichtmasse gut zu verteilen, wird das Laufrad gedreht und geprellt. Wenn der Reifen korrekt sitzt, kann der gewünschte Luftdruck eingestellt werden.

### Erforderliche Hilfsmittel

*Neben der Dichtmasse werden auf jeden Fall Montierhebel benötigt. Auch ein Kompressor oder eine spezielle Pumpe mit Drucktank ist zwingend erforderlich, um eine große Luftmenge in kurzer Zeit in den Reifen zu bekommen.*

# Schläuche flicken

Um einen Plattfuß zu reparieren, muss das Rad ausgebaut und der Schlauch aus dem Reifen befreit werden. Manchmal sieht man genau, wo der Schlauch beschädigt ist, doch oft muss der Schlauch zunächst aufgepumpt werden, damit sich das Loch akustisch durch austretende Luft bemerkbar macht.

Kleine Löcher lassen sich oft erst lokalisieren, nachdem der aufgepumpte Schlauch unter Wasser getaucht wurde und verräterische Luftblasen aufsteigen. Hierbei beginnt man am Ventil und arbeitet sich langsam um den Schlauch herum – daran haftende Blasen müssen abgewischt werden. Bei sogenannten schleichenden Plattfüßen, die nach dem Aufpumpen erst nach Tagen auftreten, gilt: Je kleiner das Loch, desto langsamer treten Blasen aus. Hier hilft stärkeres Aufpumpen sowie Ziehen und Drücken des unter Wasser befindlichen Bereichs. Oft sind nicht richtig sitzende Flicken aus vorherigen Reparaturen der Grund des Problems.

Nachdem das Loch entdeckt wurde, muss der Reifen innen nach scharfkantigen Objekten abgetastet werden, außerdem ist seine Lauffläche auf Einschnitte und eingedrungene Teile zu überprüfen (die natürlich entfernt werden müssen, weil sie vielleicht noch gar nicht bis zum Schlauch vorgedrungen sind). Dornen können vorsichtig mit einer Zange herausgezogen oder von innen mit einem Montierhebel durchgedrückt werden.

Unterwegs lassen sich Reifenpannen am leichtesten mit einem Ersatzschlauch reparieren, sodass der defekte Schlauch zuhause geflickt werden kann. Falls ein Schlauch am Straßenrand geflickt werden muss, kann er möglicherweise in eine Pfütze getaucht oder der vermutete Bereich mit einigen Tropfen aus der Trinkflasche benetzt werden.

Wie viele Flicken verträgt ein Schlauch? Ein Flicken ist zunächst deutlich billiger als ein Schlauch. Doch nach etwa sechs Flicken muss auch ein neues Pannenset gekauft werden. Viele Radler betrachten Flicken als Behelfslösung und montieren zuhause einen neuen Schlauch, doch ein korrekt reparierter Schlauch ist nicht schlechter als ein neuer, sodass sofortiges Ersetzen reine Zeit- und Materialverschwendung ist.

Vor einigen Jahren sind selbstklebende Flicken auf den Markt gekommen. Die erste Generation war mangelhaft, doch inzwischen lassen sich damit Schläuche schnell und zuverlässig reparieren. Auch flüssige Dichtmittel, die in den Schlauch gesprüht werden, können Löcher zuverlässig abdichten. Hierbei wird es jedoch schwierig, wenn nach einem fehlgeschlagenen Versuch doch noch ein Flicken aufgeklebt werden soll.

## Reifenpannensets

*Flickzeug gibt es in zahllosen Variationen. Neben den klassischen Flicken, die mit Vulkanisiermittel angesetzt werden, sind inzwischen auch gute selbstklebende Flicken auf dem Markt. Außer Montierhebeln wird natürlich auch eine Luftpumpe benötigt.*

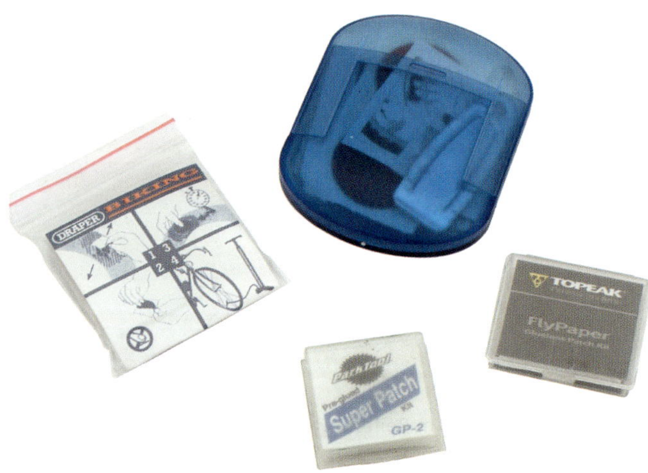


### Klassische Reifenpannen

**Der typische Plattfuß entsteht durch in den Reifen eingedrungene Dinge wie Dornen, Scherben oder Nägel. Der vom Schlauch befreite Reifen muss innen – möglichst mit einem Handschuh – abgetastet werden, damit der Schlauch nicht gleich wieder repariert werden muss.**

**Ein typischer »Schlangenbiss« entsteht, wenn der Schlauch bei Sprüngen oder Bordstein-Überquerungen aufgrund geringen Luftdrucks gegen den Felgenrand gequetscht wird und gleich zwei Löcher auftreten. Wenn dies häufiger passiert, sollte über höheren Luftdruck, die Montage größerer Reifen oder die Umstellung auf schlauchlose Reifen (siehe Seite 36) nachgedacht werden.**

## Die klassische Flickmethode

**1** Nachdem das Loch entdeckt wurde, wird der Schlauch korrekt ausgerichtet auf den Reifen gelegt, damit dieser im entsprechenden Bereich auf eingedrungene Teile untersucht werden kann.

**2** Eine klassische Reifenpanne, die durch einen Heckendorn verursacht wurde.

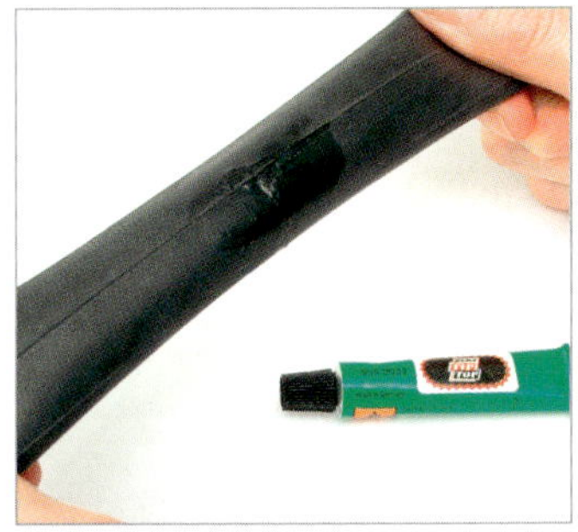

**3** Das Vulkanisiermittel wird dünn um das Loch herum aufgetragen. Folgt man den Hersteller-Angaben zur Trocknungszeit nicht, besteht die Gefahr, dass die Reparatur fehlschlägt.

**4** Während die Gummilösung trocknet, wird im Reifen der Grund für den Plattfuß gesucht. Diese Dornenspitze zunächst von innen mit dem Montierhebel herausdrücken, da sie leicht abbricht.

**5** Nachdem das Vulkanisiermittel angetrocknet ist, werden die rückseitige Schutzfolie abgezogen und der Flicken mittig auf das Loch gesetzt, um ihn dann von innen nach außen fest anzudrücken.

## Reifen reparieren

Manchen Reifenreparatursets liegen stabile Reifenflicken bei, die genauso angebracht werden wie Schlauchflicken. Wenn unterwegs ein größerer Riss oder Schnitt im Reifen repariert werden muss, kann man sich mit stabiler Plastikfolie oder Teilen aus Kunststoff-Trinkflaschen behelfen, die man oft am Straßenrand findet und in den Reifen legt.

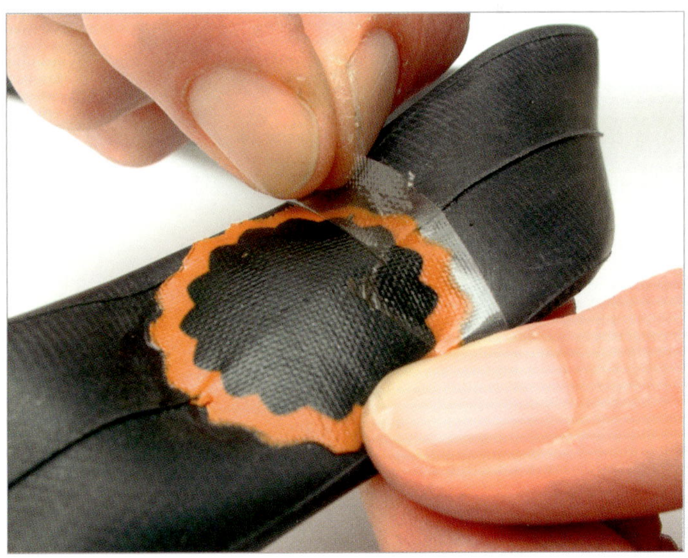

**6** Die äußere Schutzfolie wird vorsichtig von innen nach außen abgezogen. Nötigenfalls muss dazu der Flicken gedehnt oder geknickt werden. Mit etwas Kreide oder Talkum kann dafür gesorgt werden, dass Klebstoff-Reste nicht innen am Reifen kleben bleiben, wenn dieser aufgezogen wird.

# Antriebs- und Kettenpflege

Ketten erfordern viel Fürsorge und Aufmerksamkeit. Wie oft die Kette gereinigt und geschmiert wird, hängt stark vom Fahrrad, dem Fahrstil und den Umständen ab. Ein klassisches Stadtrad mit geschlossenem Kettenkasten erfordert vielleicht eine jährliche Kontrolle, wogegen die Kette eines hart beanspruchten Mountainbikes möglichst nach jedem Ausflug kontrolliert und geschmiert werden sollte – besonders im Winter.

Bei einem auf Straßen eingesetzten Fahrrad reicht es, die Kette etwa alle 500 bis 700 km zu schmieren, doch das hängt stark vom Wetter ab. Wer nur auf trockenen Straßen fährt und seine Kette mit Trocken-Schmiermittel behandelt, kann die Intervalle verlängern.

Am besten lässt sich der Kettenverschleiß mit einer entsprechenden Lehre ermitteln, die von verschiedenen Herstellern kostengünstig angeboten werden. Sobald die Lehre anzeigt, dass die Kette verbraucht ist, muss sie auch ersetzt werden, da ansonsten bald auch alle Kettenräder erneuert werden müssen. Weil gelegentlich auch Laschen reißen oder verbiegen und Rollen festgehen oder verschwinden, muss die Kette regelmäßig einer Sichtprüfung unterzogen werden.

Am einfachsten lässt sich eine Kette zweifellos nach dem Ausbau in einem entsprechenden Lösungsmittelbad reinigen. Wahrscheinlich muss der Prozess mehrmals wiederholt werden, bevor sie vollständig gesäubert ist. Der Ausbau einer Kette ist jedoch nur relativ einfach, solange sie ein wiederverschließbares Kettenschloss besitzt – Endlosketten müssen hingegen mit neuen Nietbolzen versehen werden – Details finden sich in Kapitel 4.

Neben dem Verschleiß bereiten klemmende Kettenglieder die größten Probleme. Dies zeigt sich oft als leichter Widerstand, wenn die Kette durch den Kettenspanner läuft. Bei stärkerer Vernachlässigung kann die Kette auf dem kleinen Ritzel überspringen. Reparaturen sind ebenfalls mit einem Kettennieter möglich.

Fahrräder mit indexierter Schaltung sind am Schaltwerk mit Feineinstellungen versehen (nicht bei den Shimano »Shadow«-Schaltwerken für MTBs), zudem kann die Länge des Schaltzuges am oberen Ende eingestellt werden. Zunächst sind der Zustand der Schaltzughülle(n) sowie die Ausrichtung des Schaltwerks zu überprüfen. Wenn die beiden Rollen und der Käfig des Schaltwerks nicht parallel zum Zahnkranz stehen, wird sich niemals eine korrekte Indexierung einstellen lassen. Falls die auf einem der mittleren Ritzel liegende Kette während der Fahrt hörbar an einem der Nachbar-Ritzel reibt, muss nachjustiert werden. Die Einstellschraube am Schalthebel muss herausgedreht werden, wenn das Schaltwerk weiter nach innen bewegt werden soll – und weiter hinein, wenn das Schaltwerk weiter nach außen soll. Nach jeder kleinen Einstellung ist eine Probefahrt fällig.

Falls die Kette über das größte oder kleinste Ritzel des Zahnkranzes hinaus geschaltet werden kann, müssen die entsprechenden Anschlagschrauben (oft mit »High« oder H bzw. »Low« oder L bezeichnet) eingestellt werden – dies ist in Kapitel 4 beschrieben.

## Kettenpflege

**1** Diese Kettenreinigungs-Vorrichtung wird mit einer Dose mit biologisch abbaubarem Lösungsmittel beigefügt.

**2** Die Vorrichtung wird an den unteren Kettenstrang geklemmt und die Kette rückwärts gedreht, um sie zu reinigen.

**3** Wie weit die Kette abgenutzt ist, lässt sich leicht mit einer Verschleißlehre ermitteln – diese Kette muss ersetzt werden.

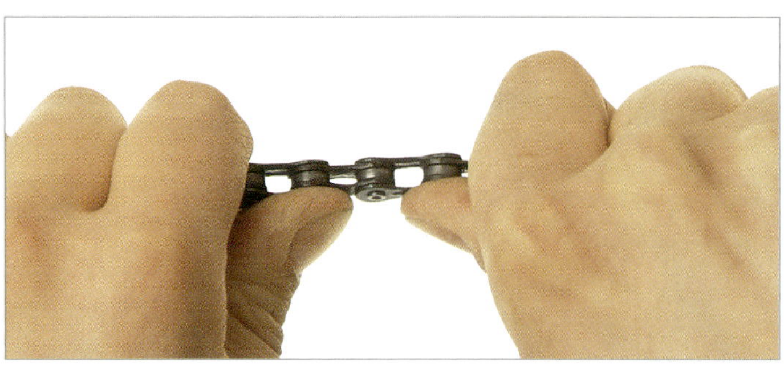

**4** Klemmende Kettenglieder lassen sich am leichtesten an den Kettenspanner-Rollen ermitteln. Manchmal lockern sie sich durch vorsichtiges Hin- und Herbiegen, …

**5** … ansonsten muss der fest sitzende Bolzen mit einem Kettennieter befreit werden.

### Der richtige Gang

**Niedrige Gänge sind für Anstiege, mittlere Gänge zum Beschleunigen und gemütlichen Radeln, hohe Gänge für hohes Tempo auf der Geraden. Als Faustregel gilt, immer einen Gang zu wählen, in dem man weder angestrengt noch zu schnell in die Pedale tritt.**

**Obwohl die meisten Schaltungen mit irgendwelchen Ganganzeigen ausgerüstet sind, fährt man deutlich besser nach Gefühl, statt ständig auf die Anzeige zu schauen. Zunächst muss man begriffen haben, dass das kleine Ritzel am Zahnkranz den höchsten Gang darstellt, wogegen das kleinste Kettenblatt im niedrigsten Gang benutzt wird. Zudem muss eine vollständig über Kreuz laufende Kette vermieden werden; statt also die Kette auf den jeweils größten Kettenrädern laufen zu lassen, erzielt man eine ähnliche, aber für den Antrieb weniger belastende Übersetzung, indem man vorn das mittlere Kettenblatt und hinten ein etwas kleineres wählt.**

## Automatischer Kettenreiniger

*Kettenreinigungsgeräte gibt es in zahllosen Ausführungen. Bei allen wird die Kette innen und außen mit in Reinigungsflüssigkeit rotierenden Bürsten gereinigt. Manche müssen von Hand gehalten werden, andere werden am Kettenspanner eingehängt. Weil der Behälter sehr klein ist, muss die Reinigungsflüssigkeit regelmäßig gewechselt werden. Obwohl solche Geräte sehr wirkungsvoll sind, ersetzen sie nicht den gelegentlichen Ausbau der Kette und das Einweichen in Lösungsmittel.*

## Schaltwerk

**1** Falls die Indexierung eingestellt werden muss, ist zunächst herauszufinden, wo Einstellungen vorgenommen werden können – meistens am unteren und oberen Widerlager des Schaltzuges.

**2** Ein schlecht gewarteter Schaltzug wird bald schwergängig – besonders am hinteren Bogen zum Schaltwerk. Nachdem das Zugseil befreit ist, kann die Hülle abgezogen werden.

**3** Das Zugseil muss gereinigt, geschmiert und wieder montiert werden. Nachdem ein hoher Gang eingelegt ist, wird das Seil strammgezogen und wieder am Schaltwerk eingeklemmt.

**4** Nachdem die Kette hinten auf eines der mittleren Ritzel geschaltet wurde, muss ihre Position kontrolliert werden – die Ritzelzähne müssen mittig zwischen die Laschen greifen. Mithilfe der Einstellschraube kann die Kette zentriert werden. Wenn die Indexierung im mittleren Bereich des Zahnkranzes korrekt ist, sollte dies in allen Gängen der Fall sein. Nach einer Probefahrt folgt die Feinabstimmung.

# Fahrradreinigung

Nach einem Ritt durch Matsch und Regen steht eine sorgfältige Reinigung an. Falls noch Zeit ist, sollten oberflächlicher Schlamm und Schmutz möglichst rasch entfernt werden. Ansonsten sollten lockere Partikel abgebürstet werden, bevor der Rest mit dem Gartenschlauch eingeweicht wird. Während des Einweichens werden alle erforderlichen Bürsten und Reinigungsmittel bereitgelegt. Benötigt werden auf jeden Fall ein Eimer, ein Schwamm und eine Bürste. Um in alle Ecken und Ritzen zu gelangen, sollte ein Spezialbürsten-Set beschafft werden.

Der gröbste Schmutz wird mit klarem Wasser abgewaschen, dann kann die Kette gereinigt werden, wie auf den vorherigen Seiten beschrieben. Um tiefsitzenden Schmutz zu entfernen, sollte ein spezielles Fahrrad-Reinigungsmittel verwendet werden – hierbei ist die beigefügte Anleitung zu beachten, da manche Mittel nur verdünnt angewendet werden dürfen.

Viele Radfahrer haben beim Einsatz von Hochdruckreinigern Bedenken, doch wenn man vorsichtig genug ist, können sie ein Gewinn sein. Wichtig ist, dass der Strahl nicht direkt auf die empfindlichen Lager gerichtet wird; Reifen und Felgen lassen sich hingegen wunderbar damit säubern.

Die Bremsflächen der Felgen sollten anschließend mit einem Scheuerschwamm aus Nylon gereinigt werden, um hineingeriebene Partikel zu entfernen. Bremsscheiben können sorgfältig mit speziellem Bremsenreiniger gesäubert werden.

*Reinigungsmittel gibt es in Hülle und Fülle. Wichtig ist, dass sie Silicium von Bremsen beseitigen können.*

*Es gibt zum Fahrrad-Reinigen spezielle Bürsten, doch auch eine alte Zahnbürste ist sehr hilfreich.*

**Bremsscheibenreiniger**
*Hiermit können Ablagerungen von Bremsscheiben entfernt werden. Es eignet sich auch zum Entfernen von Bremsflüssigkeitsspritzern auf Lackoberflächen (was bei DOT-Bremsflüssigkeit aus dem Automobilbereich sehr schnell erledigt werden sollte, da diese Lacke angreift). Auch die Bremsflächen von Felgen lassen sich damit perfekt reinigen.*

## Das Reinigen

**1** Wenn das Fahrrad so aussieht, muss der gröbste Schmutz zunächst mit klarem Wasser und einer weichen Bürste abgewaschen werden.

**2** Mit dem Gartenschlauch lässt sich der größte Teil der Verschmutzung bereits leicht abwaschen.

**3** Der verbliebene Schmutz wird mit speziellem Fahrradreiniger behandelt.

**4** Mit einer solchen Bürste lassen sich der Kettenkranz und die Kettenblätter reinigen.

**5** Ein Scheuerschwamm aus Nylon hilft bei der Reinigung von Bremsflächen an Felgen.

**6** Klassisches Auto-Shampoo und eine alte Abwaschbürste sind gute Alternativen zu Spezialreinigern und -Bürsten.

**7** Das eingewirkte Reinigungsmittel wird mit klarem Wasser abgewaschen. Bei starken Verschmutzungen muss der Vorgang wiederholt werden.

**8** Wasserverdrängende Produkte treiben Restfeuchte aus dem Antrieb. Fahrrad gründlich abtrocknen.

# Schmierplan

Die Antriebskomponenten gehören zu den wichtigsten Teilen des Fahrrades, die regelmäßig kontrolliert und geschmiert werden müssen. Vom Vorderrad hochgewirbelter Schmutz und Matsch neigt gern dazu, sich an eine gut geschmierte Kette zu heften und sich tief in die Kettenglieder und Ritzelzähne einzuarbeiten. Also gehört dem Antrieb besondere Aufmerksamkeit, zudem muss er vor dem Schmieren gereinigt werden.

Wie oft Antriebskomponenten und andere Teile geschmiert werden, hängt davon ab, wie oft und unter welchen Bedingungen das Fahrrad genutzt wird. Bei täglichen Fahrten im Winter wird generell mehr Schmierung benötigt als bei sommerlichen Schönwetter-Ausflügen. Fahrräder, die draußen stehen und nur gelegentlich benutzt werden, müssen vielleicht vor jeder Fahrt geschmiert werden. Dagegen wird der verantwortungsvolle Mountainbiker sein Sportgerät nach jeder Fahrt reinigen und schmieren.

Auf dem Markt gibt es heute eine unendliche Auswahl an Fahrrad-Schmierstoffen. Kettenschmiermittel werden oft in »nass« und »trocken« unterschieden. Die meisten werden mit Hightech-Formeln und exotischen Inhaltsstoffen beworben, in jüngster Zeit geht natürlich nichts ohne Nano-Partikel und »Teflon-Oberflächenschutz«. Zweifellos treffen all diese Botschaften zu, doch für den Alltags-Radler haben die Unterschiede zwischen den Schmiermitteln keine Auswirkung – für viele ist Trockenschmierstoff die beste Wahl, da bei diesen Mitteln das Lösungsmittel nach dem Einwirken verdunstet und eine rutschige, aber trockene Oberfläche hinterlässt, an der Schmutz nicht kleben bleibt.

Für Bowdenzüge werden Schmiermittel auf Wachsbasis benötigt, da Standard-Schmierstoffe auf Erdöl- oder PTFE-Basis die Innenbeschichtung der Hüllen beschädigen können.

Die anderen Schmierpunkte des Fahrrades geben sich mit normalem Mehrzwecköl zufrieden.

## Schmierpunkte

**1** Die Kette und alle Ritzel stehen ganz oben auf der Liste – aber erst nach dem Reinigen.

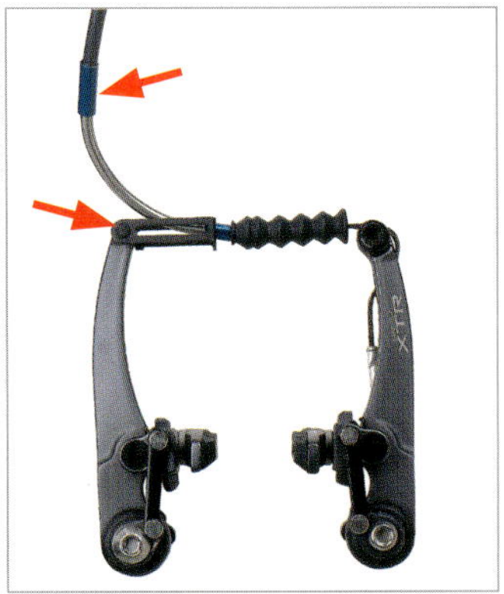

**2** Gelenkpunkte der V-Bremse vorsichtig schmieren, damit kein Öl auf die Beläge gelangt. Führungsbogen aushängen, mit Kriechöl spülen.

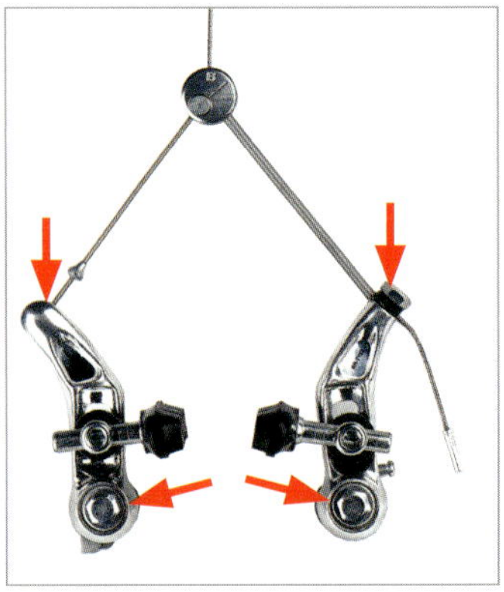

**3** Cantileverbremsen müssen an den Gelenken und den Seilzug-Enden geschmiert werden.

**4** Schaltwerke müssen an allen Gelenken sowie an der Schaltzug-Einstellschraube mit etwas Öl bedacht werden.

**Geschlitzte Widerlager**
*Die meisten modernen Fahrräder haben geschlitzte Bowdenzug-Widerlager, aus denen sich die Züge leicht befreien lassen.*

**5** Kettenspannräder müssen mit Kettenöl geschmiert werden.

**6** Am Umwerfer müssen die Gelenke geölt werden.

**7** Bremshebel-Gelenke werden ebenfalls mit Öl versehen. Bremszug aushängen und hochhalten, damit Öltropfen am Zug herunterlaufen können.

**8** Offene Zugseile müssen mit Öl abgerieben werden. Nachdem die Hüllen aus den Widerlagern befreit sind, können die Züge besser geschmiert werden.

CAMPAGNOLO
SUPER RECORD
MICRO BALL
BEARINGS

# 3

# Brems-
# systeme

# Bremsen-Typen

Unabhängig von ihrer Konstruktion haben alle auf den folgenden Seiten gezeigten Bremsen gemeinsam, dass Bremsbeläge gegen eine Bremsfläche drücken, um Bewegungsenergie durch Reibung in Wärmeenergie umzuwandeln. Ihre Wirksamkeit hängt davon ab, wie stark die Beläge angedrückt werden können und wie hoch ihr Reibungskoeffizient ist, der von den verwendeten Materialien und deren Verschleiß abhängt. So muss besonders bei Felgenbremsen darauf geachtet werden, dass neue Beläge für die verwendete Felge geeignet sind, da die Bremse sonst entweder keine Wirkung haben kann oder die Felgen extrem schnell verschleißen.

Auch Scheibenbremsen-Beläge gibt es in vielen Ausführungen, die generell in »gesintert« oder »organisch« unterteilt werden. Innerhalb dieser Kategorien gibt es zahlreiche Varianten für unterschiedliche Einsatzzwecke und Anforderungen. Generell gilt auch hier, dass die Beläge zum Material der Bremsscheiben passen müssen, um einen brauchbaren Kompromiss zwischen Bremswirkung und Verschleiß zu erreichen.

Gern wird übersehen, dass nicht nur Bremsbeläge, sondern auch ihre Gegenstücke, also Felgen oder Bremsscheiben, einem gewissen – wenn auch langsameren – Verschleiß unterliegen. Dieser kann soweit führen, dass eine Felge oder eine Bremsscheibe ohne Vorwarnung zerbrechen. Felgen sind oft mit Verschleißnuten versehen – wenn sie weggeschliffen sind, muss entweder das Laufrad oder die Felge ausgetauscht werden. Generell müssen Felgen bei jedem Bremsklotzwechsel genau auf Verschleiß überprüft werden. An Bremsscheiben finden sich Angaben über die Minimalstärke der Scheibe, die gelegentlich mit einem Messschieber nachgemessen werden muss. Wer am Zustand seiner Felgen oder Bremsscheiben zweifelt, sollte eine Fachwerkstatt konsultieren.

## Cantileverbremse

Die einst populären an den Gabelholmen gelagerten Felgenbremsen sind leicht, kräftig und einfach auszuhängen, wurden aber fast vollständig durch V-Bremsen und Zweigelenk-Bremsen ersetzt. Lediglich an Cyclo-Crossern finden sich sie sich noch heute gelegentlich.

## Zweigelenk-Bremse

Diese heute verbreitet an Rennrädern und leichten Reiserädern zu findenden Gabelbrücken-Bremsen erfordern nach der Einstellung nur wenig Wartung. Der bei den meisten Ausführungen vorhandene Auslösemechanismus ermöglicht einen einfachen Radausbau. Die Bremsklötze lassen sich in der Höhe an unterschiedliche Felgen anpassen.

## V-Bremse

Die Standardbremse an günstigen MTBs und Trekkingrädern. Korrekt eingestellt, reichen geringe Handkräfte für ausgezeichnete Verzögerungswerte. Bei diesem High-End-Modell werden die Beläge per Parallelogramm an die Felge gedrückt, um immer im gleichen Winkel zu stehen.

## Nabenbremse

Weit verbreitet sind Rücktrittbremsen an Kinder- und einfachen Alltagsrädern, oft sitzen sie mit Gangschaltungen oder Nabendynamos in einem Gehäuse. Daneben gibt es aus (älteren) Motorrädern und Autos bekannte Trommelbremsen sowie die moderneren mit Fett gefüllten Rollenbremsen – was hierbei wie eine Bremsscheibe aussieht, dient ausschließlich der Kühlung.

## Scheibenbremse

Ursprünglich für MTBs entwickelt, setzen sich Scheibenbremsen auch bei Cyclo-Crossern, Trekking- und Reiserädern immer mehr durch. Selbst bei Rennrädern sieht man sie immer öfter. Preiswerte Ausführungen werden per Seilzug betätigt, höherwertigere Versionen hydraulisch. Wie bei allen Nabenbremsen findet beim Bremsen kein Felgen-Verschleiß statt, zudem haben Schmutz und Nässe kaum Auswirkung auf die Bremswirkung.

# Bremsenpflege

Bei seilzugbetätigten Felgenbremsen muss im Bremszug immer etwas Spiel bestehen, bevor die Beläge angedrückt werden, da im gelösten Zustand immer ein Spalt zwischen Belägen und Felge vorhanden sein muss. Die Bremszüge müssen aber auch immer so eingestellt sein, dass die maximale Bremswirkung erzielt wird, bevor der Hebel den Lenkergriff berührt.

Mit zunehmendem Bremsbelagverschleiß erhöht sich der Leerweg am Bremshebel. Bevor sich ein Hebel bis zum Lenker ziehen lässt, muss der Bremszug eingestellt werden. Da abgesehen von Parallelogramm- und Hydraulik-Felgenbremsen alle anderen Bremsklötze im Bogen gegen die Felge gedrückt werden, muss genau darauf geachtet werden, wie sich ihre Position mit zunehmendem Verschleiß ändert. Falsch eingestellte Felgenbremsen können den Reifen oder die Speichen beschädigen – beides mit desaströsen Konsequenzen.

Solche Probleme treten bei hydraulischen Scheibenbremsen nicht auf. Manchmal vergrößert sich mit zunehmendem Bremsbelagverschleiß der Leerweg im Hebel, der aber meistens genauso wie sein Abstand zum Lenker eingestellt werden kann.

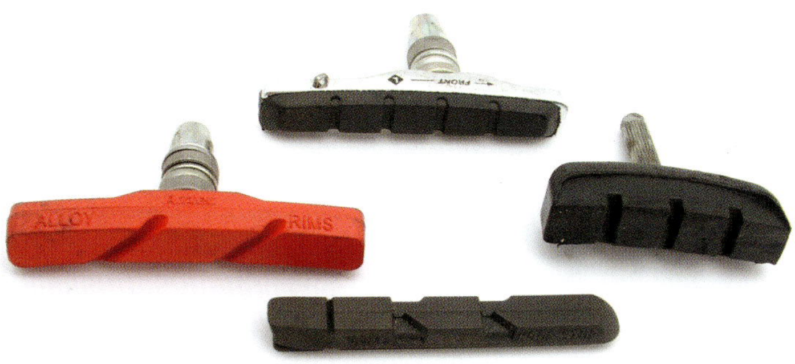


## Test, Kontrolle und Einstellung

**1** Wenn sich der Bremshebel ohne viel Kraft bis an den Lenker ziehen lässt, muss zunächst der Bremsklotzverschleiß kontrolliert und dann der Bremszug eingestellt werden. Bei Billig-Bremsen lässt sich selten ein stabiler Druckpunkt feststellen. Sowohl die Lager der Hebel als auch die Klemmung des Hebels am Lenker müssen fest sitzen. Bremszug und Halter dürfen nicht beschädigt sein.

**2** Die Bremsklötze müssen auf Verschleiß und Verunreinigungen überprüft werden. Die meisten Beläge sind mit Verschleißgrenzen-Markierungen in Form von Nuten ausgerüstet – sobald sie nicht mehr sichtbar sind, müssen die Beläge ersetzt werden. Falls ein Belag nicht exakt auf der Felge läuft und sich dadurch eine Kerbe gebildet hat, kann diese mit einem scharfen Messer entfernt werden, soweit noch genug Belagmaterial vorhanden ist.

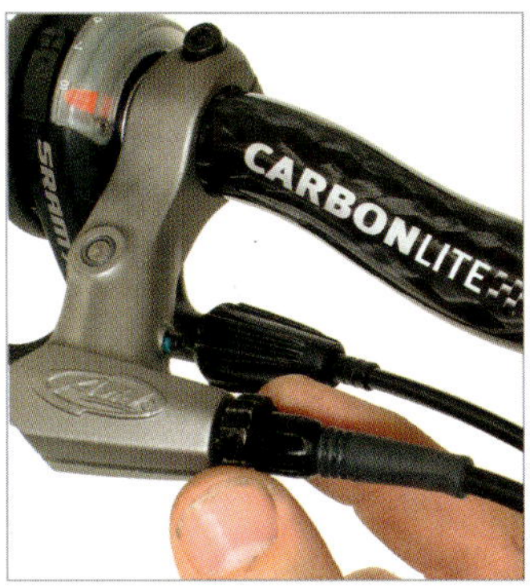


**3** Bei MTBs und den meisten anderen Fahrrädern erfolgt die Einstellung am Bremshebel-Ende des Zuges. Nachdem der Konterring gelockert wurde, dreht man die Einstellschraube in den Hebel, um das Spiel zu vergrößern, oder heraus, um es zu verringern – sie muss jedoch noch mit mindestens vier Gewindegängen im Hebelhalter sitzen, zudem sollten die Nuten zum Ausbau des Bremsseils nicht zueinander ausgerichtet sein. Einstellung mit dem Konterring fixieren.

**4** Bei Rennrädern und anderen Modellen mit Rennlenkern erfolgt die Einstellung an der Bremse. Nachdem die Kontermutter gelockert wurde, dreht man die Einstellschraube in den Bremsarm, um das Spiel zu vergrößern, oder heraus, um es zu verringern. Bei Cantileverbremsen können die Beläge selbst durch die Änderung ihrer Position oder mithilfe der Kontermutter näher an die Felge geschoben werden.

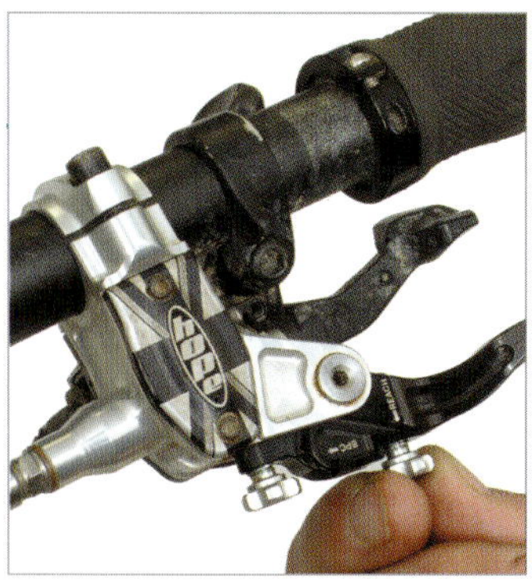

**5** Hydraulikbremsen bieten oft einen einstellbaren Druckpunkt. Sowohl die Lager der Hebel als auch die Lenkerklemmung des Hebels müssen fest sitzen. Die Schrauben an Bremssattel- und -scheiben sind der beim Bremsen entstehenden Hitze ausgesetzt und können sich dadurch leichter lockern – hiergegen helfen Sicherungspaste oder Sicherungsscheiben.

**6** Die gesamte Bremshydraulik muss auf undichte Anschlüsse und beschädigte Schläuche überprüft werden. Beim Anziehen von Bremsleitungen muss auf vom Hersteller vorgegebene Drehmomente geachtet werden, damit der Bremssattel oder der Geberzylinder nicht beschädigt werden.

## Bremsen schmieren

**1** Falls das Fahrrad geschlitzte Bowdenzug-Widerlager besitzt, lassen sich die Züge hieraus leicht befreien, um die Hülle herunterziehen zu können. Nötigenfalls muss der Bremszug an der Bremse ausgehängt werden. Nachdem das Zugseil mit Öl benetzt wurde, wird die Hülle auf und ab geschoben, damit das Öl eindringt.

**2** Bei Cantileverbremsen müssen die Rückholfedern und Lagerpunkte (vorn und hinten) geschmiert werden. Etwas Fett an der Aufnahme des kurzen Bremszuges lässt dessen Nippel besser im Bremsarm drehen.

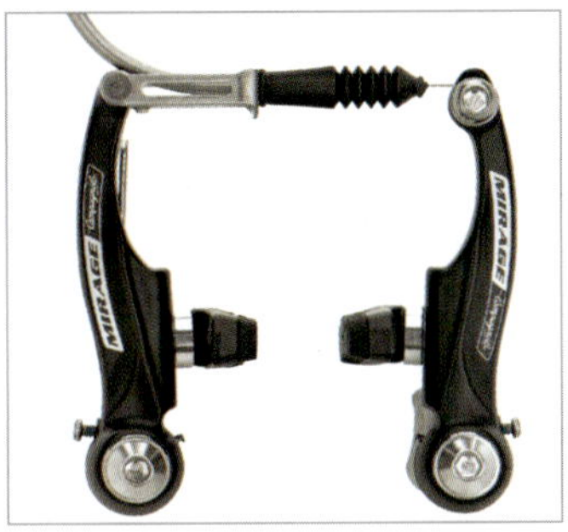

**3** Bei V-Bremsen müssen die Rückholfedern und Lagerpunkte (vorn und hinten) geschmiert werden. Der Bremszug neigt besonders im Führungsbogen zu Schwergängigkeit, sodass dieser befreit und zur Klemmung geschoben werden muss, damit der freiliegende Zug gereinigt und geschmiert werden kann.

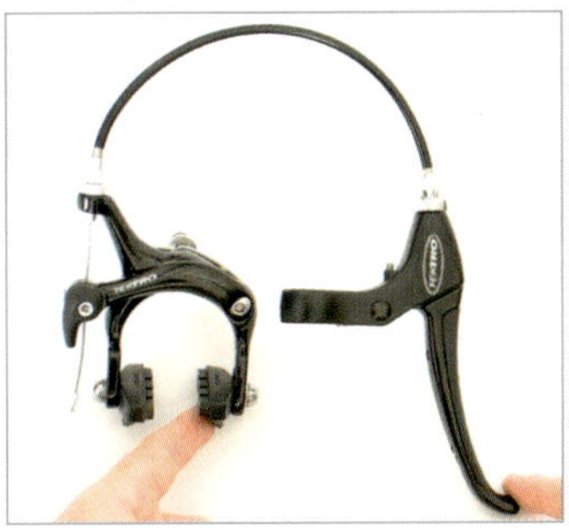

**4** Zweigelenk-Bremsen müssen an allen Gelenken, der mittigen Aufnahme und am Nippel im Bremshebel geschmiert werden. Um Zugang zum Bremshebel-Lagerbolzen zu erhalten, muss beim Rennrad die Abdeckung zurückgezogen werden.

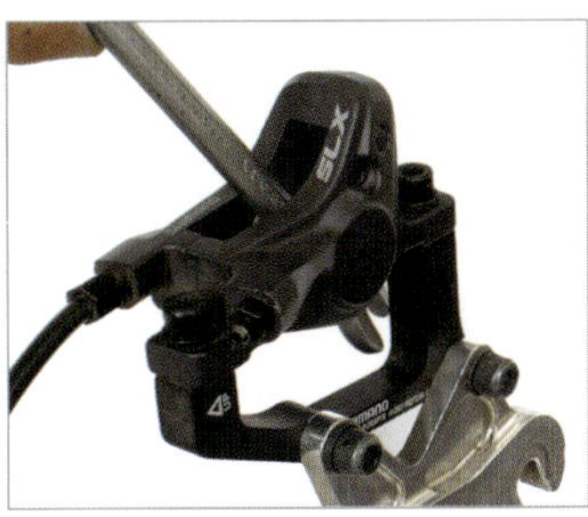


**5** Bei hydraulischen Scheibenbremsen muss lediglich der Lagerbolzen des Bremshebels geschmiert werden. Falls im Bremssattel ein Kolben schwergängig ist, müssen das Rad und die Bremsbeläge ausgebaut und der Kolben mit Schmierstoff behandelt werden – oft darf kein mineralisches Öl verwendet werden!

### Öl

**Schmierstoffe haben auf Bremsflächen nichts verloren, sodass beim Auftragen vorsichtig gearbeitet werden muss – dies gilt besonders beim Einsatz von Sprühdosen. Gefährdete Teile müssen immer mit sauberen Lappen geschützt werden (Kettenöl tropft besonders gern auf die Felge!). Verölte Bereiche müssen sorgfältig (und nötigenfalls mit Entfettungsmittel) abgewischt werden.**

### Felgenflanken

**Felgen verschleißen an den Bremsflächen und müssen daher in eine Bremsen-Inspektion einbezogen werden. Anfangs haben alle Felgen eine flache Oberfläche, die mit der Zeit eine konkave Form annimmt. Manche Felgen sind mit Verschleißnuten versehen – wenn sie weggeschliffen sind, muss entweder das Laufrad oder die Felge ausgetauscht werden. Nachdem der Reifen demontiert ist, lässt sich die Stärke der Felge per Augenmaß erahnen. Wenn sich die Felge mit festem Daumendruck eindrücken lässt, muss sie unverzüglich ersetzt werden.**

**Bei der Beschaffung neuer Bremsklötze muss darauf geachtet werden, dass sie zum Felgenmaterial passen. Die meisten modernen Felgen bestehen aus verschiedenen Aluminium-Legierungen, doch an Billigrädern oder auch BMX-Fahrrädern finden sich auch heute noch Stahlfelgen. Die immer beliebter werdenden Karbon-Felgen sollten mit Bremsklötzen aus dem gleichen Material kombiniert werden, um die Hitze-Entwicklung an der Felge zu reduzieren. Manche Felgen sind keramisch beschichtet, um die Bremswirkung bei Nässe zu verbessern. Jeder Felgentyp benötigt spezielle Bremsklötze, sodass gegebenenfalls ein Fachhändler zurate gezogen werden sollte.**

## Bremszüge aushängen

*Bei V-Bremsen lässt sich der Führungsbogen trotz zusammengedrückter Bremsarme nicht leicht aus der Aufnahme befreien. Besser wird es, wenn die Einstellschraube zuvor vollständig in den Bremshebelhalter gedreht wurde, um maximales Spiel zu erzielen.*

*Bei Cantileverbremsen müssen beide Bremsarme zusammengedrückt werden, bevor der Verbindungszug ausgehängt werden kann. Zuvor die Einstellschraube vollständig in den Bremshebelhalter drehen, um maximales Spiel zu erzielen.*

*Die meisten Zweigelenk- und Seitenzugbremsen sind mit Schnellspannern ausgerüstet, die nach oben geklappt werden, damit die Bremsarme öffnen und der Reifen hindurchpasst.*

*Bei manchen Rennrädern sitzt der Schnellspanner im Bremshebel. Dieser Campagnolo-Hebel besitzt einen Druckknopf, der sich selbst arretiert, sobald der Bremshebel wieder betätigt wird.*

# V-Bremsen

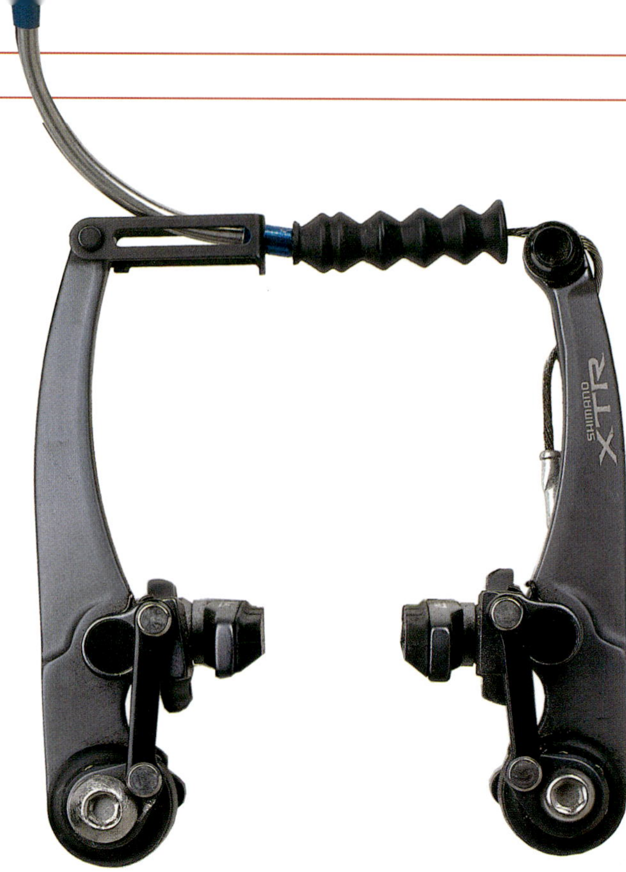


Diese von Shimano für Mountainbikes entwickelte Bremse ersetzte in kurzer Zeit die U-Bremse sowie die Cantileverbremse und ist heute auch Standard bei vielen anderen Fahrradtypen. Heute bauen auch andere Hersteller »V-Bremsen«.

V-Bremsen arbeiten linear, d. h. der Zug am Hebel wird immer im gleichen Verhältnis auf die Bremse übertragen. Gegenüber Cantileverbremsen sind sie kräftiger und wartungsärmer. Generell lassen sich Cantileverbremsen durch V-Bremsen ersetzen, da diese auf die gleichen Lagersockel passen, solange diese 80 mm auseinanderliegen; zudem müssen passende Bremshebel montiert werden, da mit Cantilever-Hebeln das Übersetzungsverhältnis nicht passt. Bei der Montage muss darauf geachtet werden, dass die Bremsarme nicht durch Schutzbleche oder Gepäckträger behindert werden.

Die Montage neuer Bremszüge und Bremsklötze ist auf den Seiten 55 bis 59 beschrieben.

## V-Bremse – Demontage und Einstellung

**1** Zunächst wird die Klemmschraube des Bremszuges gelockert, bis das Zugseil befreit werden kann. Nachdem die Gummimanschette abgezogen ist, wird der Führungsbogen ausgehängt und abgezogen. Um die weitere Arbeit zu erleichtern, sollte das Laufrad demontiert werden.

**2** Nun werden die Befestigungsschrauben gelöst und die Bremsarme abgezogen. Die Lagersockel müssen gereinigt und – falls eingeschraubt – ihr fester Sitz überprüft und ggf. sichergestellt werden.

**3** Die Lagersockel werden dünn mit Fett geschmiert, die Rückholfedern auf Ermüdung und Brüche untersucht.

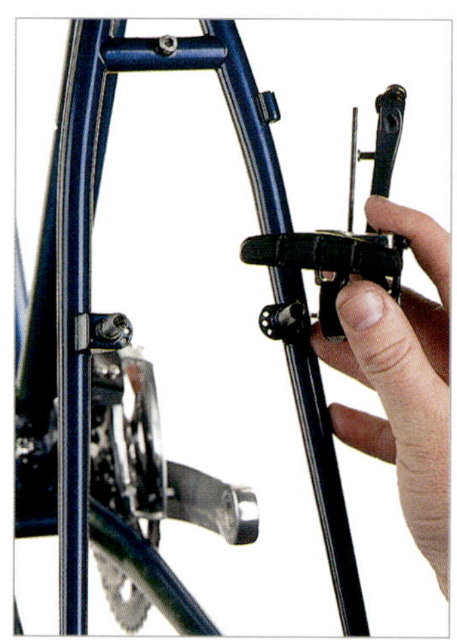

**4** Beim Aufschieben des Bremsarms wird die Feder abhängig von der Federkraft in eine der Bohrungen eingehängt.

**5** Falls eine Drehmomentangabe vorhanden ist, werden die Bremsarm-Schrauben damit angezogen. Nachdem der lange Arm der Feder über den Bremsarm gehängt wurde, wird geprüft, ob die Feder zurückspringt, nachdem sie eingedrückt wurde.

**6** Der mit etwas Fett gefüllte Führungsbogen sowie die Gummimanschette werden auf den Bremszug geschoben und dieser unter die Klemmschraube gesteckt. Nachdem der Abstand zwischen dem Gelenkstück und dem Bremsarm korrekt eingestellt ist (bei Shimano-Bremsen sollte der Abstand 39 mm betragen), wird die Klemmschraube angezogen. Durch mehrmaliges Betätigen der Bremse setzen sich alle Teile.

**7** Nachdem der Führungsbogen wieder ausgehängt ist, wird das Rad montiert. Falls sich der Bogen jetzt nicht wieder einhängen lässt, muss die Klemmschraube gelockert und im Bremszug etwas mehr Spiel erzeugt werden. Die Bremse sollte so eingestellt sein, dass sich der Bogen gerade eben ein- und aushängen lässt.

**8** Bei montiertem Rad sollte die Bremse auf beiden Seiten den gleichen Abstand zur Felge haben und sich gleichzeitig andrücken. Nötigenfalls muss mit der Vorspannungsschraube nachgeholfen werden, dabei ist nach jeder Veränderung die Bremse zu betätigen. Falls sich die Bremse mit der Schraube nicht ausbalancieren lässt, muss eine der Federn in eine andere Bohrung gehängt und die Feineinstellung wiederholt werden.

**Tipp:**
Manchmal knittert die Manschette einer V-Bremse stark zusammen und erzeugt so beim Bremsen ein schwammiges Gefühl. Kürzen oder gar Entfernen der Manschette schafft Abhilfe.

**Bremshebel**

*Die Höhe des Bremshebels kann nach dem Lockern der Klemmschraube leicht verändert werden. Die exakte Position ist Geschmackssache, doch generell sollte in der normalen Sitzposition die auf dem Hebel liegende Hand eine gerade Verlängerung des Arms darstellen.*

*Bei vielen Bremshebeln kann der Abstand zum Lenkergriff eingestellt werden – meistens mit einer kleinen Madenschraube. Im Idealfall sollte die auf den Hebel fallende Hand sofort in der richtigen Greifposition liegen.*

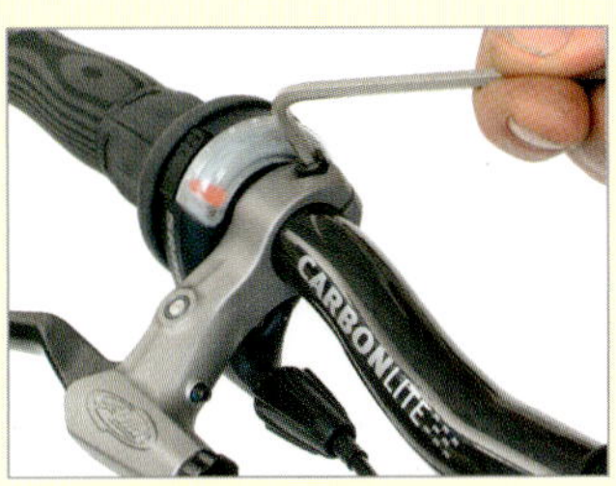

**Diese Arbeit wird fällig:**
- Wenn eine Cantileverbremse durch eine V-Bremse ersetzt werden soll.
- Wenn die Bremse sich nach dem Lösen des Hebels nicht von der Felge löst und dies nicht auf einen defekten Bremszug zurückzuführen ist.

**Zeit:**
- Zwei Stunden für eine sorgfältige Reinigung, Zerlegung und Feineinstellung.

**Schwierigkeitsgrad:**
- Das Einstellen kann dauern – besonders, wenn man sich penibel an die von Shimano vorgegebenen 39 mm Abstand hält.
- Das Synchronisieren der beiden Bremsarme kann Ausdauer erfordern.

# Zweigelenk-Bremsen

Diese auch »Dual-Pivot«-Bremse genannten Felgenbremsen finden sich heute noch an den meisten Rennrädern, sodass man wissen muss, wie sie aus- und eingebaut werden. Beim Ausbau muss sorgfältig notiert werden, wo die verschiedenen Scheiben und Distanzstücke sitzen, da dies entscheidend für eine korrekte Funktion ist. Falls an preiswerten Bremsen Teile fehlen, ist es oft günstiger, die gesamte Bremse komplett auszutauschen als sich auf die mühsame Suche nach Ersatzteilen zu machen.

Der wichtigste Punkt ist das Zentrieren der Bremse zur Felge. Oft hilft nur Versuch und Irrtum, um den Punkt zu finden, wo die Bremse auf beiden Seiten den gleichen Abstand zur Felge hat und synchron zugreift.

**Diese Arbeit wird fällig:**
- Wenn die Bremse trotz Einbau eines neuen Bremszuges schwergängig arbeitet.
- Wenn die Bremse sich nach dem Lösen des Hebels nicht von der Felge löst und dies nicht auf einen defekten Bremszug zurückzuführen ist.

**Zeit:**
- Zwei Stunden für eine sorgfältige Reinigung, Zerlegung und Feineinstellung.

**Schwierigkeitsgrad:** 3 von 3
- Das Einstellen kann dauern – besonders, wenn man es mit einer billigen Seitenzug-Bremse zu tun hat. Bei einer hochwertigen Zweigelenk-Bremse ist die Sache einfacher.

## Zweigelenk-Bremsen demontieren und einstellen

**1** Die meisten Zweigelenk-Bremsen werden mit einer versteckt sitzenden Inbusschraube gesichert. Der Ausbau und die Zerlegung der Bremse ähneln den Seitenzug-Bremsen.

**2** Nachdem das Laufrad wieder montiert ist, werden die Bremsklötze ausgerichtet – dies geht am besten, wenn sie von Hand gegen die Felge gedrückt werden.

**3** Jetzt werden die Bremsarme so eingestellt, dass beide Beläge den gleichen Abstand zur Felge haben.

**4** Beim Anziehen der Klemmschraube muss entweder der Bremszug strammgezogen oder die Bremse von Hand zusammengedrückt werden.

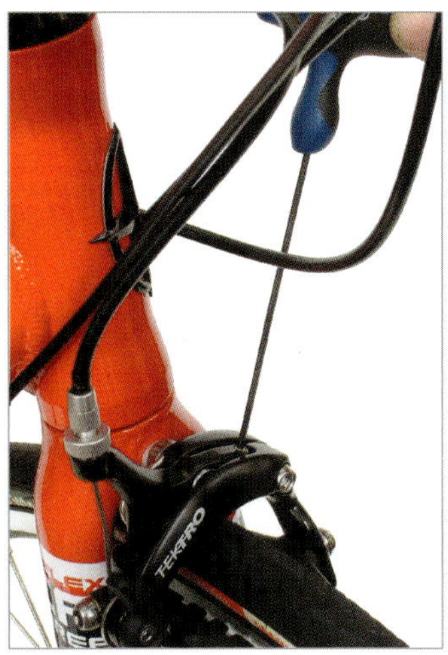

**5** Nachdem die Bremse einige Male betätigt wurde, muss ggf. die Einstellung des Bremszuges nachjustiert werden. Mithilfe einer kleinen Madenschraube lassen sich die Positionen der Bremsarme exakt ausrichten, sodass beide Bremsklötze den gleichen Abstand zur Felge haben.

**6** Zum Schluss wird eine neue Kappe auf den Bremszug geschoben und fest gequetscht.

# Neue Bremszüge installieren

Das Ersetzen von Bremszügen funktioniert bei allen per Bowdenzug betätigten Bremsen sehr ähnlich. Die Zugseile selbst haben einen Durchmesser von 1,5 oder 1,6 mm und können aus rohem oder verzinktem Stahl, aber auch aus Edelstahl bestehen; manche sind speziell beschichtet, damit die Reibung reduziert wird. Die zumeist zylindrisch geformten Nippel am Hebelende sitzen entweder längs (mit Verjüngung) oder quer am Seil – Erstere finden sich oft an Rennrädern und Letztere an allen anderen Fahrrädern.

Die Hüllen von Bremszügen sind normalerweise aus spiralförmig gewickeltem Stahl- oder Edelstahl-Draht mit einer Kunststoffbeschichtung aufgebaut. Es gibt sie in verschiedenen Farben und sie werden meist als Meterware verkauft. Manche Hüllen sind zur Reibungsreduzierung mit Polytetrafluorethylen – besser bekannt als PTFE oder unter seinem Handelsnahmen Teflon – beschichtet und dürfen und auf keinen Fall mit normalem Öl geschmiert werden.

Falls nur das Zugseil ersetzt werden soll, empfiehlt sich ein Edelstahlseil. Beim Einführen in die Hülle sollte das Seil mit Gleitmittel auf Wachsbasis geschmiert werden.

Falls sowohl die Hülle als auch das Zugseil ersetzt werden sollen, sollten Komplett-Sets in Betracht gezogen werden, die oft aus beschichteten Hüllen und allen notwendigen Hülsen und Endkappen bestehen. Bei Fahrrädern, die häufig bewegt werden, kann sich diese Anschaffung durchaus lohnen.

Das Einstellen neu installierter Bremszüge kann etwas Übung verlangen. Es kann hilfreich sein, die Bremse nach der Montage mithilfe starker Gummibänder etwa eine Stunde lang unter Zug zu setzen, damit sich alle Teile setzen bzw. strecken können. Danach muss ein Bowdenzug meistens nur einmal eingestellt werden.

Bei immer mehr Fahrrädern werden Bowdenzüge innerhalb der Rahmenrohre verlegt. Näheres hierzu auf S. 57.

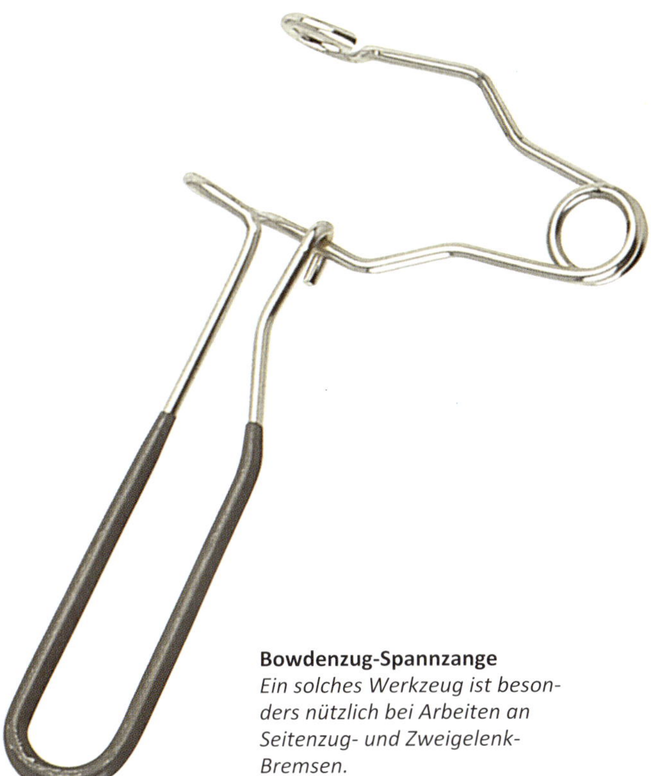

**Bowdenzug-Spannzange**
*Ein solches Werkzeug ist besonders nützlich bei Arbeiten an Seitenzug- und Zweigelenk-Bremsen.*

## Montage eines neuen V-Bremsenzuges

**1** Klemmschraube des Bremszuges lockern, bis das Zugseil befreit werden kann. Nachdem die Gummimanschette abgezogen ist, Führungsbogen aushängen.

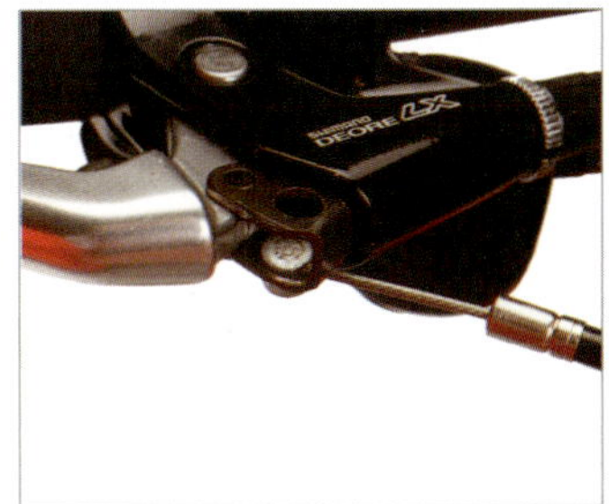

**2** Wenn die Nuten des Hebelhalters, der Einstellschraube und des Konterrings zueinander ausgerichtet sind, wird der Bremszug befreit und am Hebel ausgehängt.

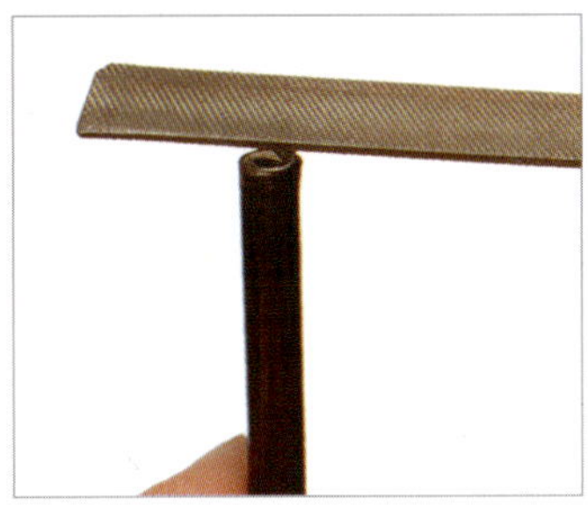

**3** Falls auch die Bremszug-Hüllen ersetzt werden sollen, müssen die alten als Längenmuster für neue Hüllen benutzt werden. Schnittkanten nötigenfalls mit einer Reißnadel vollständig öffnen und mit einer Feile entgraten. Unbedingt Endkappen aufsetzen.

**4** Nachdem der Zugseil-Nippel am Bremshebel eingehängt ist, wird das Seil durch die zueinander ausgerichteten Nuten des Halters, des Konterrings und der Einstellschraubegeführt, dann wird/werden die Hülle(n) aufgeschoben.

**5** Auch der Führungsbogen sollte durch ein Neuteil ersetzt – üblicherweise wird hinten ein 90°-Bogen und vorn ein 135°-Bogen verwendet – und auf das Seil geschoben werden. Nachdem die Gummimanschette aufgeschoben ist, wird das Zugseil in die Klemmung eingeführt.

**6** Bei zusammengedrückter Bremse wird der Bogen in das Gelenkstück eingehängt und die Klemmschraube angezogen. Mehrfaches Ziehen der Bremse bewirkt, dass sich alle Teile setzen und die Bremse eingestellt werden kann (siehe Seiten 52 und 53).

# Montage eines neuen Zweigelenkbremsen-Zuges

**1** Ein ausgefranster Bremszug muss unverzüglich ersetzt werden. Gebrochene Drähte können sich bis in die Hülle hinein abwickeln und darin verklemmen.

**2** Das Zugseil wird oberhalb des ausgefransten Bereichs abgeschnitten. Nachdem die Klemmmutter gelöst ist, wird der Rest herausgezogen.

**3** Wenn das Zugseil am Bremshebel ausgehängt ist, kann es aus der Hülle gezogen werden. Nachdem das neue Zugseil eingeschoben ist, wird es strammgezogen und am Bremsarm mit der Klemmschraube gesichert.

**4** Bei in seiner normalen Position stehendem Schnellspanner wird mit dem Einsteller maximales Spiel erzeugt. Nun werden die Bremsklötze gegen die Felge gedrückt, die Klemmung gelöst, das Zugseil hindurch gezogen und wieder gesichert. Mit dem Einsteller wird die Bremse nun genau justiert.

**5** Wenn alles korrekt eingestellt ist, wird das Zugseil etwa 4 cm hinter der Klemmung gekappt und mit einer neuen Kappe versehen.

# Innen verlegte Bremszüge

Bei immer mehr Fahrrädern – Rennräder, Mountainbikes, Trekkingräder – werden Bremszüge innerhalb des Rahmens verlegt. Durch das Verstecken diverser Züge samt seiner Widerlager rückt vor allem der wohlgeformte Rahmen besser ins Rampenlicht.

Aber es gibt auch praktische Gründe, denn ein innerhalb des Rahmens verlaufender Bowdenzug ist natürlich auch optimal geschützt – er funktioniert nicht nur besser, sondern er hält auch länger.

Das Problem ist, dass sie schwieriger zu wechseln sind. Hilfreich ist ein kleiner Kunststoffschlauch. Wer auf ihn verzichtet, muss mit einem Magneten versuchen, seinen neuen Bremszug zu lokalisieren.

**1** Beim Ausbau des alten Bremszugs muss zuerst die Schraube der Zugseil-Klemme gelöst werden – üblicherweise mit einem 4er- oder 5er-Inbusschlüssel.

**2** Sobald das Bremsseil aus der Klemme befreit ist, wird es herausgezogen.

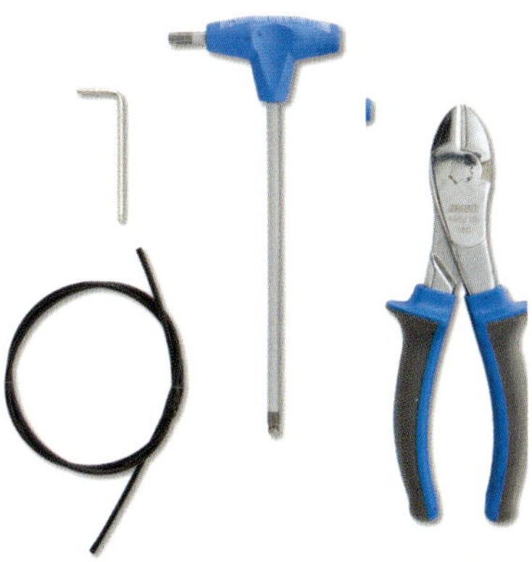

**Erforderliche Werkzeuge**

*Für diese Arbeit werden ein Seitenschneider, ein Stück Kunststoffschlauch als Führung und Inbusschlüssel der Größen 2 und 4 oder 5 mm benötigt.*

**3** Am Rahmenrohr-Ausgang wird die Madenschraube gelöst.

**4** Jetzt wird die Führung aus dem Rahmen gezogen; das gleiche geschieht am anderen Ende des Bowdenzugs.

**5** Am hinteren Ende der Hülle muss die Hülse entfernt werden, da sie nicht durch die Bohrungen des Rahmens passt. Später muss sie wieder aufgeschoben werden.

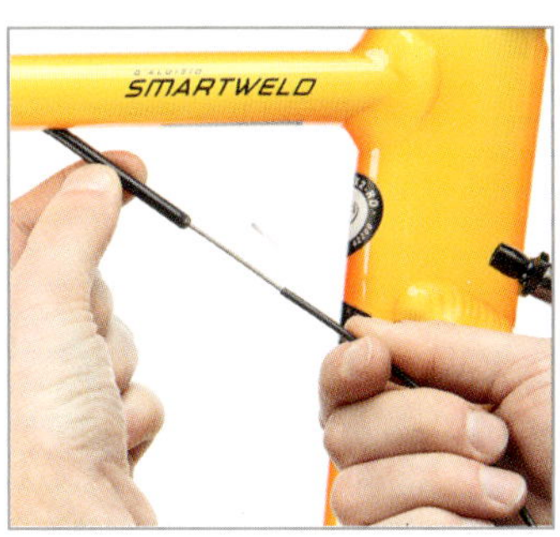


**6** Jetzt wird der im Radsport-Fachhandel erhältliche Schlauch über das Zugseil geschoben …

**7** … und damit die Hülle vorne herausgeschoben.

**8** Sobald der Kunststoffschlauch aus der vorderen Öffnung herausragt, kann das neue Bremsseil eingeschoben und zur hinteren Öffnung geführt werden. Wenn die Hülle durch den Rahmen geschoben ist, wird die Hülse installiert und das Bremsseil mit der Klemme gesichert.

# Bremsklötze montieren und einstellen

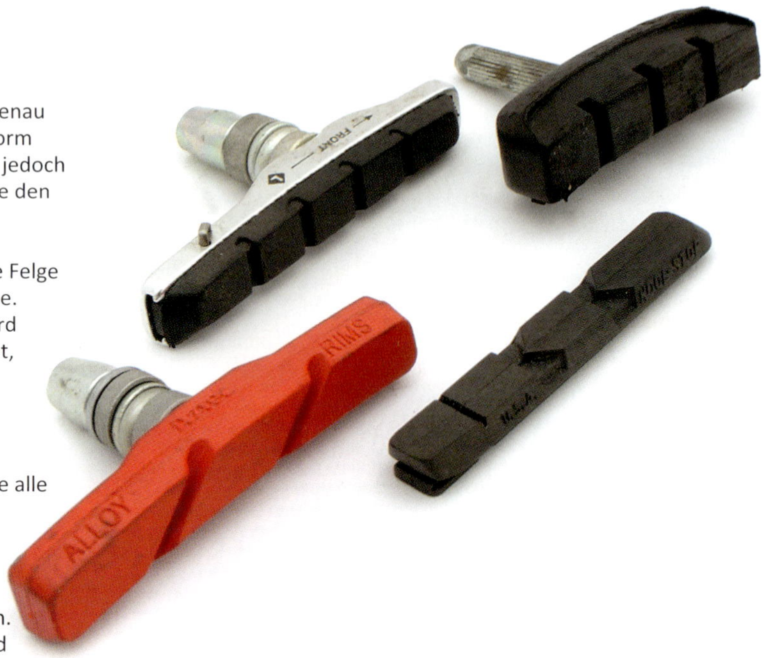


Bevor neue Bremsklötze installiert werden, sollte die Felge genau überprüft werden. Schleifspuren und eine leicht konkave Form sind normal – tiefe Riefen, Kerben und Beulen verursachen jedoch Probleme. Wer Zweifel über den Zustand seiner Felgen hat, sollte den Rat einer Fachwerkstatt einholen.

Falls die Felge so stark verschlissen ist, dass sie ausgetauscht werden muss, muss überlegt werden, ob es sich lohnt, eine neue Felge einzuspeichen, oder ob ein neues Laufrad beschafft werden sollte. Ist das Fahrrad bereits mit IS- (also nach internationalem Standard ausgerichteten) Aufnahmen für Scheibenbremssättel ausgerüstet, kann ein neues Laufrad gekauft werden, das sowohl mit Bremsscheiben-Aufnahme als auch einer Felge ausgerüstet ist, die von Felgenbremsen in die Zange genommen werden darf – so hat man später die Option, auf Scheibenbremsen umzurüsten.

Bremsklötze gibt es in den verschiedensten Ausführungen, die alle damit beworben werden, die Bremswirkung zu verstärken und den Verschleiß zu verringern. Manche sollen aufgrund des Materials bei Nässe besser bremsen, andere wegen einer speziellen Profilierung. Wer jedoch mit seinen alten Bremsen zufrieden war, sollte sich genau überlegen, ein Risiko einzugehen. Wer zwecks gesteigerter Bremsleistung die Marke wechselt, wird wahrscheinlich ein neues Bremsgefühl feststellen – und hoffentlich auch eine verbesserte Bremswirkung. Oft genug sorgt der Wechsel der Bremsklötze jedoch nur dafür, dass die Wirkung nachlässt, die Bremse aber laut quietscht, weil die Materialien der Beläge und der Felge nicht zusammenpassen. Die einzige Lösung liegt zumeist nur darin, erneut andere Bremsklötze zu kaufen.

Üblicherweise werden Bremsklötze mit etwas »Vorspur« eingebaut, wobei die vordere Kante weiter nach innen steht und zuerst die Felge berührt. Dies vermindert Bremsrubbeln und Quietschen. Manche Beläge sind mit kleinen Lippen versehen, die dafür sorgen, dass diese Stellung automatisch eingenommen wird. Die meisten Bremsklötze sind zudem mit einer Verschleißmarkierung sowie einem Richtungspfeil ausgerüstet. Am einfachsten lassen sich Bremsklötze in sogenannten Patronenbremsbelagbehältern wechseln, da sie (theoretisch) nicht eingestellt werden müssen– diese kostengünstige Verbesserung ist für viele Bremsen erhältlich.

## Neue Beläge einbremsen

**Nach der Montage neuer Beläge kann es etwas dauern, bis wieder die volle Bremswirkung da ist – dies gilt besonders für Scheibenbremsen. Mehrfaches Bremsen bei Abfahrten kann die Prozedur beschleunigen. Manche Hersteller rüsten ihre Beläge mit einer speziellen Reib-Beschichtung aus, die sowohl die Felge reinigt als auch die Klötze rasch an die Bremsfläche anpasst.**

## Diese Arbeit wird fällig:

- Wenn die Bremsklötze verschlissen sind.
- Wenn die Reibfläche der Beläge verglast ist.
- Wenn das Rad ausgetauscht wird – an neuen Felgen dürfen niemals alte Bremsklötze verwendet werden.

## Zeit:

- Zwei Stunden können draufgehen, bis alle vier Beläge korrekt montiert und eingestellt sind.

## Schwierigkeitsgrad:

- Bei hochwertigen Zweigelenkbremsen sehr einfach.
  Bei V- oder Cantileverbremsen kann die Einstellung viel Geduld erfordern.

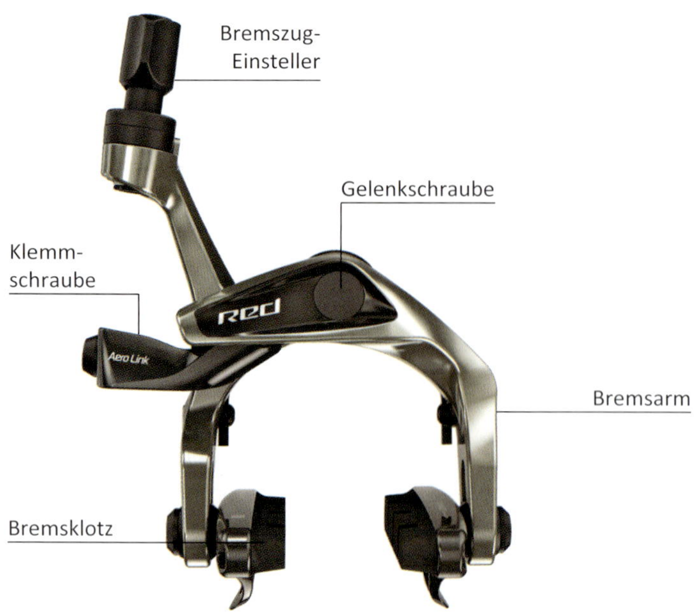

# Bremsklötze an Zweigelenk-Bremsen montieren

**1** Um die Bremse zu öffnen, wird die Einstellschraube eingedreht und der Schnellverschluss betätigt. Beim Lösen der Mutter muss der Bremsklotz gehalten werden. Bei manchen Modellen ist die Demontage leichter, wenn das Rad ausgebaut ist.

**2** Neuen Bremsklotz einpassen und in Position halten, während die Mutter festgezogen wird; Bremsfläche muss gleichmäßig auf die Felge treffen. Vorspur (s. u.): Bei Billigbremsen lässt sich diese oft nur nachträglich durch vorsichtiges Verbiegen der Bremsarme (Zange) einstellen.

**V-Bremse**
V-Bremsen sind mit zahlreichen Einstellscheiben versehen, um in die richtige Position gebracht werden zu können. Diese haben oft unterschiedliche Stärken und können zwischen den Seiten getauscht werden, um eine gleichmäßigen Abstand der Beläge zur Felge einzurichten.

**Hydraulische Scheibenbremsen**
Der Austausch der Bremsklötze ist auf Seite 64 beschrieben.

**Alternative Bremsklotz-Einstellmethode**

**Nachdem die Felge gereinigt ist, wird ein kleines Stück Pappe an die Felge geklebt. Einige Schichten Isolierband tun es auch. Die Pappe oder das Isolierband sollten nicht dicker als 1 mm sein. Nun werden die neuen Bremsklötze montiert, aber ihre Mutter nur soweit angezogen, dass sie sich noch bewegen lassen.**

**Mithilfe eines Kabelbinders wird der Bremshebel in einer Position gehalten, bei dem der erste Bremsklotz gerade vorne die Felge und hinten die Pappe oder das Isolierband berührt. Nun wird der zweite Belag in die gleiche Position gedrückt und beide Einstellmuttern angezogen. Pappe entfernen, Rad drehen und prüfen, ob die Beläge korrekt gegen die Felge drücken. Nun wird der Bremshebel gelöst, dann wird der Bremspunkt mit der Einstellschraube feinjustiert.**

# Bremsklotz-Einstellung

Neue Bremsklötze müssen nach der Montage zur Felge ausgerichtet und eingestellt werden. Sie müssen anfangs mit dem vorderen Rand und schließlich mit der gesamten Fläche an der Felge anliegen. Diese »Vorspur« genannte Einstellung sorgt dafür, dass Rubbeln und Quietschen eliminiert werden.

Das Montieren und Einstellen von Bremsklötzen ist eher eine fummelige als eine komplizierte Aufgabe. Zum Schluss müssen sowohl die Bremsklotz-Position, ihre Vorspur und ihr Abstand zur Felge korrekt eingerichtet sein, um eine perfekte Bremse zu erhalten.

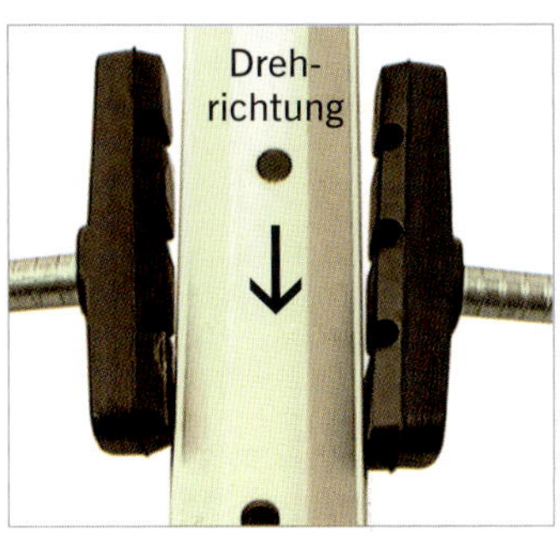


**1** Die Befestigungsmutter oder -schraube der neuen Bremsklötze zunächst nur locker anziehen, dabei die korrekte Vorspur einstellen: vorn 1 mm Abstand zur Felge, hinten 2 mm.

**2** Beim behutsamen Anziehen der Bremse müssen beide Beläge vollständig an der Felge anliegen und einen Abstand von 1 bis 2 mm zum Außenrand haben.

**3** Die Beläge müssen sich nach dem Lösen der Bremse von selbst wieder mit Vorlauf und korrekt positioniert ausrichten – andernfalls muss nachjustiert werden.

# Bremshebel

Außer bei Rennrädern werden alle Bremshebel sehr ähnlich am Lenker befestigt: Entweder wird ihr Halter auf den Lenker aufgeschoben und mit einer Klemmschraube gesichert, oder er wird an den Lenker angesetzt und mit einem Klemmstück und zwei Schrauben befestigt. Solange es sich nicht um kombinierte Schalt-/Brems-Einheiten handelt, lassen sie sich leicht in die gewünschte Position bringen. Die Hebel selbst sind bei höherwertigeren Bremsen in der »Reichweite«, also im Abstand zum Lenker einstellbar.

Bei Rennrädern finden sich im unteren Preissegment Bremshebel aus gepresstem Leichtmetall, während bei höherwertigen Modellen gefräste Teile und im Profibereich auch Carbon-Komponenten zum Einsatz kommen. Früher kam der Bremszug oben aus dem Hebel, doch um besser unter dem Lenkerband versteckt werden zu können, tritt er heute seitlich aus oder wird direkt im Hebelhalter an den Lenker geführt. Die Position des Bremshebels muss generell festgelegt werden, bevor der Lenker mit Lenkerband umwickelt wird. Die Position des Hebels hängt stark von persönlichen Vorlieben ab, allerdings geht es bei Rennrädern eher um eine möglichst komfortable Position der Hände in der Griffmulde der Hebelabdeckung.

## Rennradhebel

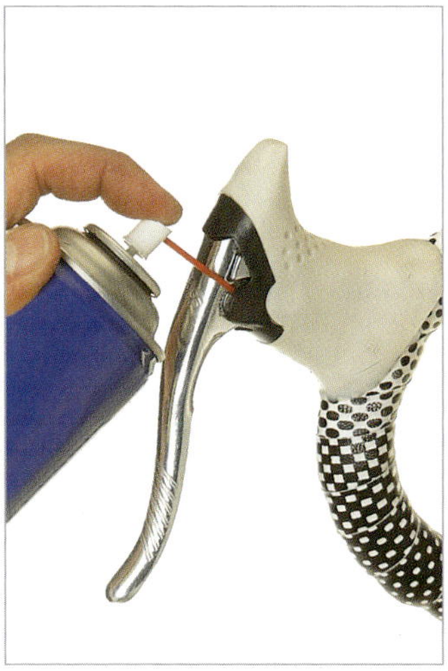

**1** Die Hebel-Lagerung und die Bremszugaufnahme müssen regelmäßig geschmiert werden. Um Zugang zu erhalten, muss die Bremse gezogen werden.

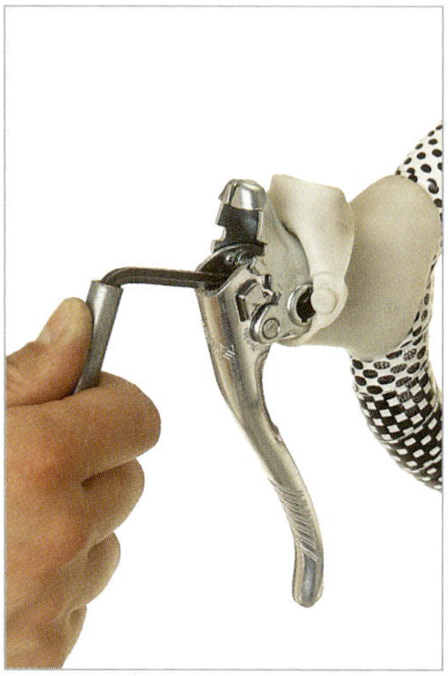

**2** Um Zugang zur Bremshebel-Befestigungsschraube zu erhalten, muss zunächst der Bremszug ausgehängt werden.

**3** Nachdem die Schraube vollständig entfernt und der Bremszug aus der Bremse befreit ist, kann der gesamte Bremshebel abgenommen werden – dabei wird der Bremszug aus der Hülle gezogen. Beim Zusammenbau empfiehlt sich die Verwendung eines neuen Zuges.

**4** Kombinierte Brems-/Schalthebel sollten möglichst nicht mir Sprühöl geschmiert werden. Wischen Sie überschüssiges Schmiermittel unverzüglich ab.

## Lenkstangen-Hebel

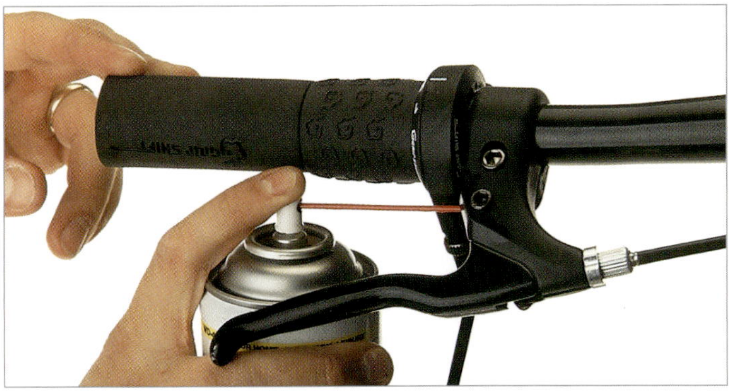

**1** Die Hebel-Lagerung und die Bremszugaufnahme müssen regelmäßig geschmiert werden. Der obere Bereich des Zuges muss mit Gleitmittel auf Wachsbasis geschmiert werden, das Gewinde des Einstellers sollte einen Tropfen Öl abbekommen.

**2** Nachdem die Klemmschraube gelöst ist, kann die Höhe des Bremshebels eingestellt werden. Für den Zugang zum Schalthebel muss der Bremshebel ggf. verschoben werden.

**3** Bei höherwertigen Bremshebeln lässt sich deren Abstand zum Lenker einstellen, sodass er an unterschiedlich große Hände angepasst werden kann.

**4** Die Höhe des Hebels, sein Abstand zum Lenker und die Position des Bremsdruckpunktes lassen sich individuell anpassen. Als Ausgangsbasis sollte der Hebel so gestellt werden, dass die vorderen Fingergelenke über dem Hebel liegen. Die Höhe sollte so eingestellt sein, dass Hand und Arm während der Fahrt eine Linie bilden.

**Diese Arbeit wird fällig:**

- Wenn die Hebel von MTBs nach jedem Ausritt geschmiert werden müssen.
- Wenn bei Rennrädern während der Komplettüberholung die Bremshebel eingestellt werden.

**Zeit:**

- Zehn Minuten zum Schmieren der Hebel.

**Schwierigkeitsgrad:** 🔧🔧

- Die Befestigungen von Rennradbremsen sind manchmal schwierig zu erreichen.

# Scheibenbremsen

Scheibenbremsen dominieren heute bei Mountainbikes und Cyclocrossern, aufgrund ihrer beachtlichen Bremswirkung – auch bei Nässe – werden sie aber auch bei Trekking- und Falträdern und inzwischen sogar bei Rennrädern immer beliebter (seit 2017 hat der internationale Radsport-Verband UCI sie generell erlaubt). Noch gehen die Meinungen bei Rennfahrern auseinander, doch den Vorteil bei Feuchtigkeit bezweifelt niemand.

Bei der Betätigung der Bremse besteht die Auswahl zwischen Seilzug und Hydraulik, bei den Bremsscheiben kann zwischen fest verschraubten, schwimmend gelagerten und sogar innenbelüfteten Versionen ausgewählt werden.

Wo liegen die Unterschiede? Zunächst arbeiten alle Systeme grundsätzlich gleich: Per Kolben werden Bremsbeläge gegen die Scheibe gedrückt und diese regelrecht in die Zange genommen. Dies geschieht entweder klassisch per Bowdenzug oder über eine abgedichtete Hydraulik, die gegenüber dem Seilzug einige Vorteile aufweist: Aufgrund der fehlenden Reibung ist die Bremswirkung konstant, die Bremsschläuche können an gefederten Rahmen komplex verlegt werden, ohne dass dies die Bremswirkung beeinträchtigt, zudem findet Verschleiß praktisch nicht statt. Die meisten modernen Ausführungen sind selbsteinstellend, sodass nur noch aufgepasst werden muss, die Beläge rechtzeitig zu wechseln. Weitere Details zu Hydraulikbremsen finden sich auf den Seiten 64 bis 65.

Bei beiden Scheibenbremsen-Typen ist es wichtig, dass sich die Nabe, die Speichen samt Nippeln und die Felge in einem guten Zustand befinden, da wie bei allen Nabenbremsen die beträchtliche Bremswirkung durch diese Teile auf den Reifen übertragen wird und sie entsprechend ausgelegt sein müssen.

*Eine dem IS-Standard entsprechende Bremsscheibe wird von sechs Schrauben gehalten.*

*Beim von Shimano entwickelten »Centerlock«-System wird die Bremsscheibe auf ein Vielzahnprofil gesetzt und mit einem Sicherungsring fixiert.*

*Ein typischer Postmount-Adapter für Hydraulik-Bremssättel.*

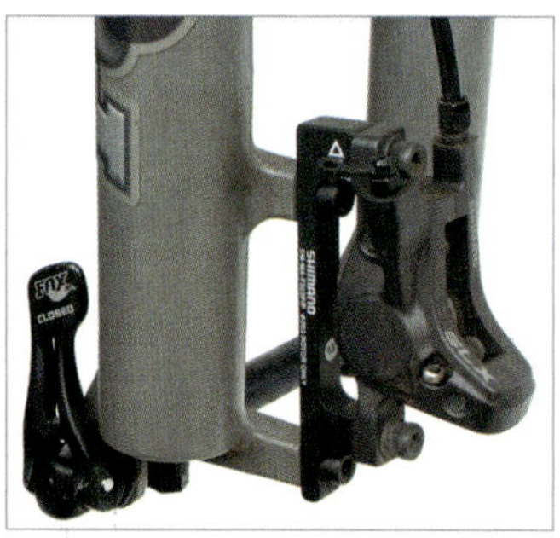

*Zum Anpassen der verschiedenen Befestigungssysteme, Bremssättel und Bremsscheibengrößen werden unterschiedliche Adapter benötigt..*

## Scheibenbremsen-Aufnahmen

Wenn eine Scheibenbremse gekauft werden soll, muss sichergestellt sein, dass sie auch zum Rahmen und zur Gabel passt. Die Befestigungslöcher des Bremssattels müssen den gleichen Abstand zueinander haben wie die Aufnahmgewinde. Wenn das Fahrrad spezielle Aufnahmen hat und eine Scheibenbremse mit einer anderen Befestigung installiert werden soll, müssen entsprechende Adapter beschafft werden. Es gibt drei wichtige Befestigungssysteme: International Standard (IS), Postmount und Flatmount – letzterer wird vor allem bei Rennrädern eingesetzt.

### Beläge von Seilzug-Scheibenbremsen einstellen

**Die exakte Einstellmethode unterscheidet sich zwischen den Herstellern. Bei der auf der Folgeseite gezeigten Bremse wird zum Lösen der Kontermutter ein 8er-Ringschlüssel benötigt. Anschließend muss der Bremsbelag-Abstand mit einem Inbusschlüssel der Stärke 2,5 eingestellt werden. Nach mehrfacher Betätigung evtl. nachjustieren. Anschließend wird die Inbusschraube gekontert und die Mutter wieder angezogen.**
**Bei den meisten Scheibenbremsen ist es normal, wenn die Beläge etwas an der Scheibe schleifen.**

## Seilzug-Scheibenbremsen – Kontrolle und Einstellen

**1** Nach dem Öffnen des Schnellspanners oder dem Ausbau der Steckachse wird das Laufrad vorsichtig aus der Gabel genommen, ohne dabei die Bremsscheibe zu beschädigen – nötigenfalls müssen zuvor die Bremsbeläge entnommen werden.

**2** Bei dieser Bremse muss zunächst die Schraube der Klemmmutter gekontert werden, damit der Bremszug herausgezogen und die Bremse zum Austausch der Beläge zerlegt werden kann.

**3** Um bei dieser Bremse die Beläge wechseln zu können, müssen die drei Schrauben schrittweise gelöst und der Bremssattel vorsichtig getrennt werden.

**4** Nachdem der Bremssattel getrennt ist, wird die Bremsbelagfeder entfernt – sie darf nicht verloren gehen.

**5** Nachdem die Bremsbeläge herausgeklopft oder -gehebelt wurden, sollte ihr Sitz mit Bremsenreiniger gesäubert werden.

**6** Die neuen Bremsbeläge sollten vor dem Einbau an der Rückseite dünn mit Kupferpaste geschmiert werden.

**7** Der mit den neuen Belägen ausgerüstete Bremssattel wird an die Gabel gesetzt und mit den Schrauben gesichert – diese müssen schrittweise angezogen werden, um den Sattel nicht zu beschädigen.

**8** Bevor das Laufrad eingebaut wird, muss geprüft werden, ob sich der Bremssattel frei auf seinen mit Federn versehenen Zapfen bewegen lässt. Nötigenfalls müssen die Gleitflächen vorsichtig geschmiert werden. Nachdem das Rad montiert ist, wird der Abstand der Beläge zur Scheibe eingestellt.

### Diese Arbeit wird fällig:

- Wenn die Bremsbeläge etwa alle sechs Monate auf Verschleiß kontrolliert werden.
- Wenn die Bremsbeläge verschlissen sind und übermäßiges Spiel im Bremshebel besteht.

### Zeit:

- Dies hängt davon ab, wie die Beläge im Sattel gesichert sind. Manche lassen sich in wenigen Minuten wechseln, bei anderen muss der Sattel komplett zerlegt werden, was eine Stunde dauern kann.

### Schwierigkeitsgrad: 🔧🔧

- Eine simple Aufgabe. Nur das Einstellen der Beläge im Bremssattel kann Probleme bereiten.

# Hydraulische Scheibenbremsen

Für die meisten Fahrräder stellen Hydraulikbremsen das ultimative Bremssystem dar, nur an leichten Rennrädern steht noch der Gewichtsaspekt im Vordergrund. Die anfangs verwendeten hydraulischen Felgenbremsen sind heute fast völlig von Scheibenbremsen verdrängt worden. Eine Hydraulik leitet Kräfte fast verlustfrei und in jedem gewünschten Hebelverhältnis weiter, sodass größte Verzögerungen mit geringsten Handkräften erreicht werden können. Die Schläuche lassen sich zudem in engsten Bögen an den kompliziertesten Rahmen verlegen. Als Nachteile sind neben dem höheren Gewicht der Bremsanlage selbst die (bei Scheibenbremsen) zum Übertragen der Bremskräfte notwendigen stabilen Laufräder zu nennen.

Die meisten Bremsen werden mit Bremsflüssigkeit auf Glykolbasis aus dem KFZ-Bereich betrieben, nur Shimano verwendet Mineralöle. Beide Flüssigkeiten dürfen weder vermischt noch vertauscht werden, da sie die Dichtungen des jeweils anderen Systems angreifen können. Bei der Arbeit mit DOT-4-Bremsflüssigkeit sollten lackierte Teile geschützt werden, damit keine Schäden durch Spritzer angerichtet werden können. Ansonsten hilft rasches Abwaschen mit reichlich Seifenwasser.

Solange keine Beschädigungen auftreten, müssen bei einer Scheibenbremsanlage nur die Bremsbeläge gelegentlich auf Verschleiß überprüft werden. Anders als bei Felgenbremsen, wo es bezüglich der Bremsklötze gewisse Befestigungsnormen gibt, können Scheibenbremsbeläge die unterschiedlichsten Formen und Befestigungen haben. Die meisten Beläge werden mit Stiften gesichert, andere werden mit Klammern gehalten. Hierzu kommen noch unterschiedliche Belagmaterialien (hauptsächlich Sintermetall, Kevlar und organisches Material), sodass der Austausch der Bremsbeläge zu einer komplizierten Sache werden kann. Am besten nimmt man seine alten Bremsbeläge mit zum Händler, damit dieser den passenden Ersatz liefern kann.

Wenn an einer Hydraulikbremse Schläuche oder andere Komponenten gewechselt wurden oder aus anderen Gründen Luft eingedrungen ist, muss sie entlüftet werden. Für Modelle mit einem klassischen Entlüftungsnippel werden neben frischer Bremsflüssigkeit ein transparenter Schlauch und ein kleiner Sammelbehälter benötigt. Bei Modellen ohne Entlüftungsnippel ist ein spezielles Entlüftungskit erforderlich, das meistens aus zwei Spritzen, einem transparenten Schlauch, Schlauchklemmen und einem Adapter für den Bremssattel besteht.

Glykol-Bremsflüssigkeit ist hygroskopisch, absorbiert mit der Zeit also Wasser. Daher muss sie nach einer gewissen Zeit gewechselt werden, die vom Gebrauch des Fahrrades und dem Einsatzgebiet abhängt. Ungeachtet dessen empfiehlt es sich, die Flüssigkeit spätestens nach drei Jahren auszutauschen. Generell sollte dies auch zuerst erledigt werden, wenn beim Bremsen ein schwammiges Gefühl auftritt.

## Hydraulikbremsen entlüften

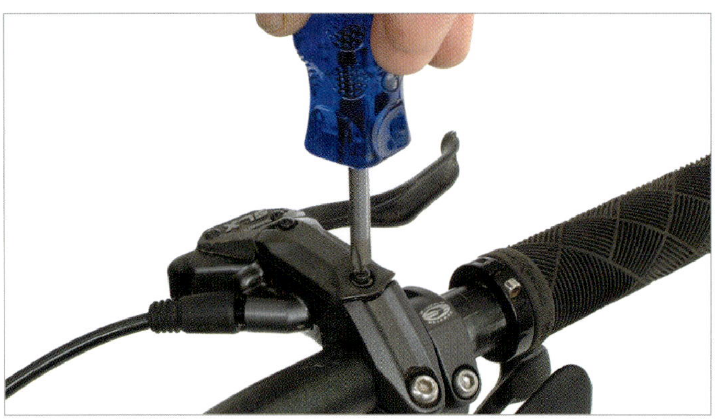

**1** Durch das Lockern der Klemmschraube und Drehen des Lenkers wird der Deckel des Bremszylinders in eine möglichst horizontale Position gebracht. Dann wird der Deckel entfernt.

**2** Nachdem die Bremsbeläge demontiert sind, werden die Kolben vollständig eingedrückt. Auf den von der Staubkappe befreiten Nippel wird ein Ringschlüssel angesetzt und der Schlauch aufgesteckt. Nachdem der Nippel ein Stück weit geöffnet wurde, zieht man den Bremshebel, um Flüssigkeit herauszupumpen, schließt den Nippel wieder, löst den Hebel und wiederholt das Ganze.

## Entlüftungs-Tipps

Das Entlüften hydraulischer Bremsen kann je nach Bremsentyp sehr problematisch werden. Falls beim Entfernen von Luftblasen aus der Bremse Schwierigkeiten auftreten, kann Folgendes versucht werden:

- Während des Entlüftens werden alle Leitungen und der Bremssattel sanft abgeklopft, um Luftblasen zu lösen.
- Alternativ kann frische Bremsflüssigkeit mithilfe einer Spritze vom Bremssattel aus bis in den Geberzylinder gepumpt werden.
- Wenn während des Entlüftens der Bremssattel demontiert wird, kann er gedreht und geschwenkt werden, um eingeschlossene Luft aufsteigen zu lassen.
- Der demontierte Bremssattel kann höher als der Geberzylinder gehalten werden.
- Nachdem die Bremsbeläge entfernt sind, werden die Kolben vollständig in den Sattel gedrückt und dort mit einem Holz gesichert, während weiter entlüftet wird.
- Der Bremshebel wird mit einem Gummiband oder Kabelbinder an den Lenker gezogen und das Fahrrad über Nacht stehengelassen – so haben kleine Blasen Zeit, in den Geberzylinder aufzusteigen.
- Manche Bremssysteme erfordern eine spezielle Entlüftungsprozedur, sodass die Herstellerangaben genau beachtet werden müssen.

**3** Der Ausgleichsbehälter des Geberzylinders muss ständig gefüllt sein. Mehrfaches vorsichtiges Ziehen des Bremshebels lässt Luftblasen aufsteigen und entlüftet den Zylinder.

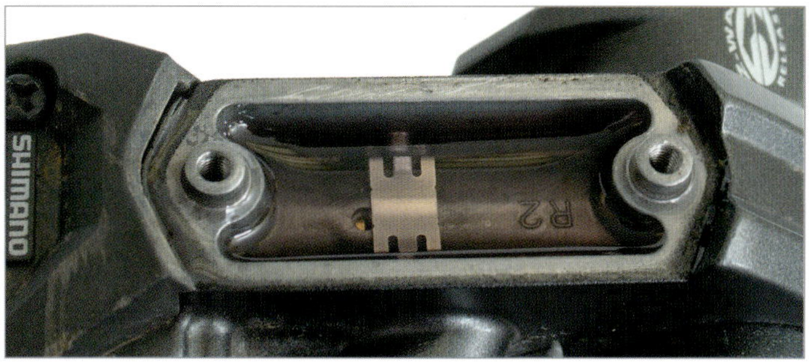


**4** Der Pegel darf nicht bis zur Bohrung abfallen, da ansonsten erneut Luft ins Bremssystem eindringt. Zum regelmäßigen Befüllen ist ein Assistent hilfreich.

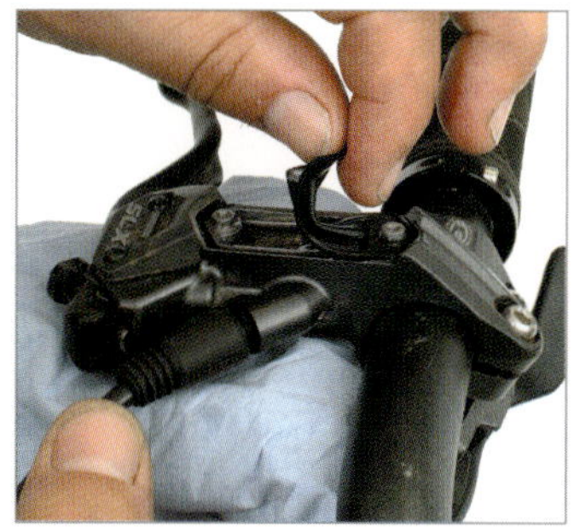

**5** Wenn beim Pumpen keine Luftblasen mehr am Schlauch austreten, ist die Bremse entlüftet und der Entlüftungsnippel kann wieder angezogen werden.

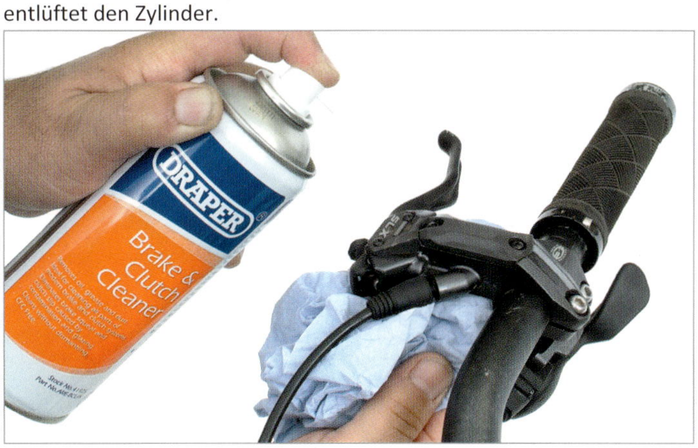


**6** Bremsflüssigkeitsspritzer können mit Seifenwasser, aber auch mit Bremsenreiniger entfernt werden. Dies ist besonders wichtig bei DOT-4-Bremsflüssigkeit.

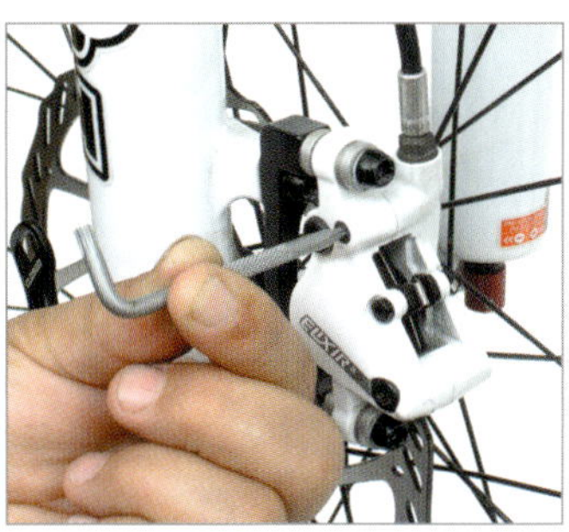

**7** Diese Avid-Bremse ist nicht mit einem konventionellen Entlüftungsnippel ausgerüstet, sondern hier muss die kleine Torx-Madenschraube entfernt und ein spezieller Entlüftungsschlauch angesetzt werden.

**8** Bei dieser Bremse wird eine Spritze angesetzt und die neue Bremsflüssigkeit von unten ins System gedrückt – ein Entlüften erübrigt sich dadurch.

# Neue Bremsscheiben montieren

**1** Der Bremsscheibensitz muss sorgfältig gereinigt werden, damit die Scheibe absolut gerade sitzt. Die Gewindebohrungen müssen ebenfalls sauber sein.

**2** Die Bremsscheibe muss mit der beschrifteten Seite nach außen montiert werden und der Pfeil in die normale Drehrichtung zeigen.

**3** Neue Bremsscheibenschrauben (oft mit Torx-Köpfen) sind entweder mit Sicherungspaste versehen oder werden mit umgebogenen Blechen gesichert. Nötigenfalls muss Sicherungspaste (z. B. Loctite Mittelfest) aufgetragen werden.

**4** Nachdem ggf. die Sicherungsbleche aufgelegt sind, werden alle Schrauben schrittweise und über Kreuz bis zum vom Hersteller vorgeschriebenen Drehmoment angezogen oder soweit, bis eine Abflachung des Schraubenkopfes zu einer Lasche des Sicherungsblechs ausgerichtet ist.

**5** Bei Shimano-Bremsen werden die Sicherungsbleche gegen die Schraubenköpfe gebogen. Alle Bremsscheiben müssen vor dem Einbau des Laufrades mithilfe von Bremsenreiniger-Spray von Korrosions-Schutzschichten befreit werden.

## Bremsschläuche ersetzen

**Wenn ein Bremsschlauch ersetzt werden muss, muss der neue Schlauch nötigenfalls entsprechend abgelängt werden. Die Anschlüsse der Schläuche unterscheiden sich je nach Hersteller. Manche sind mit einer geklemmten Hohlschraube ausgerüstet, andere mit einer Überwurfmutter und einer Klemm-Olive samt Stützhülse gesichert. Natürlich muss nach der Montage die Bremse entlüftet werden (Seiten 64 und 65). Anschließend wird die Bremse betätigt und alles auf Undichtigkeiten überprüft. Nach einer kurzen Probefahrt sollten alle Befestigungen erneut überprüft werden.**

# Bremsbeläge wechseln

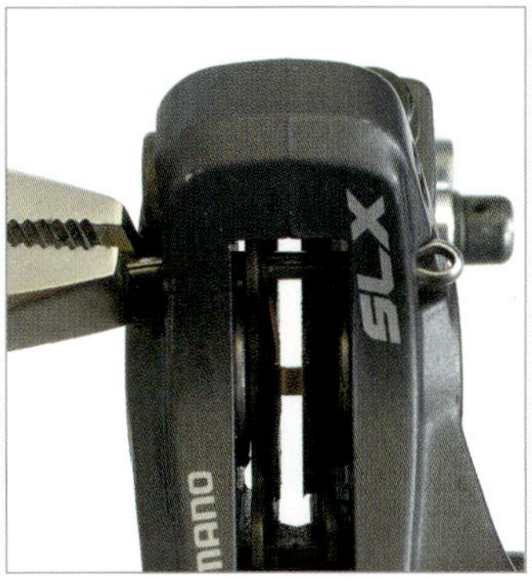


**1** Nachdem das Laufrad ausgebaut ist, wird ggf. der Splint unten geradegebogen …

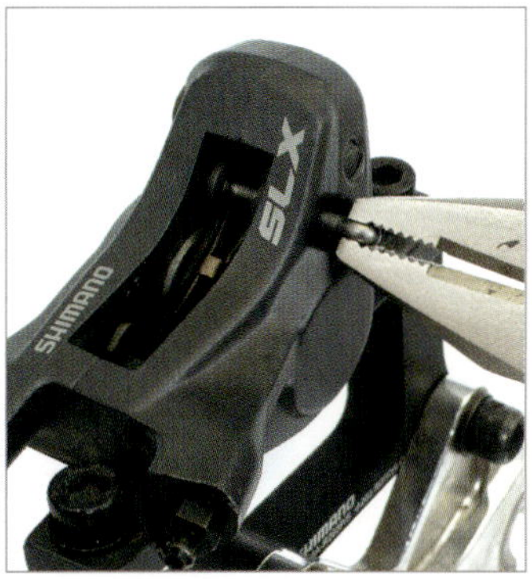


**2** … und oben herausgezogen oder herausgeschraubt. Bei manchen Bremssätteln fallen die Bremsbeläge jetzt nach unten heraus, …

**3** … bei anderen muss zunächst der Federclip entfernt werden, bevor die Beläge entnommen werden können.

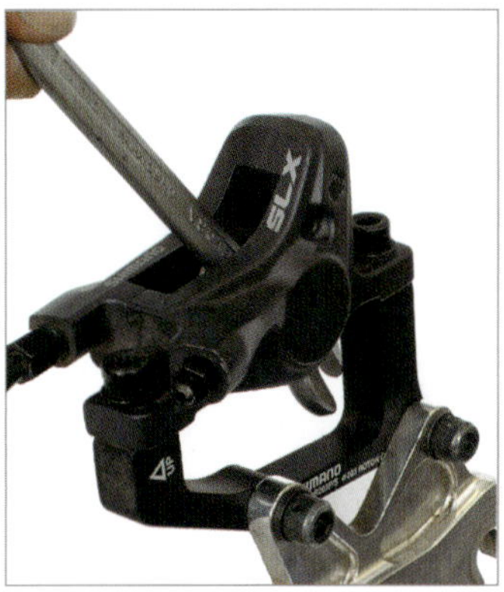


**4** Jetzt werden die Kolben in den Sattel gedrückt, um Platz für die neuen Beläge zu schaffen. Vorsicht: Die empfindlichen Gleitflächen dürfen nicht beschädigt werden.

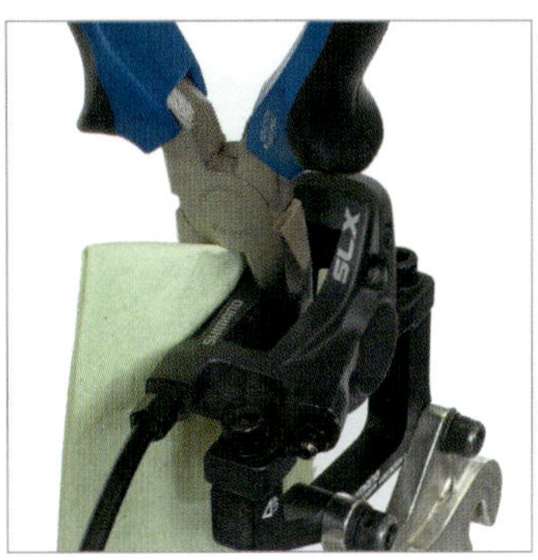

**5** Falls zum Eindrücken eine Zange verwendet wird, müssen der Kolben und der Sattel mit Pappe oder Lappen geschützt werden.

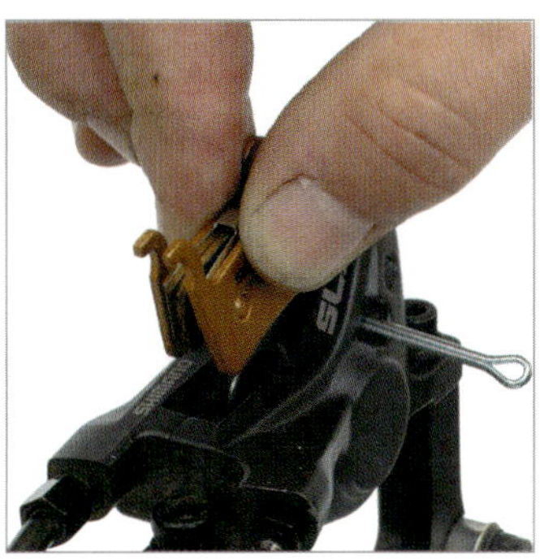

**6** Die neuen Beläge werden samt Belagfeder installiert und mit dem Stift oder Splint gesichert. Nach Radeinbau müssen sie durch mehrfaches Betätigen des Bremshebels an die Bremsscheibe geführt werden.

## Bremsbeläge

**Neue Beläge müssen zunächst von der Form her in den Bremssattel passen und dort gesichert werden können. Das Belagmaterial muss zur Bremsscheibe passen, um einen guten Kompromiss aus Bremswirkung und Verschleiß zu erzielen. Neben »organischen« und »gesinterten« Bremsbelägen gibt es auch welche aus Keramik oder Kevlar.**

**Die meisten Bremsbeläge tragen 2 bis 4 mm starkes Belagmaterial und müssen ersetzt werden, wenn die Materialstärke 1 mm unterschreitet. Die hier gezeigten Beläge wurden bereits benutzt. Sie sind ungleichmäßig verschlissen, stark riefig oder brüchig. Teuer wird es, wenn aufgrund eines stark verschlissenen Belags die Bremsscheibe durch die Trägerplatte beschädigt wurde.**

**Diese Arbeit wird fällig:**

- Wenn die Bremsbeläge verschlissen sind.
- Wenn sich die Bremse schwammig anfühlt oder die Flüssigkeit trübe wird, muss die Bremsflüssigkeit gewechselt und die Bremse entlüftet werden.

**Zeit:**

- Eine Stunde für einen einfachen Bremsbelag-Wechsel. Das Entlüften kann bei jeder Bremse eine Stunde dauern.

**Schwierigkeitsgrad:**

- Bremsbeläge lassen sich einfach tauschen, Entlüften kann manchmal sehr problematisch werden.
- Das Synchronisieren der beiden Bremsarme kann Ausdauer erfordern.

# BMX-Bremsen

An BMX-Rädern findet sich eine Vielzahl unterschiedlicher Bremsen. Zu den am häufigsten verbauten Systemen gehört neben verkleinerten V-und Seitenzug-Bremsen die sogenannte U-Bremse, die in ihrer Funktion der Cantileverbremse ähnelt, aber nicht über die Rahmenstrebe oder Gabel hinausragt. Bei den meisten U-Bremsen wird die Balance durch die Federspannung eingestellt – üblicherweise mit einer Kontermutter. Die Hinterradbremse sitzt oft an den Kettenstreben, sodass ihr Bremszug am Unterrohr entlang geführt ist.

Ein einzigartiges Merkmal an BMX-Rädern ist die auch »Gyro« oder »Rotor« genannte Drehvorrichtung, die das vollständige Herumdrehen des Lenkers erlaubt, ohne dass sich dabei der Bremsbowdenzug verdreht. Um das System nicht verkanten zu lassen, ist sowohl der vom Bremshebel wie auch der von der Bremse kommende Bremszug geteilt und an beiden Seiten eingehängt. Bei der Einstellung muss darauf geachtet werden, dass obere und untere Übertragungsplatte parallel sind.

Soweit beim BMX-Rad eine Vorderradbremse überhaupt vorhanden ist, wird der Bremszug durch den Schaft der Gabel geführt; die Einstellung ähnelt der an anderen Fahrrädern.

## BMX-Bremsen einstellen

**1** Am Vorderrad findet sich meistens ein Führungsbogen, wie es ihn auch an V-Bremsen gibt. Wenn dieser sich nicht frei bewegen lässt, muss er demontiert und geschmiert werden. Falls der Vorderrad-Bremszug durch den Gabelschaft geführt ist, wird er in einem sehr engen Bogen und einer Führung an der Gabel verlaufen. Nachdem der Bremszug befreit ist, muss er sorgfältig geschmiert werden.

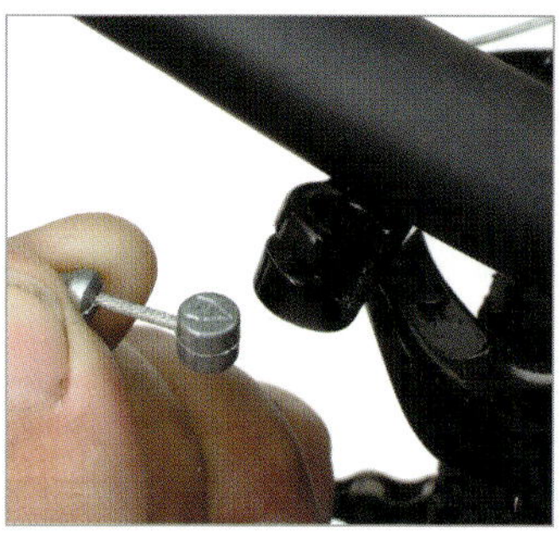

**2** An der Hinterradbremse wird der Bremszug ausgehängt und geprüft, ob sich die Bremsarme frei bewegen lassen. In diesem Zustand kann sowohl der Zug als auch die Bremse geschmiert werden.

**3** Das Querseil muss so abgelängt sein, dass es im Betrieb nicht das Sitzrohr berührt. Beim Betätigen der Bremse muss kontrolliert werden, ob sich beide Bremsarme gleichmäßig bewegen – nötigenfalls muss die an jedem Arm einzustellende Federspannung justiert werden; bei den meisten Modellen muss hierzu die Kontermutter gelöst und die Sechskantschraube verdreht werden.

**4** Die meisten Drehvorrichtungen für die Hinterradbremse bieten vier Einstellmöglichkeiten. Der beim Justieren wichtigste Punkt sind die an beiden Seiten gleichmäßig eingestellten Züge, damit sich die Vorrichtung senkrecht bewegen kann.

**5** Der letzte Einstellpunkt findet sich am Bremszugverteiler nahe dem Bremshebel. Vorausgesetzt, der Bremszug ist an der Querseil-Aufnahme richtig eingestellt, können hier kleine Justierungen vorgenommen werden.

**Diese Arbeit wird fällig:**
- Wenn die Bremse schwer zu betätigen ist.

**Zeit:**
- Eine halbe Stunde zum Schmieren und Einstellen der Bremsen.

**Schwierigkeitsgrad:**
- An BMX-Bremsen gibt es viele Einstellpunkte. Logisches Vorgehen erleichtert die Arbeit.

# Nabenbremsen

Diese vor allem an auf hohen Komfort ausgelegten Fahrrädern vorhandenen Bremsen bilden oft zusammen mit der Gangschaltung (hinten) bzw. einem Nabendynamo (vorn) eine gemeinsame Baugruppe. Oft handelt es sich um konventionelle Trommelbremsen, wie sie von Motorrollern und Mopeds bekannt sind. Ihre Funktion ist einfach: Ein per Seilzug betätigter Hebel drückt mit einem Nocken zwei Bremsbacken von innen gegen die Nabe – die Trommel.

Die von Shimano entwickelte Rollenbremse funktioniert ähnlich, nur werden bei dieser seitlich an die Nabe gesetzten Bremse ähnlich wie bei der Rücktrittbremse gut gefettete Beläge mit Rollen und Walzen gegen die Trommel gedrückt.

Beide Systeme sind wartungsarm und wirkungsvoll, sodass sie oft an Alltagsrädern Verwendung finden. Eine regelmäßige Kontrolle des Bremszugs und aller Befestigungen sind die einzigen Wartungsarbeiten.

Das Einstellen des Bremszugs erfolgt an der Bremse. Hierzu wird die Kontermutter gelöst und die Einstellschraube herausgedreht, bis die Bremse zu schleifen beginnt. Nun wird die Einstellschraube wieder etwas hineingedreht, bis sich das Rad frei drehen lässt. Nachdem die Bremse mehrfach betätigt wurde und sich das Rad immer noch frei dreht, wird die Kontermutter wieder angezogen.

## Shimano-Rollenbremse im Vorderrad

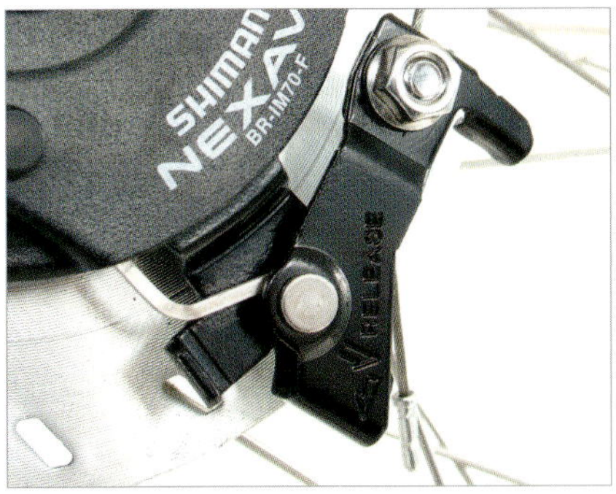

**1** Um das Rad ausbauen zu können, muss zunächst der Bremszug ausgehängt werden.

**2** In dieser Vorderradnabe sitzt ein Nabendynamo, sodass auch dessen Kabelstecker getrennt werden muss, bevor die Radmuttern gelöst werden dürfen.

**3** Jetzt wird das Rad nach unten aus der Gabel befreit, dabei muss die Drehmomentstütze aus ihrer Führung gezogen werden.

**4** Eine Rollenbremse muss gelegentlich mit etwas frischem temperaturbeständigem Fett geschmiert werden.

11
SUPER RECORD
11
EPS

# 4

# Antrieb

# Komponenten

Lange Zeit war der Fahrrad-Antrieb eine relativ simple Angelegenheit. Ein Alltagsrad hatte eine feste Übersetzung oder maximal eine Dreigang-Nabenschaltung, ein Rennrad verfügte über eine Fünf- oder Sechsgang-Kettenschaltung mit einem am Rahmen sitzenden Schalthebel. Tretlager (Innenlager) waren einstellbar und die Kurbeln wurden mit Keilen daran befestigt. Das hintere Ritzel war auf die Radnabe geschraubt und es wurde eine Kette der Größe 1/8- oder 3/32-Zoll (Innenmaß: 3,2 bzw. 2,4 mm) aufgelegt. Die meisten Komponenten waren mit denen anderer Hersteller kompatibel und konnten je nach Wunsch und Geldbeutel des Fahrers kombiniert werden.

Mit dem Mountainbike, modernen Herstellungsmethoden, dem allgemeinen technischen Fortschritt und fernöstlicher Massenproduktion änderten sich sowohl die Komponenten als auch der technische Standard. Besonders Shimano hat auf dem Massenmarkt viele Innovationen verbreitet, darunter indexierte Schaltungen und Hyperglide-Zahnkränze.

Die Anzahl der Gänge bei Kettenschaltungen wurde anfangs durch zwei Kettenblätter vorn auf 12 und inzwischen auf 30 (zehn Ritzel, drei Kettenblätter) erhöht. Inzwischen gibt es bei Rennrädern auch Zahnkränze mit elf Ritzeln. Auch wenn manche Übersetzungen doppelt vorhanden sind, ist deren Anzahl und oft auch der gesamte Übersetzungsbereich deutlich angewachsen.

Auch bei Nabenschaltungen hat sich seit der legendären-Torpedo-Dreigangnabe von Fichtel & Sachs (die noch heute vom Nachfolgeunternehmen SRAM leicht verändert angeboten wird) einiges getan. Verbreitet ist heute eine Achtgangnabe von Shimano, und die Speedhub-Nabe von Rohloff bietet mit ihren 14 Gängen ein größeres Übersetzungsspektrum als manche Kettenschaltung mit 27 Gängen.

Tretlager sind heute abgedichtet und müssen nicht mehr eingestellt werden. Diese Entwicklung ging Hand in Hand mit der Umstellung von Keil-Kurbeln über Vierkant-Konus bis hin zu Vielzahn-Befestigungen an Mittelklasse-Fahrrädern.

Für den Heimwerker bedeuten diese Änderungen, dass er genau wissen muss, welche Teile an seinem Rad verbaut sind. Bevor irgendwelche Ersatzteile bestellt werden, müssen alle vorhandenen Antriebskomponenten identifiziert sein. Und bevor Bauteile nachgerüstet werden, müssen entsprechende Spezialwerkzeuge beschafft werden. Beispielsweise ist der Wechsel von einem altmodischen Konusinnenlager zu einem modernen Patronentretlager eine sinnvolle Verbesserung, allerdings erfordert der Umbau spezielle Werkzeuge.

*Die Clavicula SE von THM gehört zu den leichtesten Kurbelgarnituren auf dem Markt. Für die Montage wird Spezialwerkzeug benötigt, außerdem ein 4-mm-Inbusschlüssel und ein Drehmomentschlüssel.*

# Antriebskomponenten

**1** Diese 3/32-Zoll-Kette kann auf Zahnkränzen mit bis zu acht Ritzeln gefahren werden – bei Neun- oder Zehnfach-Kassetten werden andere Kettenbreiten benötigt.

**2** Bei vielen Fahrrädern ohne Kettenschaltung kommen 1/8-Zoll-Ketten zum Einsatz, bei manchen aber auch eine 3/32-Zoll-Kette, sodass vor dem Kauf genau nachgemessen werden muss.

**3** Dieser Kassetten-Zahnkranz sitzt auf dem in die Radnabe integrierten Freilauf.

**4** Ältere Schraub-Zahnkränze mit integriertem Freilauf werden auf die Radnabe geschraubt.

**5** Nabenschaltungen sind üblicherweise mit einem einzelnen Ritzel ausgerüstet, das ausgetauscht werden kann, wenn einem die Gesamtübersetzung nicht passt.

**6** Bei Bahnrädern und den davon abgeleiteten »Fixies« gibt es keinen Freilauf (und oft auch keine Bremsen), sodass ständig mitgetreten (und manchmal auch mit den Kurbeln verzögert) werden muss.

**7** Viele Schaltwerke – wie dies von SRAM – sind mit Feineinstellungen ausgerüstet.

**8** Viele moderne Fahrräder sind mit einteiligen Patronen-Tretlagern ausgerüstet, die nicht eingestellt, aber im Falle eines Defektes auch komplett ersetzt werden müssen.

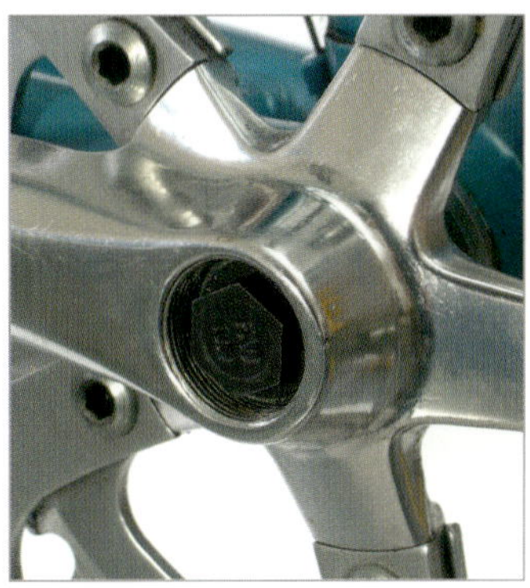

**9** Um diese Kurbelgarnitur abziehen zu können, wird ein dünnwandiger Steckschlüssel benötigt.

**10** Bei den sich immer mehr verbreitenden außenliegenden Tretlagern ist die Welle durch die weiter auseinanderliegenden Lager stabiler geführt.

# Wartung und Inspektion

Nur ein sauberer, geschmierter und korrekt eingestellter Antrieb ist ein guter Antrieb. Matsch und Dreck haben auf der Kette die Wirkung von feiner Schleifpaste, daher sollte sie immer sauber gehalten werden (vgl. die Hinweise auf den Seiten 40 und 41).

Zum Austausch von Ketten gibt es keine festen Regeln. Alles hängt davon ab, wie oft, wo und unter welchen Bedingungen man fährt. Die Kette eines MTBs, das bei jeder Witterung artgerecht bewegt wird, hält vielleicht nur wenige Hundert Kilometer. Die Kette eines nur bei Sonnenschein auf sauberen Straßen bewegten Rennrades wird wahrscheinlich mehrere Tausend Kilometer halten. Mithilfe einer Kettenverschleißlehre lässt sich leicht beobachten, wie die Kette immer weiter abbaut und wann sie ausgetauscht werden muss.

Zusammen mit der Kette verschleißen natürlich auch die Kettenblätter und Ritzel. Die ersten Teile, bei denen Abnutzung sichtbar wird, sind jedoch meistens die Schalträdchen am Schaltwerk, danach folgt das am häufigsten genutzte Ritzel des Zahnkranzes, sodass bei der Ketten-Kontrolle auch darauf ein Blick geworfen werden muss. Die Kontrolle von Ritzeln kann jedoch schwierig werden, da man zwar den Verschleiß erkennt, aber nur schwer zu entscheiden ist, wann ein Austausch ansteht. Falls nach dem Austausch der Kette diese weiterhin überspringt, müssen rasch alle anderen Komponenten des Antriebs erneuert werden.

Klassische Hinweise auf verschlissene Kettenräder sind spitz werdende Zähne. Bei MTBs kann sich dies als gefürchteter »Kettenklemmer« äußern, bei dem das kleinste Ritzel die Kette nicht mehr loslässt und aufwickelt. Als Ergebnis ist der gesamte Antrieb blockiert.

Auch die Festigkeit der Kettenblätter darf nicht übersehen werden. Die meisten Blätter sind mit Spezialschrauben gesichert, bei Billigausführungen kommen auch Nieten zum Einsatz. Während mit einer Hand die Kurbel festgehalten wird, können die Kettenblätter einzeln auf einen festen Sitz überprüft werden; hierbei lässt sich auch gleich der Zustand des Tretlagers ermitteln, das oft die Ursache knarzender Geräusche ist. Falls möglich, sollten die Kette abgenommen und die Kurbeln durchgedreht werden, um herauszufinden, ob das Tretlager durch rumpelnde Geräusche seinen baldigen Austausch anmeldet. Mit einem festen Griff an die Kurbeln lässt sich auch feststellen, ob seitliches Spiel vorliegt. Ein Patronenlager muss bei Hinweisen auf Verschleiß komplett ersetzt werden. Auch wenn bei klassischen Konusinnenlagern die Möglichkeit eines Nachjustierens besteht, sollte doch der Austausch gegen ein deutlich stabileres Patronenlager in Erwägung gezogen werden.

Am Hinterrad muss die Festigkeit des Schaltwerks überprüft werden. Falls ein demontierbares Schaltauge vorhanden ist, muss seine Festigkeit kontrolliert werden. Durch einen Blick von hinten lässt sich rasch ermitteln, ob alles korrekt ausgerichtet ist. Das Schaltwerk muss senkrecht herunterhängen und die Schalträdchen im guten Zustand sein. Am Zahnkranz dürfen keine verschlissenen oder verbogenen Zähne sichtbar sein. Bei rückwärts gedrehten Kurbeln darf im Freilauf nur die Ratsche hörbar sein.

**Diese Arbeit wird fällig:**

- Alle zwei bis drei Monate bei regelmäßig benutzten Fahrrädern, einmal jährlich bei nur gelegentlich bewegten Rädern.
- Nach jedem Unfall oder Sturz, der auf der rechten Seite endete.

**Zeit:**

- Eine Viertelstunde für eine Komplett-Inspektion.

**Schwierigkeitsgrad:** 🔧🔧

- Herauszufinden, welches Bauteil die Probleme verursacht, kann die schwierigste Aufgabe sein.

## Kettenlinie und Gangwahl

**Bei einem Dreifach-Kettenblatt wird die Kette vorn auf das mittlere Blatt und hinten auf das mittlere Ritzel gelegt. Bei auf dem Kopf stehendem Fahrrad wird an der Kette entlang geschaut – sie muss mehr oder weniger geradeaus laufen. Läuft sie stark aus der Flucht, muss zunächst der Rahmen auf Beschädigungen untersucht werden. Anschließend muss das Tretlager überprüft werden – möglicherweise wurde ein falsches montiert (meistens durch eine zu weit herausragende Kurbelgarnitur zu erkennen). Nötigenfalls muss der Rahmen auf Verzug kontrolliert werden.**

*Ein sicherer Weg, Antriebskomponenten rasch zu zerstören, liegt in der Auswahl »extremer Gänge«. Die Kette sollte möglichst nicht über Kreuz, also gleichzeitig auf dem größten Kettenblatt und dem größten Ritzel oder dem kleinsten Kettenblatt und dem kleinsten Ritzel laufen.*

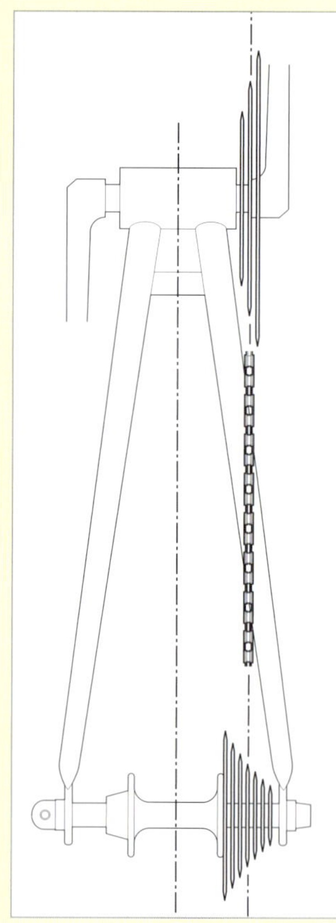

*Im Idealfall liegt die Kette wie bei dieser 21-Gangschaltung auf den mittleren Kettenrädern perfekt in Flucht.*

# Antrieb – Inspektion

**1** Eine schnelle, aber nur grobe Kontrolle kann durch das Abheben der Kette vom größten Kettenblatt erfolgen. Lässt sich die Kette mehr als 4 mm abheben, sind genauere Untersuchungen nötig.

**2** Falls eine der Kettenblattschrauben locker ist, muss beim Anziehen ggf. die Mutter an der Rückseite mit einem Spezialschlüssel gekontert werden.

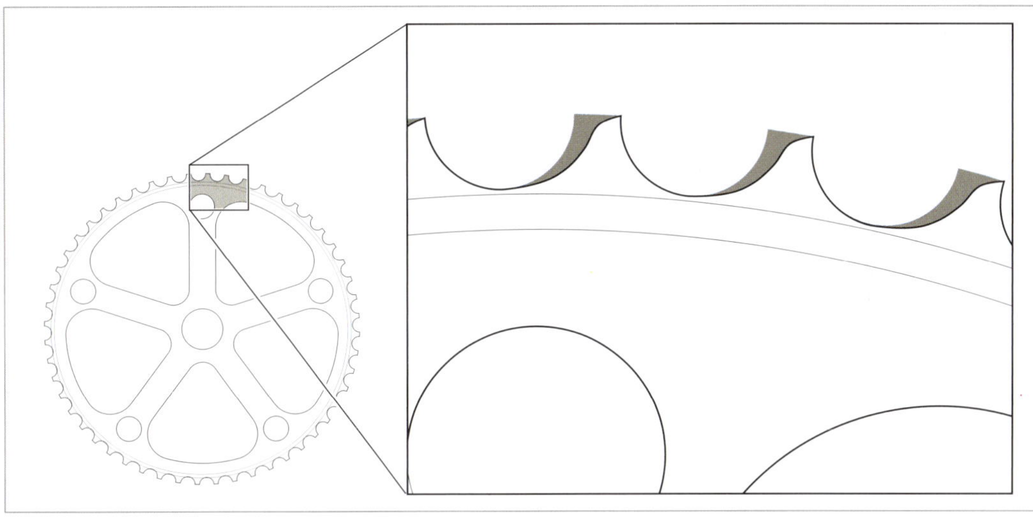

**3** Wenn sich die Zähne auf Kettenblättern oder Ritzeln zu Sägezähnen entwickeln, müssen sie samt der Kette ausgetauscht werden. Eine alte Kette würde neue Kettenräder rasch wieder verschleißen lassen.

**4** Falls das Tretlager in irgendeine Richtung Spiel aufweist, muss zunächst kontrolliert werden, ob nicht lockere Kurbeln das eigentliche Problem sind. Wackelt wirklich die Welle, hilft bei einem Konuslager eventuell eine Einstellung – Patronenlager müssen ersetzt werden.

**5** Bei abgenommener Kette wird das Tretlager in beide Richtungen in Drehung versetzt. Rumpelnde oder knarrende Geräusche weisen auf verschlissene Lager hin.

**6** Verbogene Kettenblätter sind ein relativ oft auftretendes Problem, das beim Drehen der Kurbeln durch einen Blick von oben rasch erkannt werden kann.

# Kettenreinigung und -kontrolle

Erst die Erfindung des Kettenantriebs ermöglichte den Durchbruch des modernen Fahrrads ab den 1880er-Jahren. Bis dahin gab es Kurbeln direkt am Vorderrad, sodass die Übersetzung nur mit entsprechend großen Laufrädern – gut zu erkennen am Hochrad – geändert werden konnten. Ein Kettentrieb ermöglichte den Antrieb des Hinterrades mit unterschiedlichen Übersetzungen. Trotz Riemen- und Kardanantrieben hat die Kette noch heute quasi eine Monopolstellung. Seit vielen Jahrzehnten ist der Gelenk-Abstand (Kettenteilung genannt) auf ein halbes Zoll (12,7 mm) festgelegt, die Breite variiert jedoch (heute zwischen $^{1}/_{8}$ und $^{5}/_{64}$ Zoll).

Bei vielen Fahrrädern ohne Kettenschaltung kommen $^{1}/_{8}$-Zoll-Ketten zum Einsatz, bei Kettenschaltungen traditionell eine $^{3}/_{32}$-Zoll-Kette. Mit der Einführung von Zahnkränzen mit neun oder zehn Ritzeln mussten die Ketten jedoch noch schmaler werden, um bei gleichbleibender Nabenbreite zwischen die Ritzel zu passen. Zwar wird die Kettenbreite in einem Zollmaß angegeben, doch steht dies für den Abstand zwischen den Innenlaschen – die relevante Außenbreite variiert je nach Hersteller und ist nicht genormt. So ist eine $^{11}/_{128}$-Zoll-Neungangkette von Shimano 6,6 mm breit, während bei SRAM eine 6,9 mm breite Kette verwendet wird. Meistens laufen die Ketten auch auf den Ritzeln anderer Hersteller, doch sollte dies vor dem Kauf herausgefunden werden.

Die Kraftübertragung per Kette ist eine sehr wirkungsvolle Methode, die Beinkraft auf den Hinterreifen zu übertragen – und eine saubere und gut geschmierte Kette erledigt diese Aufgabe am besten. Das Reinigen der Kette ist bereits in Kapitel 2 beschrieben worden, doch eine wirklich saubere Kette erhält man nur, nachdem man sie demontiert und in Lösungsmittel getaucht hat. Bei einem leicht zu öffnenden Kettenschloss wie dem SRAM-Powerlink ist dies ziemlich einfach, doch eine Endloskette muss mit einem Werkzeug geöffnet und unter Verwendung eines neuen Nietschlosses wieder korrekt verbunden werden.

Auch die perfekt gepflegte Kette verschleißt und muss irgendwann ersetzt werden. Entgegen landläufiger Meinung wird eine Kette nicht wirklich länger, sondern aufgrund des Verschleißes vergrößert sich der Abstand zwischen den Bolzen und Rollen. Und eine verschlissene Kette nutzt die Zahnräder schneller ab. Wird die Kette jedoch ausgetauscht, bevor sie extrem verschlissen ist, können der Zahnkranz und die Kettenblätter möglicherweise weiterverwendet werden – irgendwann sind jedoch auch sie fällig.

Alle großen Komponentenhersteller (Shimano, SRAM und Campagnolo) stellen ihre eigenen Ketten her. Hochwertige Ketten werden jedoch auch von anderen Herstellern angeboten (KMC, Wippermann etc.). Bei den meisten Anbietern sind Ketten in den verschiedensten Qualitäten und entsprechenden Preisklassen erhältlich.

### Reinigungsflüssigkeiten

**Kettenreinigungsgeräte werden oft zusammen mit geeignetem Lösungsmittel geliefert. Nachdem dies aufgebraucht ist, muss es durch ein ähnliches Produkt ersetzt werden. Aggressivere Reinigungsmittel sollten nicht verwendet werden, da sie das Reinigungsgerät selbst angreifen können. Es sollten möglichst biologisch abbaubare Mittel verwendet und auch diese anschließend weder in die Kanalisation noch in die Landschaft gegossen werden. Falls die Kette zum Reinigen ausgebaut werden soll, kann sie in eine Keksdose aus Metall gelegt werden, um mit Entfettungsmittel übergossen zu werden – auf den Einsatz selbst gemischter Reinigungsmittel sollte verzichtet werden. Auch die gebrauchte Reinigungsflüssigkeit muss als Sondermüll entsorgt werden.**

## Einfache Kettenreinigung

**1** Der gröbste Schmutz wird zunächst mit fließendem Wasser und einer Bürste abgewaschen, anschließend sollte die Kette mit einem Tuch gut abgewischt werden.

**2** Mit einem gefalteten und stramm gezogenen Tuch gelangt man auch zwischen die Ritzel, doch spezielle Bürsten (die nicht teuer sein müssen) machen die Sache einfacher.

**3** Die Hülsen der Kette werden mit Reinigungsmittel und einer alten Zahnbürste gesäubert. Abtropfende Flüssigkeit sollte mit einem geeigneten Behälter aufgefangen werden.

**4** Mit wasserverdrängendem Spray (z. B. WD 40) wird Restfeuchte aus der Kette getrieben, dann wird sie trocken gewischt und mit Schmiermittel versehen.

# Kettenverschleißkontrolle

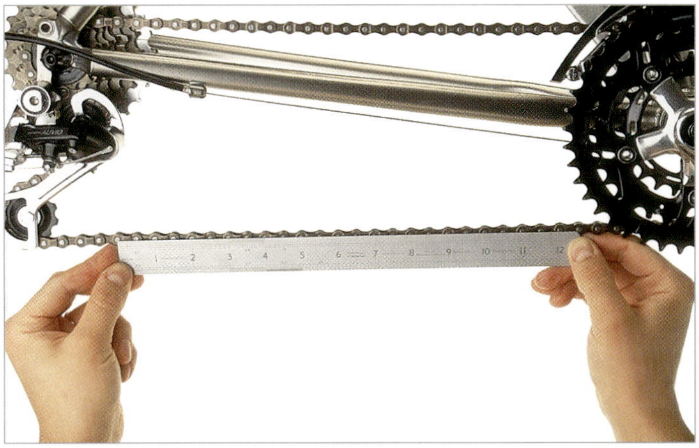

**1** Die traditionelle Methode erfolgt mit dem Lineal. Allerdings ist nicht die Längung, sondern der Verschleiß an den Rollen und Bolzen das größere Problem.

**2** Wer ein echtes Zollmaß hat, ist hier im Vorteil: 12 komplette Kettenglieder müssen 12 Zoll lang sein. Metrisch wird zwischen dem 1. und dem 25. Bolzen gemessen – neu sollten 30,5 cm festgestellt werden. Ab 31 cm ist die Kette verschlissen.

**3** Eine Kettenverschleißlehre bietet genauere Ergebnisse. Wenn sich diese Rohloff-Lehre zwischen der 1. und der 9. Rolle vollständig einschieben lässt, ist die Kette reif für den Schrott.

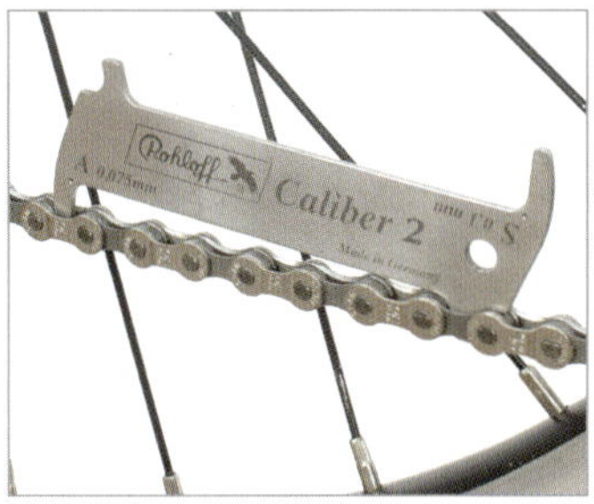


**4** Bei einer neuen Kette lässt sich die Lehre nur ansetzen, aber nicht einschieben.

**Diese Arbeit wird fällig:**
- Alle zwei Monate bei regelmäßig benutzten Fahrrädern.
- Direkt nach einem MTB-Ausflug durch matschiges Gelände.

**Zeit:**
- Eine Viertelstunde für eine Komplettreinigung samt Schmieren.

**Schwierigkeitsgrad:**
- Eine unkomplizierte und simple Sache.

## Ketten-Bestandteile

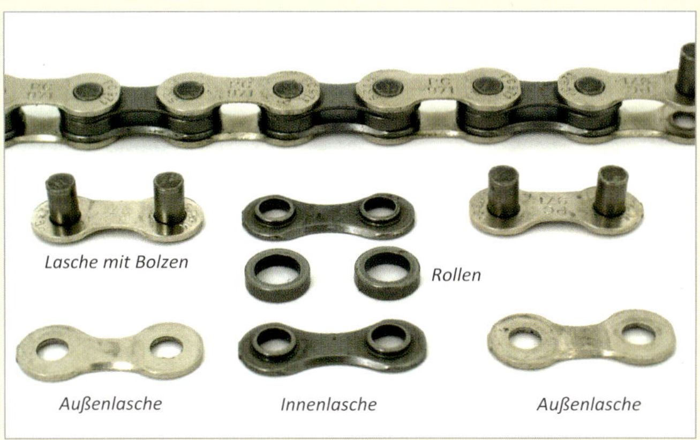


**Nachdem die Kette zusammengesteckt ist, werden die Bolzen an den Enden vernietet. Bei Kettenschaltungen muss darauf geachtet werden, dass die Kette schmal genug ist, um auf den Ritzeln des Zahnkranzes laufen zu können.**

## Welche Kette?

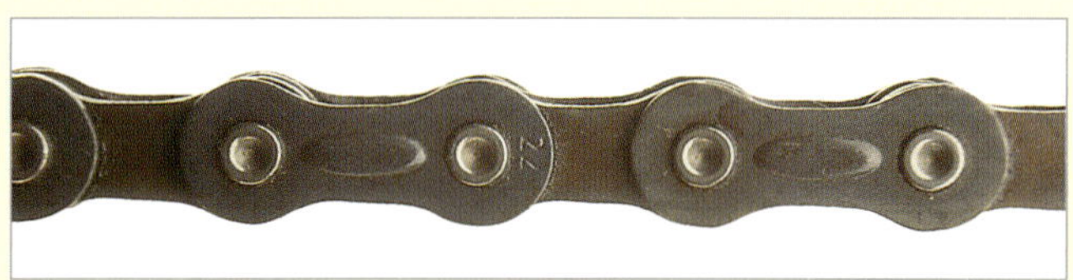

*Der Herstellername ist oft auf den Außenlaschen eingestanzt. Diese Kette ist klassisch durch mittig vernietete Bolzen verbunden.*

*Shimano-Ketten sind mit UG, IG oder HG markiert, Campagnolo-Ketten mit einem C. Bei SRAM-Ketten findet sich hinter der Bezeichnung PC eine zwei- oder dreistellige Zahl für das Modell und den Typ. Hier ist ein Shimano-Nietschloss zu sehen.*

# Ketten ersetzen

Eine verschlissene Kette muss ersetzt werden. Nachdem herausgefunden wurde, von welchem Hersteller und Typ die Kette ist, wird das Kettenschloss identifiziert: Klassische 1/8-Zoll-Ketten von Rädern ohne Kettenschaltung werden manchmal mit einem ebenso klassischen Federclip verbunden. Ketten von Shimano (und anderen) können an jedem beliebigen Bolzen mit einem Kettennieter geöffnet werden, bei Shimano wird zum Vernieten ein spezieller schwarzer Bolzen verwendet, an dem die Kette anschließend nicht mehr geöffnet werden darf. Manche Ketten von SRAM, Wippermann und KMC sind mit einem Schnellverschluss-Kettenglied ausgerüstet, das sich oft durch eine andere Farbe vom Rest der Kette abhebt. Andere Ketten sind mit einem anders aussehenden Bolzen versehen, der ausgedrückt werden muss und wiederverwendet werden kann.

Ohne einen Federclip oder Schnellverschluss wird zum Trennen einer Kette ein Kettennieter benötigt – bei Shimano ein spezielles Shimano-Werkzeug. Manche Hersteller raten dazu, bei besonders schmalen Ketten einmal geöffnete Nietbolzen nicht wiederzuverwenden – hierzu sollte eine Fachwerkstatt befragt werden.

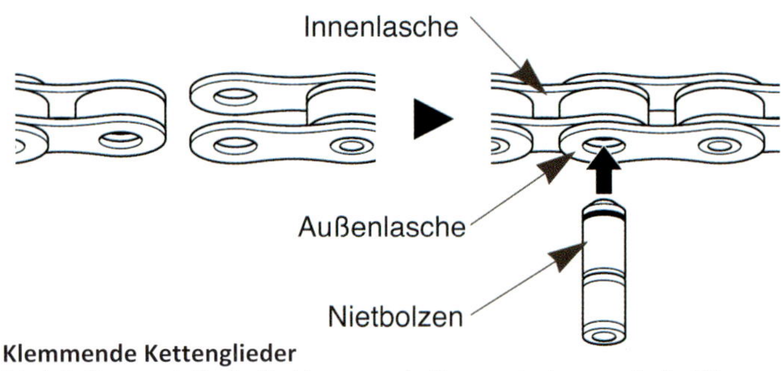


**Klemmende Kettenglieder**

Die häufigsten Gründe für klemmende Ketten sind mangelnde Pflege und brutales Schalten. Oft registriert man sie beim ruckelnden Durchlaufen des Schaltwerks, da die Kette hier ohne Last durch enge Bögen laufen muss.

Meist lässt sich die Kette durch vorsichtiges Biegen von Hand wieder gängig machen, ansonsten muss mit dem Kettennieter leichter Druck auf den klemmenden Bolzen ausgeübt werden.

## Shimano-Kettennieter

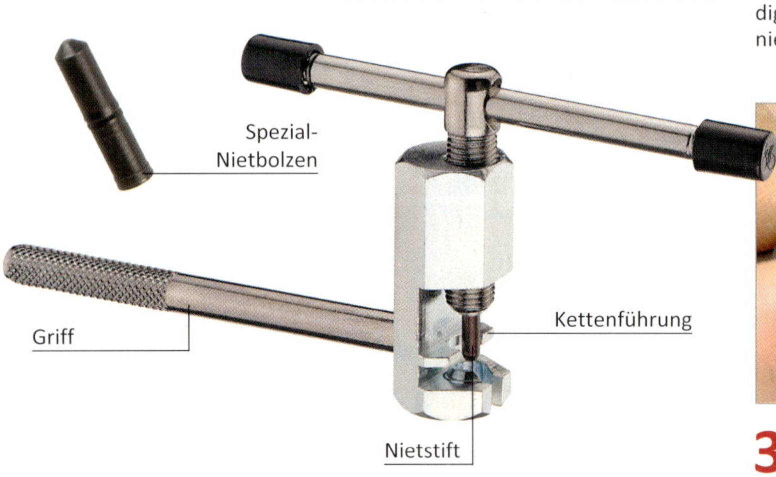


## Standardketten trennen

**1** Bei zurückgedrehtem Nietstift wird die Kette auf die vordere Führung gelegt. Hier kann auch das Shimano-Werkzeug verwendet werden, nur muss die hintere Abstützung so eingestellt werden, dass sie an der Kette anliegt.

**2** Beim Anziehen des Nietstifts wird darauf geachtet, dass er absolut mittig auf den Nietbolzen trifft. Der Bolzen muss soweit herausgedrückt werden, bis er nur noch in der äußeren Lasche hält – vollständiges Herausdrehen würde den Einbau stark erschweren. Gute Kettennieter sind mit einem entsprechenden Anschlag ausgerüstet.

**3** Durch leichtes Verdrehen der Kettenglieder lässt sich die Kette jetzt öffnen.

## Shimano-Ketten trennen

**1** Shimano-Ketten dürfen an allen in Laufrichtung vorderen Bolzen der Außenlaschen, nur nicht an eventuell bereits vorhandenen schwarzen Nietbolzen getrennt werden. Die rückseitige Schraube muss so eingestellt sein, dass die Kette fest gesichert ist, dann wird der Nietstift mittig gegen den Bolzen gedreht, um diesen vollständig herauszudrücken.

**2** Nachdem die Kette getrennt ist, muss die Seite markiert werden, von der der alte Bolzen herausgedrückt wurde.

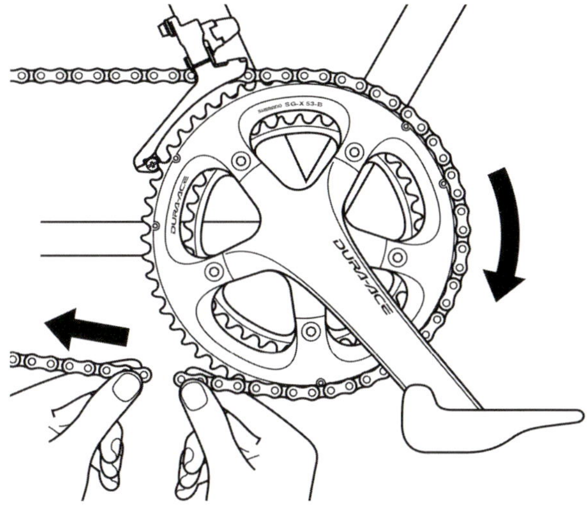

### Shimano-Ketten

Shimano-Ersatzbolzen für Sieben- und Achtgangketten sind schwarz, die für Neungangketten sind silbern und die für Zehngangketten sind silbern und mit einer doppelten Linie am Ende versehen; diejenigen für Elfgangketten sind ebenfalls silbern, haben aber ein etwas spitzeres Ende. Ohne den korrekten Bolzen lässt sich die Kette nicht korrekt vernieten oder läuft nicht über die Ritzel. Um die Stabilität zu gewährleisten, dürfen nur die in normaler Laufrichtung der Kette an den Außenlaschen jeweils vorne sitzenden Bolzen ersetzt werden.

**3** Der Spezialbolzen wird von der gleichen Seite eingesetzt, von der aus der alte Bolzen ausgetrieben wurde, dann wird die Kette in den Kettennieter gelegt und der zentriert angesetzte Nietstift so weit eingeschraubt, bis die Sollbruchstelle des Bolzens am anderen Ende herausragt.

**4** Nachdem das Ende des Bolzens mit einer Zange abgebrochen wurde, muss die Bruchstelle mit einer Feile geglättet werden.

## Schnellverschluss-Kettenglieder

**1** Die SRAM-Version heißt Powerlink und setzt sich üblicherweise durch die goldene Farbe vom Rest der Kette ab.

**2** Die Kette wird an den jeweils benachbarten Gliedern festgehalten und zusammengedrückt – es muss ein deutliches Knacken zu hören sein – evtl. ist dafür eine Zange nötig.

**3** Das Kettenschloss ist jetzt zusammengeschoben, sodass die Kette einfach seitlich getrennt werden kann.

**4** Nachdem alles gesäubert und kontrolliert wurde, können die Bolzen wieder an den größeren inneren Öffnungen der Langlöcher eingesetzt werden. Kräftig an der Kette ziehen, damit das Schloss wieder einrasttet.

## 1/8-Zoll-Kette mit Federclip

**1** Falls das Fahrrad mit einem Kettenschutz ausgerüstet ist, sollte dieser zur Erleichterung der Arbeit demontiert werden.

**2** Nachdem das Kettenschloss durch Drehen der Kurbeln in eine gute Position gebracht wurde, wird der Federclip mit einem geeigneten Werkzeug nach vorn (in die normale Drehrichtung) gedrückt.

**3** Die hinter dem Federclip sitzende Lasche kann abgehoben und die Kette getrennt werden.

**4** Der – soweit nicht beschädigte oder ermüdete – wiederverwendbare Federclip muss so installiert werden, dass seine geschlossene Seite in Drehrichtung nach vorn zeigt

## Neue Ketten montieren

Im Allgemeinen werden Fahrradketten mit mehr Gliedern geliefert, als man benötigt – üblicherweise mit 114 Stück. Die meisten Fahrräder mit Kettenschaltung benötigen 110 Glieder, doch auf jeden Fall muss nachgemessen werden – entweder durch Zählen oder durch Nebeneinanderlegen der alten und der neuen Kette. Überschüssige Kettenglieder müssen mit einem Kettennieter entfernt werden.

Die von den meisten Kettenherstellern empfohlene Methode liegt darin, die neue Kette auf die jeweils größten Kettenräder, aber nicht durch das Schaltwerk zu legen, dann stramm zusammenzuziehen und zwei komplette Kettenglieder zu addieren. Diese Methode funktioniert jedoch nur bei ungefederten Hinterrädern und historischen Federsystemen, bei denen das Tretlager in die Hinterradschwinge integriert ist.

Hat man bei einem »Fully« keine alte Kette zur Verfügung oder ist mit der Kettenlänge nicht zufrieden, hilft nur der Ausbau der Stoßdämpferfeder (bzw. Ablassen des Luftpuffers). Nun wird die Federung in diejenige Position gebracht, in welcher der Kettendurchhang am geringsten ist (der Abstand zwischen dem Tretlager und der Hinterradachse also am größten) – bei vielen Fahrrädern ist dies bei voll komprimiertem Stoßdämpfer der Fall.

Bei Fahrrädern ohne Kettenschaltung muss die Position des Hinterrades in den Ausfallenden berücksichtigt werden. Wenn das Rad bei korrekt eingestellter Kette weit vorn sitzt, lässt sich die Kette für den Radausbau nicht mehr abheben; sitzt das Rad zu weit hinten, lässt sich der Durchhang bei zunehmendem Verschleiß nicht mehr vergrößern. Ein guter Ausgangspunkt ist es, das korrekt fluchtende Hinterrad etwa 10 bis 15 mm vor dem vorderen Ende in den Ausfallenden zu positionieren. Nach dem Einbau und Einstellen der Kette muss ggf. die Felgenbremse neu ausgerichtet werden.

### Spezial-Kettenbolzen

**Campagnolo-Ketten**

**Bei den Zehn- und Elfgangketten von Campagnolo kommen spezielle Ersatzbolzen zum Einsatz, die aus zwei Teilen bestehen: dem Bolzen und der Führung. Die Teile werden so installiert, dass der Bolzen zur linken Seite zeigt und die Führung innerhalb der Lasche sitzt. Dann wird der Bolzen nach rechts gedrückt, bis er vollständig in der Lasche sitzt. Campagnolo bietet zum Verbinden von Zehn- und Elfgangketten ein Spezialwerkzeug an (Bild). Falls dieses nicht vorhanden ist, muss die Kette am Bolzen heruntergedrückt werden, um sie korrekt im Nietwerkzeug aufliegen zu lassen, die Lasche muss mit dem Daumen in Position gehalten werden, wenn der Bolzen installiert wird; sobald er korrekt sitzt, wird die Führung einfach herausgezogen und entfernt.**

**Shimano-Ketten**

**Die Enden der Ketten werden zueinander ausgerichtet und der spezielle Kettenbolzen mit dem angeschrägten Ende voran in die Bohrungen eingeführt. Jetzt wird das Nietwerkzeug so an der Kette angesetzt, dass die zu verbindenden Laschen komplett an der Rückseite des Werkzeugs anliegen. Der Ersatz-Bolzen wird nun in die Kette getrieben – das Führungsstück wird dabei an der anderen Seite herausgedrückt. Zum Schluss wird die Führung mithilfe einer Zange abgebrochen; bei manchen Kettennietern kann sie auch in eine entsprechende Bohrung gesteckt und verdreht werden, um abzureißen.**

**1** Nachdem die Kette über das größte Kettenblatt und das größte Ritzel gelegt wurde, wird sie strammgezogen. Ab dort, wo die Enden überlappen, werden zwei Glieder hinzugerechnet.

### Verbogene Ketten reparieren

**Falls die Kette regelmäßig überspringt, kann sie an einer Stelle verbogen oder verdreht sein. Dies ist nicht ungewöhnlich und kann passieren, wenn man einen Zweig in die Kette zieht.**

**Um das Problem zu beseitigen, wird die Kette von Hand zurückgedreht und sorgfältig ihre Ausrichtung beobachtet. Besonders in den Schalträdchen zeigen sich verbogene Laschen besonders gut. Sobald der schadhafte Bereich lokalisiert ist, wird die Kette so positioniert, dass sie links und rechts davon mit Zangen gegriffen und gerichtet werden kann. Dies erscheint etwas grob, doch mit etwas Mühe und Erfahrung kann die Kette so weit gerichtet werden, dass man damit nach Hause kommt. Zuhause sollte auf jeden Fall eine neue Kette installiert werden, da sie wahrscheinlich dauerhaft geschwächt ist und an dieser Stelle bald reißen wird.**

**2** Die überflüssigen Kettenglieder werden mit einem Kettennieter getrennt.

**4** Mit der auf den jeweils größten Kettenrädern liegenden Kette muss das Schaltwerk immer noch etwas Bewegungsspielraum haben und sollte etwa 45° zur Horizontalen stehen.

**5** Jetzt wird die Kette auf die kleinsten Kettenräder gelegt. Wenn die Schalträdchen etwa senkrecht übereinander liegen, hat die Kette die korrekte Länge.

**3** Nachdem die Kette durch das Schaltwerk geführt ist, werden die Enden mit dem Spezialbolzen (Ketten von Shimano und Campagnolo) oder dem Schnellverschluss verbunden.

**Diese Arbeit wird fällig:**
- Wenn die Kette verschlissen ist.

**Zeit:**
- Eine Viertelstunde für den Wechsel einer Kette mit Schnellverschluss – plus weitere zehn Minuten für eine Shimano-Kette.

**Schwierigkeitsgrad:**
- Mit einem guten Kettennieter eine unkomplizierte und simple Sache.

# Singlespeed-Ketten

Zur Jahrtausendwende hatten Fixies und Singlespeed-Bikes einen wahren Höhenflug. Dieser hat etwas nachgelassen, doch dank der Modelle von Mango, Charge und Brick Lane Bikes konnten sie sich am Markt behaupten. Wie die Namen bereits andeuten, haben Singlespeed-Bikes nur eine Übersetzung. Fixies haben ebenfalls kein Getriebe, zudem fehlt ihnen auch der Freilauf. Bei vielen Modellen besteht dank einer speziellen Nabe die Möglichkeit, durch Umdrehen des Hinterrades mit oder ohne Freilauf zu fahren.

Durch die fehlende Schaltung ist das Fahren körperlich anstrengender, dafür wird die Wartung einfacher – aber nicht so einfach, wie manche jetzt glauben. So kann das Einstellen des korrekten Kettendurchhangs zwar durch ein High-End-Exzenter-Tretlager erleichtert werden, doch die meisten Fahrräder verfügen nicht über ein solches Teil, sodass der Durchhang über die horizontalen Ausfallenden eingestellt werden muss; hierzu kann im Fachhandel ein preiswerter Kettenspanner beschafft werden …

**1** Der Durchhang wird einfach von Hand geprüft (man darf die Finger auch mit einem Lappen schützen): In der Mitte des unteren Trums muss sich die Kette 10 bis 15 mm bewegen lassen.

**2** Bei diesem Fahrrad ist die Kette zu locker und muss eingestellt werden.

**3** Zuerst wird die Achsmutter gelöst – in diesem Fall mit einem 15er-Steckschlüssel.

**4** Die Achsmutter wird abgeschraubt und für später gut weggelegt.

**5** Der Kettenspanner wird über die Achse und das Ausfallende installiert, …

**6** … dann wird seine Mutter von Hand aufgedreht, um ihn in Position zu halten – sie muss bündig zum Ausfallende sitzen.

**7** Jetzt wird die Achsmutter von Hand aufgedreht.

**8** Während das Rad in Flucht gehalten wird, wird die Kettenspanner-Mutter angezogen, bis der Durchhang korrekt ist. Ein weiterer am linken Ausfallende angebrachter Kettenspanner erleichtert das Ausrichten des Laufrades.

**9** Wenn der Durchhang korrekt ist, wird die Achsmutter angezogen.

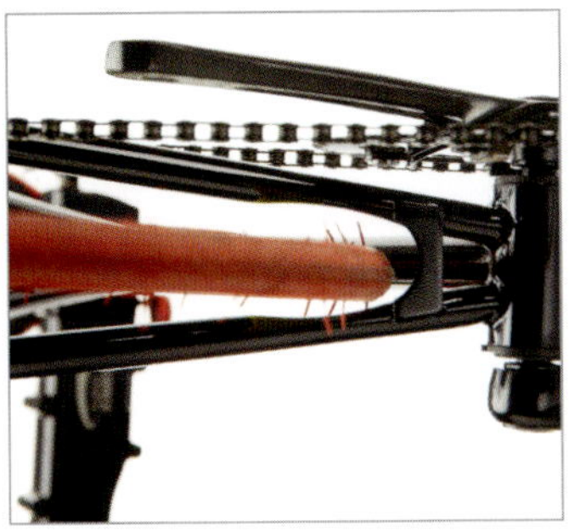

**10** Von unten lässt sich überprüfen, ob das Laufrad gerade steht. Notfalls müssen die zwei Kettenspanner nachgestellt werden (der Durchhang ändert sich auch etwas, wenn nur der linke Kettenspanner verändert wird).

**11** Sobald das Rad gerade steht und der Durchhang korrekt ist, werden die Achsmuttern mit den korrekten Drehmomenten angezogen.

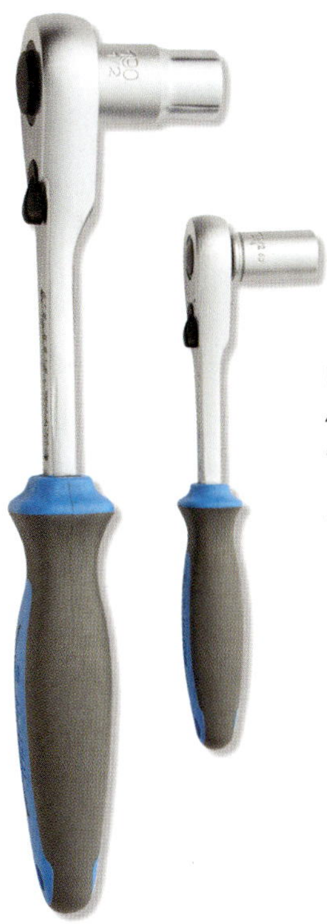

**Erforderliche Werkzeuge**

*Abgesehen von den zwei Kettenspannern (einer reicht, aber zwei sind besser) werden nur noch Schlüssel für die Achsmuttern (üblicherweise 15 mm) und die Kettenspanner-Mutter(n) benötigt – bei den meisten ein 10er-Schlüssel.*

## Einstellen ohne Kettenspanner

**Falls kein Kettenspanner zur Hand ist, geht es auch ohne: Um bei einer neuen Kette die richtige Länge zu bestimmen, wird das korrekt fluchtende Hinterrad etwa einen Zentimeter vom vorderen Ende in den Ausfallenden positioniert und die Kette über beide Kettenräder gelegt. Bei stramm gezogener Kette wird notiert, um wie viele Glieder die Kette gekürzt werden kann.**

**Nachdem die Kette gekürzt und auf den Kettenrädern liegend vernietet wurde, wird das Rad in den Ausfallenden so weit nach hinten gezogen, bis die Kette in der Mitte des oberen oder unteren Strangs 10 bis 15 mm Durchhang hat.**

**Nachdem das Rad so übergangsweise fixiert wurde, wird die Kette langsam gedreht und der Durchhang an mehreren Stellen kontrolliert, um sicherzugehen, dass die Kette an keiner Stelle unter Spannung steht. Nachdem der Durchhang an der strammsten Stelle auf 10 bis 15 mm eingestellt ist, muss geprüft werden, ob das Hinterrad gerade zwischen den Kettenstreben steht – hierzu empfiehlt sich ein Lineal. Anschließend können die Achsmuttern vollständig angezogen werden.**

**Falls das Rad mit einer Felgenbremse verzögert wird, muss nach dem Einstellen des Kettendurchhangs geprüft werden, ob die Bremsklötze korrekte an der Felge anliegen – dies ist besonders wichtig bei BMX-Rädern mit der Bremse an den Kettenstreben.**

**An manchen High-End-Fahrrädern (sowie an fast allen Primärketten von Tandems) wird der Kettendurchhang mithilfe eines exzentrisch gelagerten Tretlagers eingestellt. Oft wird für diese Arbeit Spezialwerkzeug oder ein Zapfenschlüssel benötigt.**

# Schaltzüge ersetzen

Verschlissene oder beschädigte Schaltzüge sollten auf jeden Fall durch hochwertiges Material ersetzt werden, denn selbst die besten Züge sind nicht sehr teuer. Meistens handelt es sich um Edelstahl-Seile mit 1,1 oder 1,2 mm Durchmesser und Universal-Nippeln. Es gibt auch teflonbeschichtete Züge, doch diese sollen nur verwendet werden, wenn auch neue Hüllen zum Einsatz kommen.

Schaltzughüllen haben üblicherweise einen Durchmesser von 4 mm, doch das Maß kann je nach Hersteller leicht abweichen. Anders als die spiralförmig gewickelten Bremszughüllen verlaufen in Schaltzughüllen die Drähte längs. Dies erschwert das Kürzen der Hülle und erfordert ein hochwertiges Schneidewerkzeug. An beiden Enden müssen neue Endkappen aufgeschoben werden.

Falls bei einem regelmäßig genutzten Fahrrad der komplette Schaltzug ersetzt werden soll, sollte über ein vorgefertigtes Set nachgedacht werden, das nicht nur gegen eindringendes Wasser abgedichtet, sondern oft auch am Seil und in der Hülle mit Teflon beschichtet ist, sodass Nachschmieren entfällt.

Beim Austausch von Schaltzügen müssen das alte Zugseil und die alten Hüllen als Maß für die Neuteile dienen. Sollte jedoch gleichzeitig das Schaltwerk ersetzt werden, muss beachtet werden, dass hier die Aufnahmen der Hülle und des Zugseils anders positioniert sein können – dies gilt besonders für die neuen Shadow-Schaltwerke von Shimano, bei denen der sonst unerlässliche Bogen weitgehend eliminiert wurde.

Alle Schaltzüge brauchen etwas Zeit, um sich zu setzen. Bevor das Zugseil gekappt wird, sollte mit einer Zange fest daran gezogen werden. Nachdem der Schaltzug am Schaltwerk befestigt ist, wird ein Gang eingelegt, bei dem der Zug am stärksten gespannt ist – dies ist bei »normalen« Schaltwerken auf dem größten Ritzel und beim Umwerfer auf dem größten Kettenblatt. Bevor die Indexierung eingestellt wird, sollte der Zug möglichst lange unter Spannung gehalten werden.

## Flachlenker-Schalthebel

**1** Nachdem derjenige Gang eingelegt ist, bei dem der Schaltzug am längsten ist, wird am Schalthebel die Schaltzug-Abdeckung entfernt – um Zugang zur Befestigung zu erhalten, muss bei manchen Modellen der Bremshebel oder der Schalthebel in eine bestimmte Position gebracht werden.

**2** Wenn der Schaltzug am Schaltwerk oder Umwerfer befreit ist, wird am Schalthebel die Hülle heruntergezogen und das Zugseil befreit – nötigenfalls muss hierzu ein bestimmter Gang eingelegt werden. Der Nippel des Zuges ist üblicherweise durch die Zugangsbohrung sichtbar.

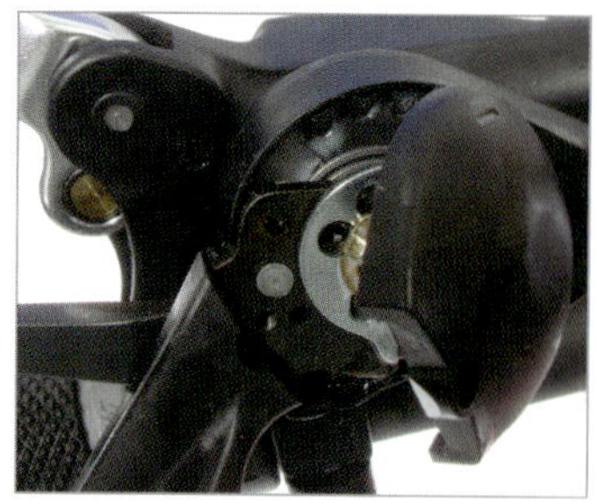

**3** Bei manchen Lenker-Schalthebeln muss die untere Abdeckung entfernt werden, um den Schaltzug befreien zu können. Kleine Schrauben dürfen nicht verloren gehen.

**4** Bei RevoShift-Schaltungen von Shimano muss für den Zugang zum Schaltzug die Ganganzeige-Abdeckung entfernt werden. Diese wird von zwei sehr kleinen Schrauben gehalten, die nicht verloren gehen dürfen.

**5** Nachdem die Abdeckung entfernt ist, kann der Schaltzug herausgezogen werden – nötigenfalls muss er von unten hochgedrückt oder mit einer Spitzzange befreit werden.

**6** Bei Drehgriffschaltungen muss zuerst das Lenkergriffgummi abgezogen werden. Wenn der Drehgriff befreit ist, kann die bewegliche Hülse drehend entfernt werden, dann wird der Schaltzug zugänglich und kann herausgezogen werden.

## Kombinierte Schalt-/Bremshebel

Alle großen Komponentenhersteller bieten heute kombinierte Schalt-/ Bremshebel für Rennräder an, die für den Radsportler den großen Vorteil haben, dass er zum Wechseln der Gänge nicht mehr wie bei den klassischen Unterrohr-Schalthebeln die Hände vom Lenker nehmen muss.

Um bei allen hier gezeigten Modellen das Zugseil entfernen zu können, muss immer der höchste Gang eingelegt werden, sodass der Zug entlastet ist oder nur unter geringer Spannung steht. Nachdem am Schaltwerk oder Umwerfer die Endkappe vom Zugseil geschnitten ist, wird die Klemmschraube gelöst.

Bei moderneren Systemen werden sowohl der Schalt- als auch der Bremszug unter dem Lenkerband verlegt, sodass nach dem Austausch der Schaltzughülle neues Lenkerband um den Lenker gewickelt werden muss. Weil aber diese Hüllen kaum Verschleiß und Verschmutzung unterliegen, müssen sie nur sehr selten gewechselt werden. Soll verschlissenes Lenkerband gewechselt werden, empfiehlt es sich, dabei auch alle darunter verlegten Hüllen genau zu untersuchen und ggf. zu ersetzen.

## Shimano STI

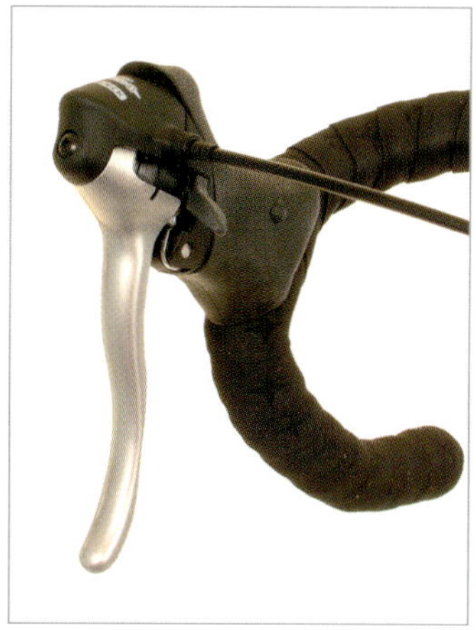

**1** Bei älteren Shimano-Systemen wird der Schaltzug seitlich herausgeführt. Wie bei allen anderen Systemen dient der Bremshebel beim seitlichen Bewegen als Schalthebel – der kleine seitliche Hebel schaltet in die andere Richtung.

**2** Der Bremszug wird bei gezogenem Bremshebel zugänglich und kann von vorn herausgezogen werden.

**3** Während der Hebel mit einem Gummiband oder Kabelbinder fixiert wird, kann der neue Bremszug eingeführt werden.

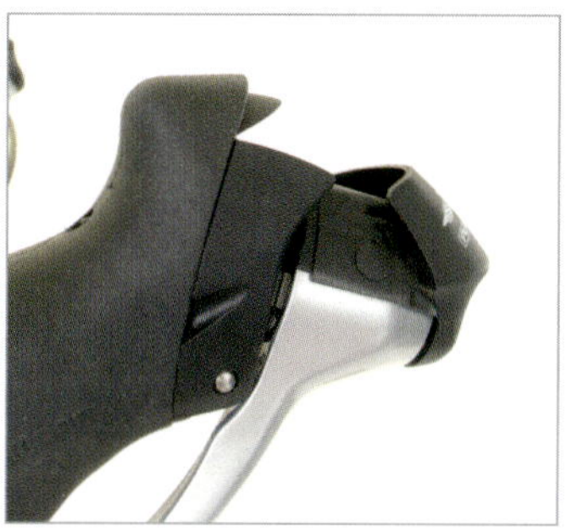

**4** Auch zum Wechseln des Schaltzuges muss der gezogene Hebel fixiert werden. Die Nut an der Seite dient dem Zugang zur Hebel-Klemmschraube.

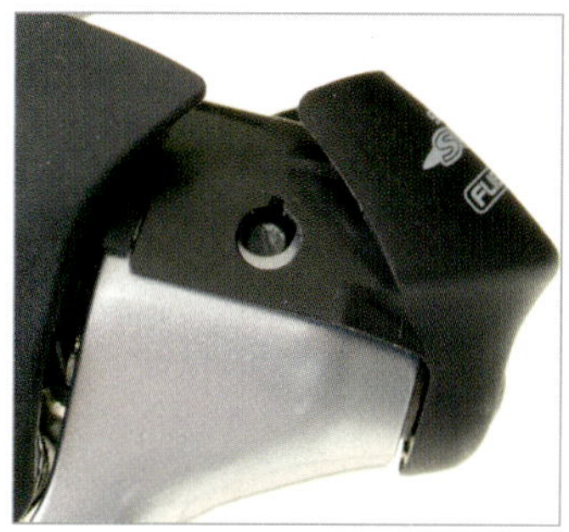

**5** Der Schaltzugnippel findet sich hinter der von einem Gummistopfen verschlossenen Bohrung – falls nicht, muss der richtige Gang eingelegt werden.

**6** Das von unten hochgedrückte Zugseil kann herausgezogen werden. Der neue Zug wird in der umgekehrten Ausbaureihenfolge installiert.

## Campagnolo Ergopower

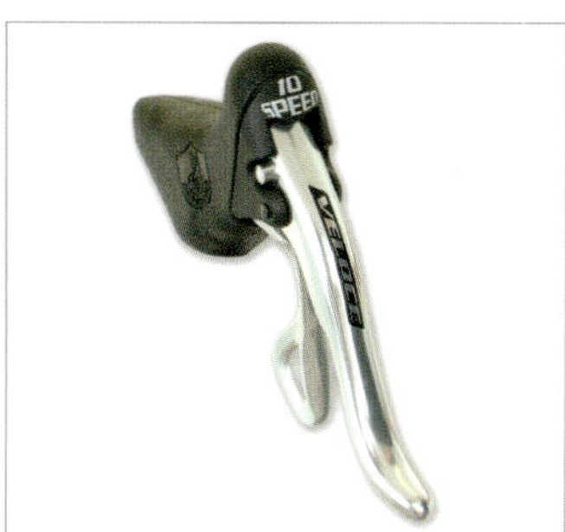

**1** Dies ist Campagnolos Schalt/ Bremshebel-Kombination »Veloce«.

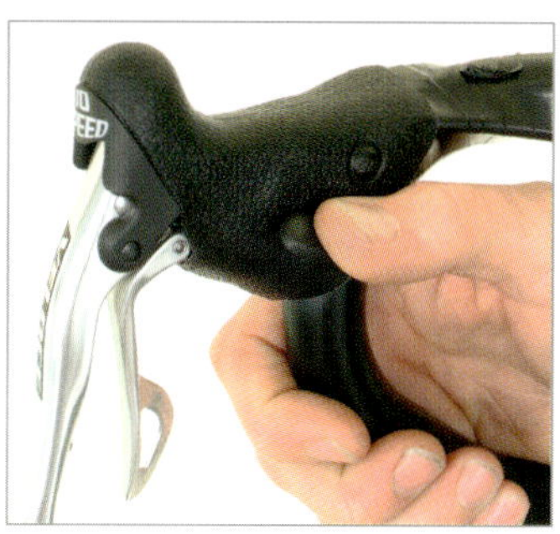

**2** Der Campagnolo-Mechanismus sitzt im Gehäuse des Hebels, was die Länge des Gehäuses erklärt.

**3** Das Abdeckgummi muss beim Abziehen auch über den kleinen Schalthebel gezogen werden.

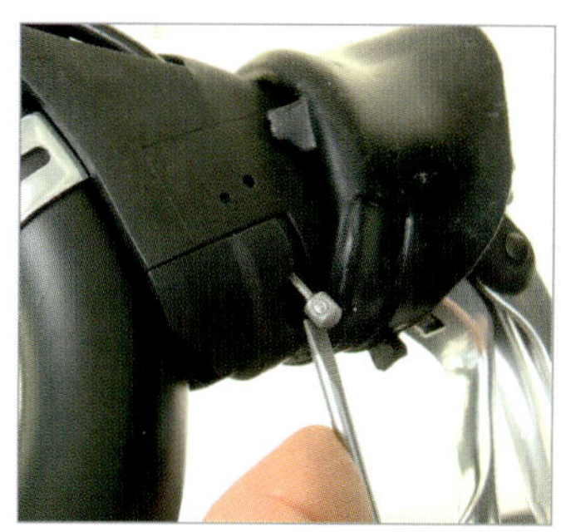

**4** Das von unten hochgedrückte Zugseil kann an der anderen Seite mit einem kleinen Schraubendreher befreit und herausgezogen werden.

# SRAM Double Tap

**1** Beim schnittigen »Double Tap«-System von SRAM wird mit nur einem Hebel geschaltet.

**2** Der Bremszug wird bei gezogenem Bremshebel zugänglich und kann von unten hochgedrückt und vorn herausgezogen werden.

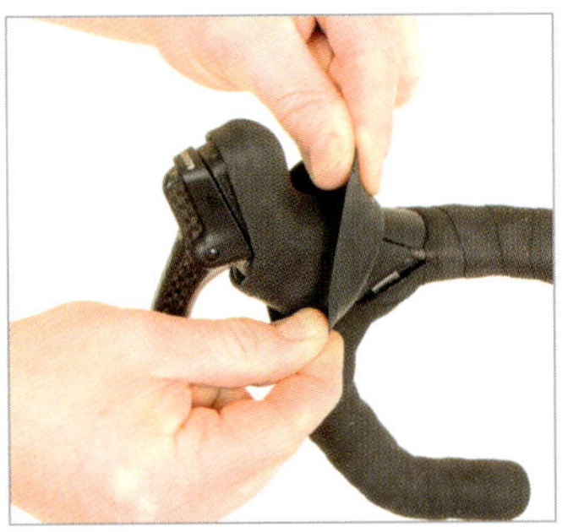

**3** Der Schaltzugnippel ist nach dem Abziehen der Gummiabdeckung zugänglich.

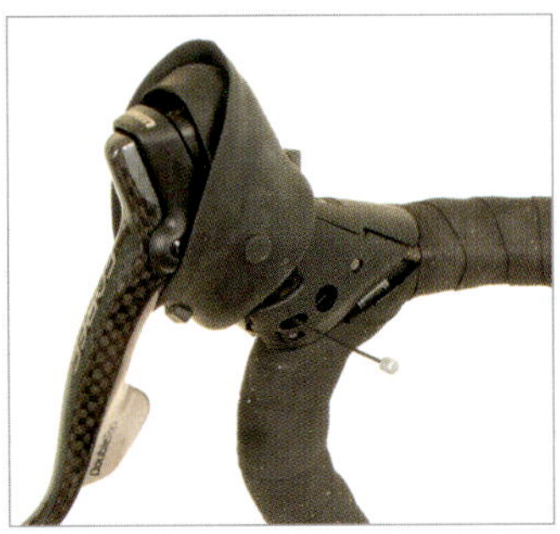

**4** Wenn der Zug vom Unterrohr her hochgedrückt wird, schiebt er sich innen aus dem Hebel und kann herausgezogen werden.

**Diese Arbeit wird fällig:**

- Wenn das Schalten problematisch wird.
- Wenn der Schaltzug ausgefranst ist.

**Zeit:**

- Etwa 20 Minuten pro Schaltzug. Die Probefahrt samt Endeinstellung kann leicht eine weitere halbe Stunde dauern.

**Schwierigkeitsgrad:**

- Der Austausch des Schaltzugseils ist eine unkomplizierte Sache. Kompliziert wird es, wenn auch die Hülle getauscht und das Ganze noch an einem Rennrad erledigt werden muss.

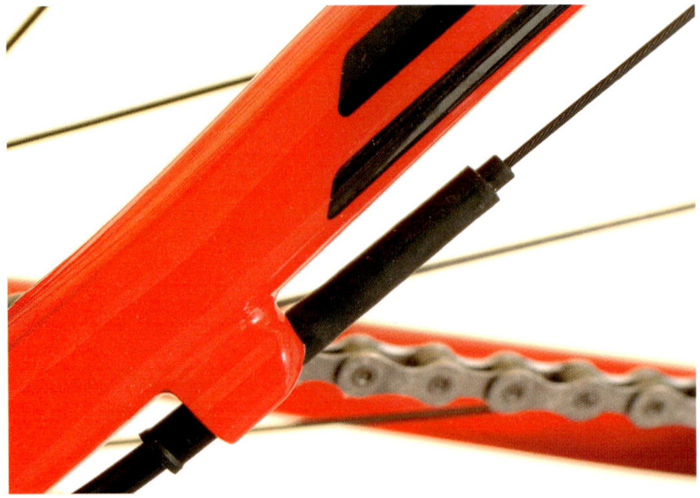

## Bowdenzug-Abdichtungen

*Um das Eindringen von Wasser zu minimieren, gibt es verschiedene Lösungen. Solche Abdichtungen können an allen Widerlagern des Rahmens leicht angebracht werden.*

## Bowdenzug-Quetschhülse

*Eine solche Hülse muss auf alle abgeschnittenen Zugseile geklemmt werden, um Ausfransungen zu verhindern. Falls keine Hülse zur Hand ist, kann das Seilende entfettet und mit einem Tropfen Sekundenkleber versehen oder verlötet werden.*

## Bowdenzug-Sets

*Für viele Fahrräder sind vorgefertigte Bowdenzüge erhältlich, die sämtliche Hüllen, Hülsen und Endkappen enthalten. Günstiger ist es jedoch, Züge und Hüllen als Meterware sowie Hülsen und Kappen einzeln zu kaufen. Wenn sich Radsport-Freunde zusammentun, bekommen sie oft erheblichen Mengenrabatt.*

# Innen verlegte Schaltzüge

Wie innen verlegte Bremszüge (siehe Seite 57) werden bei immer mehr hochwertigen Fahrrädern auch die Schaltzüge innerhalb des Rahmens verlegt. Wieder erhält man nicht nur eine »saubere« Erscheinung, sondern auch gut geschützte Bowdenzüge, die länger exakt arbeiten und durchhalten. Das Problem ist, dass sie schwieriger auszutauschen sind.

Für den hier beschriebenen Austausch wird ein kleiner Kunststoffschlauch benötigt. Wer auf ihn verzichtet, muss mit einem Magneten versuchen, seinen neuen Schaltzug zu lokalisieren und zu verlegen.

**1** Beim Ausbau des alten Schaltzugs muss zuerst die Schraube der Schaltwerk-Klemme gelöst werden – üblicherweise mit einem 4er- oder 5er-Inbusschlüssel.

**2** Um den Zug zu entlasten, wird er an allen außenliegenden Widerlagern ausgehängt.

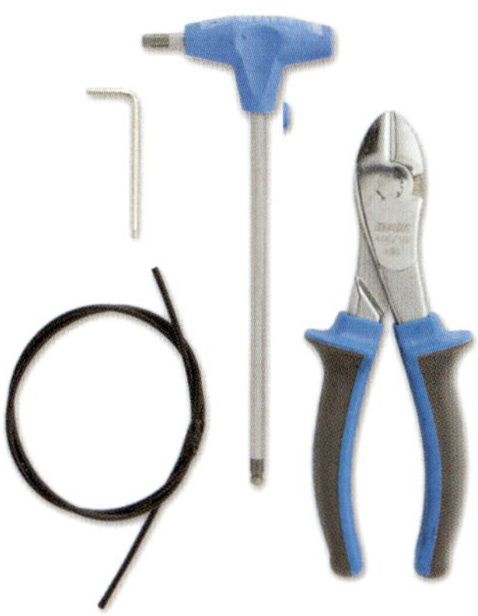

**Erforderliche Werkzeuge**

*Für diese Arbeit werden ein Seitenschneider, ein Stück Kunststoffschlauch als Führung und Inbusschlüssel der Größen 2 und 4 oder 5 mm benötigt.*

**3** Am Rahmenrohr-Ausgang wird die Madenschraube gelöst und die Führung aus dem Rahmen gezogen.

**4** Das gleiche geschieht am anderen Ende des Bowdenzugs – also unten am Unterrohr und an der Kettenstrebe. Manchmal stecken auch einfache Kunststoffhülsen in den Rahmenrohren.

**5** Jetzt wird der im Radsport-Fachhandel erhältliche Schlauch (hier schwarz, oft auch transparent) über das Zugseil geschoben. Der Schlauch muss lang genug sein, um durch den Rahmen geführt zu werden.

**6** Der Schlauch wird durch den Rahmen geführt und sollte oben mit Klebeband gesichert werden, damit er beim Einschieben des neuen Zugseils nicht im Rahmen verschwindet. Das Zugseil wird eingeschoben, bis es unten oder hinten wieder herausragt.

**7** Jetzt wird die Schaltzug-Hülle eingeschoben und die Führung gesichert. Nachdem der Schaltzug am Hebel befestigt ist, wird der Schlauch herausgezogen und der Schaltzug am Umwerfer bzw. am Schaltwerk angeschlossen.

# Einstellen der Schaltung

Vor jeglichen Einstellversuchen am Schaltwerk oder Umwerfer muss sichergestellt sein, dass sich alle Antriebskomponenten in einem guten Zustand befinden. Hierzu müssen die Schaltzüge (Seiten 84 und 85), die Kette, die Kettenblätter und Ritzel (Seiten 74 bis 77), und das Schaltwerk bzw. der Umwerfer genau inspiziert werden. Das Schaltwerk muss von hinten betrachtet mehr oder weniger senkrecht herunterhängen. Es darf weder verdreht sein noch in irgendeinem Lager übermäßiges Spiel aufweisen. Der Umwerfer muss ebenfalls korrekt positioniert sein (Seiten 90 und 91).

Die meisten Fahrräder haben heute eine indexierte Schaltung, früher musste die Kette gefühlvoll von Hand mithilfe des Schalthebels aufgelegt werden, der mit einem Reibdämpfer versehen war, um das Schaltwerk exakt in Position zu halten.

Alle Schaltwerke (und Umwerfer) sind mit zwei kleinen Schrauben ausgerüstet, die mit H (High) und L (Low) markiert sind und die Begrenzung des Bewegungsspielraums sicherstellen. Ohne sie könnte die Kette über das kleinste oder größte Ritzel bzw. Kettenblatt hinaus geschaltet werden, was im besten Fall auf eine abgesprungene Kette, im schlimmsten Fall auf eine verklemmte Kette und Beschädigungen vielfältiger Art hinauslaufen würde.

## Schaltwerke einstellen

Zunächst muss die Flucht des Schaltwerks überprüft werden. Es muss senkrecht unter dem Zahnkranz hängen und darf nicht verdreht sein. Die Kontrolle kann per Augenschein durchgeführt werden, nötigenfalls kann ein Ausricht-Werkzeug verwendet werden.

Bevor der Schaltzug eingestellt wird, müssen die beiden Anschlagschrauben justiert sein. Hierzu muss die Klemmung des Schaltzuges gelockert und der Zug befreit werden. Um die Sache zu erleichtern, kann die Kette entfernt werden. Zuerst muss der »H«-Anschlag am kleinsten Ritzel eingestellt werden. Solange man es nicht mit einem »Rapid Rise«-Schaltwerk von Shimano zu tun hat, wird das Schaltwerk von seiner Feder an diesen Anschlag bewegt. Die Anschlagschraube muss so justiert werden, bis das obere Schalträdchen direkt unter dem Außenrand des kleinsten Ritzels steht.

Als Nächstes muss der »L«-Anschlag eingestellt werden. Falls die Kette entfernt wurde, muss der Schaltmechanismus nach hinten gezogen und zum größten Ritzel gedrückt werden. Nach etwas Übung ist fühlbar, wie das Schaltwerk dabei anschlägt. Während es gegen den Anschlag gehalten wird, muss geprüft werden, ob das Schalträdchen direkt unter dem großen Ritzel steht – andernfalls muss die L-Schraube nachjustiert werden. Bei montierter Kette müssen die Kurbeln von Hand gedreht werden, während das Schaltwerk gegen den L-Anschlag gedrückt wird.

Nachdem das Schaltwerk – ggf. durch Drehen der Kurbeln – wieder unter dem kleinsten Ritzel positioniert wurde, wird der Schaltzug bei im höchsten Gang stehendem Schalthebel strammgezogen und mit der Klemmschraube gesichert. Falls die Kette entfernt wurde, muss sie jetzt wieder montiert werden, um vorn bei drei Kettenblättern auf das mittlere und bei zwei Kettenblättern auf das kleine Kettenblatt gelegt zu werden. Nachdem (ggf. bei einer Probefahrt) mehrmals die Gänge hinauf- und heruntergeschaltet wurden, wird die Kette auf das kleinste Ritzel geschaltet. Wenn sich jetzt bei einer Kontrolle des Schaltzuges herausstellt, dass der Zug zu locker ist, wird die Kette beim Schalten nicht auf das benachbarte größere Ritzel wechseln, sodass die Einstellschraube herausgedreht werden muss, um das Spiel des Zuges zu verringern. Falls der Schaltzug zu stramm sitzt, wird die Kette leicht auf ein größeres Ritzel wechseln, aber nur widerwillig auf ein kleineres. In diesem Fall muss der Schaltzug durch Eindrehen der Einstellschraube etwas entspannt werden. Falls sich der Schaltzug an der Einstellschraube nicht korrekt justieren lässt, muss diese vollständig eingeschraubt und das Zugseil nach dem Lockern der Klemmschraube weiter herausgezogen werden.

Mit etwas Glück ist die Indexierung jetzt korrekt – dies kann kontrolliert werden, indem die Kette auf das mittlere Ritzel geschaltet wird und ihre Position – auch akustisch – genau überprüft wird. Sie muss mittig auf dem Ritzel liegen und darf an keinem benachbarten Ritzel schleifen – nötigenfalls muss ihre Position exakt eingestellt werden. Nachdem erneut rauf- und runtergeschaltet wurde, muss die Indexierung noch einmal geprüft werden. Nach einer ausgiebigen Probefahrt müssen vielleicht weitere Anpassungen vorgenommen werden.

### Elektronische Schaltgruppen

**Die vielleicht bedeutendste Neuerung der letzten Jahre ist die elektronisch gesteuerte Schaltung. Wo sonst ein Bowdenzug den Schalthebel mit dem Umwerfer oder dem Schaltwerk verbindet, ist hier zwischen dem Schalter (neben der Bremse) und dem Stellmotor ein Kabel verlegt. Geschaltet wird einfach per Knopfdruck. Die Stromversorgung übernimmt eine Batterie, die neben dem Tretlager oder in der Sattelstütze sitzen kann. Während Shimano mit dem Di2-System die Messlatte für kabelgebundene Schaltgruppen setzte (und Campagnolo mit dem EPS nachzog), entwickelte SRAM die Idee im Jahr 2015 weiter und wurde zum ersten Großserien-Hersteller eines Funk-Schaltgruppen-Systems namens eTap, das gleichermaßen von Fahrern wie Fahrradhändlern gelobt wird. Wie beim Di2 soll eine Batterieladung für etwa 1000 km reichen.**

**Wo liegen die Vorteile gegenüber einer rein mechanischen Schaltung? Die Elektronik ist präziser, schneller, schont die Kette und hat eine automatische Trim-Funktion für den Umwerfer, sodass beim Schalten am Zahnkranz gleichzeitig die Kettenblätter gewechselt werden. Elektronische Schaltgruppen sind beeindruckend, aber auch sehr teuer. Und wer vergisst, die Batterie zu laden, fährt bald ungewollt ein Singlespeed-Bike.**

**1** Eine Einstellung des Schaltwerks lohnt sich nur, wenn der Schaltzug voll funktionsfähig und gut geschmiert ist. Die Einstellung kann bei auf dem Kopf stehendem Fahrrad erfolgen, doch am besten geht es in einem Montageständer.

**2** Zunächst müssen die Anschlagschrauben für »H« und »L« identifiziert werden. Nachdem der Schaltzug auf der Klemmung befreit ist, wird der »H«-Anschlag unter dem kleinsten Ritzel so eingestellt, dass das Schalträdchen direkt darunter steht.

## Schaltaugen

**Aus Aluminium, Kohlefaser und manchmal auch aus Stahl gefertigte Rahmen sind mit einem austauschbaren Schaltauge ausgerüstet, das im Falle eines Unfalls geopfert wird und auch ersetzt werden kann, wenn es verbogen oder anderweitig beschädigt ist. Manche Mountainbiker haben immer einen Ersatz dabei. Weil jedes Fahrrad ein anderes Schaltauge hat, kann es sinnvoll sein, wenigstens zuhause ein Ersatzteil zu besitzen.**

**3** Die Einstellung des »L«-Anschlags kann auf mehrere Arten erfolgen. Am einfachsten lässt sich das Schaltwerk bei entfernter Kette nach innen drücken; bei montierter Kette müssen dabei die Kurbeln bewegt werden. Alternativ wird der Schaltzug wieder eingeklemmt und heruntergeschaltet. Die »L«-Schraube muss so justiert werden, dass das Schalträdchen direkt unter dem größten Ritzel steht.

**4** Nachdem das Schaltwerk in den höchsten Gang gebracht wurde, wird die Schaltzug-Klemmschraube angezogen. Nun wird die Kette vorn und hinten auf das mittlere Kettenrad (oder das links davon) gelegt und der Schaltzug mithilfe der Einstellschraube eingestellt, bis die Kette sanft läuft. Nachdem mehrmals rauf- und runtergeschaltet wurde, muss ggf. eine Feinjustierung vorgenommen werden.

## »H«- und »L«-Positionen

**Am Hinterrad:**

- Das kleinste Ritzel ist der höchste Gang – die Anschlagschraube ist mit H markiert.
- Das größte Ritzel ist der langsamste Gang – die Anschlagschraube ist mit L markiert.

**Am Vorderrad:**

- Das kleinste Kettenblatt ist der langsamste Gang – die Anschlagschraube ist mit L markiert.
- Das größte Kettenblatt ist der höchste Gang – die Anschlagschraube ist mit H markiert.

## Die B-Schrauben-Einstellung

**Bei den meisten traditionellen Schaltwerken wird mit einer kleinen Schraube der Winkel des Schaltwerk-Parallelogramms eingestellt. Eine Justierung wird nötig, wenn das obere Schalträdchen zu nahe an das größte Ritzel kommt; sie kann durchgeführt werden, nachdem die Kette vorn auf das kleine Kettenblatt und hinten auf das größte Ritzel gelegt wurde.**

### SRAM vs. Shimano

**Das Kombinieren von SRAM- und Shimano-Komponenten ist nicht immer einfach. Die meisten Teile sind miteinander kompatibel, allerdings nicht die Schalthebel und Schaltwerke bzw. Umwerfer. Bei SRAM werden einige Schalthebel und Schaltwerke/Umwerfer als »Shimano-kompatibel« angeboten, doch die meisten Teile sind es nicht. Dies liegt an den unterschiedlichen Übersetzungen der Indexierung – SRAM-Systeme arbeiten mit einem Verhältnis von 1:1, wogegen die Verhältnisse bei Shimano und Campagnolo etwa 1,7:1 bzw. 1,5:1 betragen.**

### Umwerfer

**Schaltwerke für die vorderen Kettenblätter gibt es in vielfältigen Ausführungen. Dies ist ein moderner Umwerfer mit der Schaltzugführung nach oben und über der Schelle liegendem Gelenk. Manche Umwerfer werden mit einer Schraube an einem ans Sitzrohr gelöteten Gewinde, andere mit einer Klemmung am Rahmen befestigt.**

## Umwerfer einstellen

Die Einstellung des Umwerfers ähnelt derjenigen am Schaltwerk. Zunächst muss sichergestellt werden, dass die Höhe korrekt eingestellt ist. Der Käfig muss knapp über dem großen Kettenblatt liegen und absolut parallel dazu stehen. Nun wird der Umwerfer über das kleinste Kettenblatt geschaltet, die Klemmschraube des Schaltzuges gelockert und die Ketten hinten auf das mittlere Ritzel geschaltet. Jetzt wird mit der »L«-Schraube der innere Anschlag so eingestellt, dass die Kette innen gerade nicht mehr den Käfig berührt.

Bei stramm gezogenem Schaltzug wird die Klemmschraube wieder angezogen. Nun wird bei drehenden Kurbeln der Umwerfer nach außen bewegt und die »H«-Schraube so eingestellt, dass die Kette zwar auf das große Kettenblatt aber nicht darüber hinaus gelegt wird. Der Schalthebel muss hierbei in der höchsten Position einrasten. Vorn wird jetzt mehrmals rauf- und runtergeschaltet, damit sich alles setzen kann. Bei einer Dreifach-Garnitur wird die Kette auf das mittlere Blatt geschaltet und hinten mehrmals rauf- und runtergeschaltet.

Nachdem vorn der kleinste Gang eingelegt ist, wird die Schaltzugspannung überprüft – jegliches Spiel muss mit der Einstellschraube eliminiert werden. Anschließend wird erneut hinten mehrmals rauf- und runtergeschaltet, um zu prüfen, ob die Kette dabei den Käfig des Umwerfers berührt. Eventuell müssen an der »L«-Schraube kleine Einstellungen vorgenommen werden, wenn hinten der niedrigste Gang eingelegt ist. Die Prozedur wird mit der Kette vorn auf dem großen und ggf. auch auf dem mittleren Kettenblatt liegend wiederholt. Berührt die Kette den auf das große Kettenblatt geschalteten Umwerferkäfig, muss an der »H«-Schraube gedreht werden; beim mittleren Kettenblatt müssen ggf. an der Einstellschraube Feinjustierungen vorgenommen werden.

**1** Neue Shimano-Umwerfer sind mit einer Ausricht-Führung versehen, mit deren Hilfe der Abstand zum großen Kettenblatt auf 1 bis 2 mm eingestellt werden kann.

**2** Der Umwerferkäfig muss absolut parallel zu den Kettenblättern stehen, bevor irgendwelche Einstellungen vorgenommen werden können. Hier ist die Kette für eine bessere Übersicht entfernt worden und die Schaltzug-Klemmschraube wird gelockert.

**3** Während die Kette auf dem kleinsten Kettenblatt liegt, wird mit der »L«-Schraube der innere Anschlag so eingestellt, dass die Kette innen gerade nicht mehr den Käfig berührt. Durch Drehen der Kurbel wird sichergestellt, dass die Kette nicht durch ein verbogenes Kettenblatt in anderen Positionen am Käfig schleift.

**4** Nun wird der Umwerfer nach außen gedrückt und die »H«-Schraube so eingestellt, dass die Kette zwar auf das große Kettenblatt aber nicht darüber hinaus gelegt wird.

**5** Bei korrekt in den Widerlagern sitzenden Endkappen wird der Schaltzug strammgezogen und mit der Klemmschraube am Umwerfer gesichert.

**6** Der etwa 4 cm überstehende Schaltzug wird abgeschnitten und mit einer Quetschhülse versehen. Jetzt wird die Kette ggf. auf das mittlere Kettenblatt gelegt und die Kette am Zahnkranz rauf- und runtergeschaltet – sie darf in keinem Gang den Umwerferkäfig berühren, andernfalls müssen Feinjustierungen an der Einstellschraube vorgenommen werden.

## Feineinstellung der Indexierung

**Im Idealfall führen die hier gezeigten Einstellungen stets zu perfekten und sanften Gangwechseln. Doch Idealfälle gibt es in der Wirklichkeit kaum. Verschlissene Komponenten und eine nicht perfekte Kettenlinie können die Einstellung der Indexierung problematisch machen. Besonders in den extremen Gängen müssen Kompromisse eingegangen werden. Perfekte Indexierungen sollten in denjenigen Gängen erreicht werden, die man am häufigsten benutzt. Wer in einer bergigen Gegend lebt, wird bei seiner Indexierung den Schwerpunkt auf die niedrigen Gänge legen und bei einer Neungang-Schaltung mit der Einstellung am dritten oder vierten Ritzel beginnen. Das Gleiche gilt für die Anschlagschrauben – besonders derjenigen für den langsamen Gang. Wahrscheinlich muss sie etwas zurückgestellt werden, damit nach dem Herunterschalten am Schalthebel die Indexierung vollständig einrastet.**

**Bei vollgefederten Fahrrädern muss der Umwerfer fein eingestellt werden, um auf die Auf- und Abbewegungen der Schwinge abgestimmt zu sein. Manchmal bringen kleinste Änderungen am Winkel des Umwerfers zum Kettenblatt die Kette dazu, sich mit der Federung zu bewegen, statt am Käfig zu schleifen.**

**Ein weiterer Punkt ist das Herunterschalten vom mittleren auf das kleine Kettenblatt, da man sich hier auf die Federkraft des Umwerfers verlassen muss. Das Problem kann in einer ermüdeten Feder liegen, doch es lässt sich oft umgehen, indem man zuerst hinten in einen niedrigen Gang schaltet, bevor vorn heruntergeschaltet wird.**

### Diese Arbeit wird fällig:

- Wenn der Schaltzug ersetzt werden muss.
- Wenn die Indexierungs-Qualität nachlässt.

### Zeit:

- Etwa 15 Minuten für kleinere Einstellungen – aber nur, wenn das Fahrrad in einem Montageständer hängt und das Hinterrad gedreht werden kann.

### Schwierigkeitsgrad:

- Nicht besonders schwierig, doch an manchen Fahrrädern ist Geduld gefordert.

# Schaltkomponenten ausbauen, überholen und einbauen

## Schaltwerk

Die meisten Schaltwerke sind direkt an das Schaltauge geschraubt, welches bei manchen Stahlrahmen einen Teil des Rahmens bildet, oft aber ein separates Bauteil ist (siehe Seite 89). Bei vielen älteren Fahrrädern (besonders solchen ohne Indexierung) sitzt das Schaltwerk direkt am Ausfallende. Die meisten Fahrräder haben heute eine indexierte Schaltung, früher musste die Kette gefühlvoll von Hand korrekt mithilfe des Schalthebels aufgelegt werden, der mit einem Reibdämpfer versehen war, um das Schaltwerk in Position zu halten.

Wenn das Schaltwerk ersetzt werden soll, weil es verschlissen oder durch einen Unfall beschädigt ist, ist der Austausch durch ein baugleiches Teil die einfachste Lösung. Falls ein höherwertiges Schaltwerk montiert werden soll, ist ein gleichlanger Schaltkäfig der wichtigste Punkt, denn für unterschiedliche Übersetzungsverhältnisse sind unterschiedlich lange Käfige nötig. Manche Ersatzteile werden anhand des größten Ritzels ermittelt, andere anhand der Gesamt-Kapazität (berechnet durch die Unterschiede zwischen dem kleinsten und größten Ritzel sowie dem kleinsten und größten Kettenblatt – aus einem Zehnfach-Zahnkranz mit 12 bis 25 Zähnen und einem Doppel-Kettenblatt mit 39/52 Zähnen ergibt sich 2 x 13 = Kapazität 26).

Um die Sache noch etwas komplizierter zu machen, müssen bei Shimano oft das größte Ritzel und der Unterschied zwischen den Kettenblättern als Berechnungsgrundlage herangezogen werden.

Um das Schaltwerk ausbauen zu können, muss zunächst die Kette entfernt und der Schaltzug befreit werden. Bei Fahrrädern mit im Ausfallende sitzendem Schaltmechanismus muss zudem das Hinterrad ausgebaut und die kleine Sicherungsplatte gelockert werden. Bei allen anderen Fahrrädern wird der mit einem Innensechskant versehene Lagerzapfen gelöst, um das Schaltwerk vom Schaltauge zu trennen.

Das ausgebaute Schaltwerk wird gereinigt und inspiziert. Am häufigsten tritt Verschleiß an den Zähnen der Schalträdchen auf, außerdem an den Gelenken des Parallelogramms und der Lagerung des Schaltkäfigs. Die Schalträdchen haben immer etwas seitliches Spiel, damit sie beim Gangwechsel auf die schräg laufende Kette reagieren können. Der Schaltkäfig kann für den Austausch der Schalträdchen auseinandergeschraubt werden. Bei den meisten Schaltwerken werden der Lagerzapfen und die Feder mit einem Sprengring in Position gehalten, der für eine Reinigung und Kontrolle entfernt werden kann.

Bei Billig-Schaltwerken sind möglicherweise keine Ersatzteile erhältlich, doch auch wenn es Ersatzteile gibt, lohnt es sich oft, das gesamte Schaltwerk durch ein – möglicherweise besseres – Neuteil zu ersetzen.

Oft wird die Montage des Schaltwerks durch den integrierten Lagerzapfen schwierig, da dieser beim Ansetzen ans Schaltauge leicht verkantet. Wer bei auftretendem Widerstand mit Gewalt weiterdreht, riskiert eine Beschädigung des Schaltauges – oder des ganzen Rahmens (hier lässt sich aber nötigenfalls das Gewinde nachschneiden oder eine Gewindebuchse einsetzen).

### Schalträdchen

*Die Rädchen gehören zu den am schnellsten verschleißenden Teilen des gesamten Fahrrades. Das linke Schalträdchen muss dringend ersetzt werden, das in der Mitte zeigt bereits Verschleißerscheinungen, kann aber noch eine Zeit lang weiterverwendet werden. Das Schalträdchen rechts ist nagelneu. Bevor ein Schalträdchen ausgetauscht wird, müssen die Gelenke und andere beweglichen Teile des Schaltwerks auf Verschleiß überprüft werden, denn oft ist der Austausch des gesamten Schaltwerks preiswerter als der Kauf mehrerer Ersatzteile.*

### Befestigungsschraube

*Falls ein neues Schaltwerk montiert wird, sollte aus dem alten Werk der Lagerzapfen befreit werden, damit mit ihm das Gewinde des Schaltauges kontrolliert und gereinigt werden kann.*

**1** Zunächst müssen die Kette und der Schaltzug entfernt werden. Während mit einer Hand das Schaltwerk gehalten wird, löst man mit der anderen den Lagerzapfen.

**2** Nachdem das Schaltwerk gereinigt ist, wird es auf Verschleiß überprüft. Die Schalträdchen dürfen nicht vertauscht werden, da sie sich unterscheiden.

## Schaltwerk – Bauteile

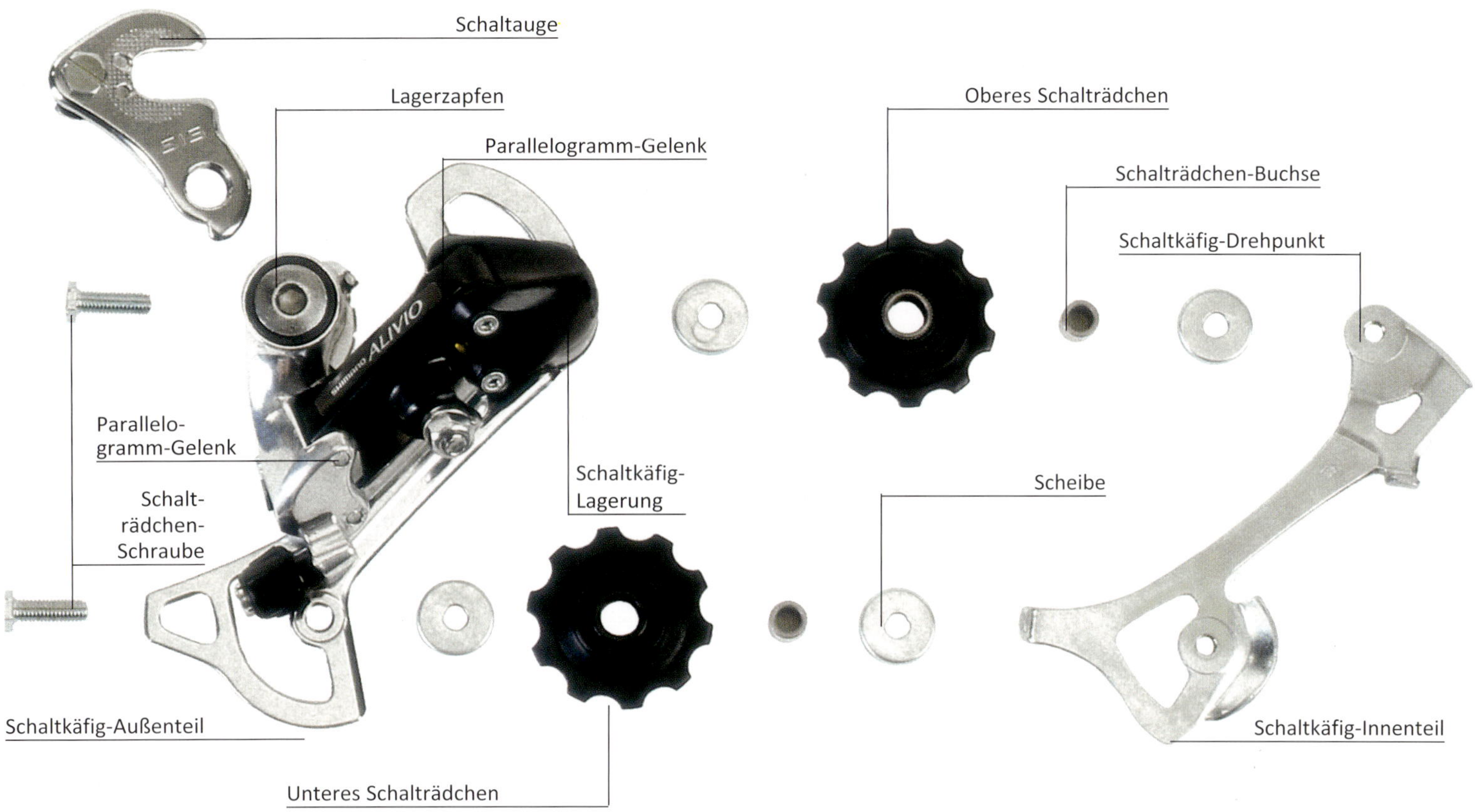

**3** Bei der Montage kann ein hinter das Schaltauge gehaltener Finger bei der Ausrichtung des Lagerzapfens helfen.

**4** Falls nur die Schalträdchen ersetzt werden sollen, kann die Kette montiert bleiben. Beide Schalträdchen müssen immer gleichzeitig ausgetauscht werden.

**5** Nachdem der Schaltzug angeschlossen und ggf. die Kette montiert ist, muss die Indexierung eingestellt werden (S. 88/89).

# Schaltmechanismus-Details

## Campagnolo

*Die für ihre hochwertigen Rennrad-Komponenten bekannte italienische Traditionsfirma stellt Schaltwerke her, die nur zusammen mit anderen Campagnolo-Komponenten gut funktionieren.*

## Shimano

*Der japanische Marktführer produziert Schaltwerke für alle Fahrradtypen. Die modernen »Shadow«-Schaltwerke verzichten auf den großen Schaltzugbogen am Heck.*

## SRAM

*Frühe Schaltwerke der erst 1987 gegründeten US-Firma bestanden aus Kunststoff, moderne aus Metall, sehr hochwertige Schaltkäfige sogar aus Carbon. Nur wenige Schaltwerke sind kompatibel zu Shimano-Komponenten, sodass beim Austausch aufgepasst werden muss.*

## Microshift

*Die seit 1999 unter diesem Namen angebotenen Produkte des in Taiwan gegründeten Unternehmens AD-II Engineering Inc. können es durchaus mit denen der großen drei Anbieter aufnehmen, sind aber generell etwas billiger.*

# Umwerfer

Der hinter den Kettenblättern versteckt sitzende Umwerfer unterliegt einem deutlich geringeren Verschleiß als das Schaltwerk. Hier ist besonders auf die Gelenke und die Innenseiten des Schaltkäfigs zu achten. Durch seitliche Bewegungen des Käfigs lässt sich das Spiel der Gelenke ermitteln. Wie viel Spiel noch tolerierbar ist, lässt sich schwer sagen, doch wenn die Schaltvorgänge schwierig werden und der Käfig innen deutlichen Verschleiß zeigt, wird es Zeit, den Umwerfer zu ersetzen.

Wie bei Schaltwerken gibt es auch bei Umwerfern viele verschiedene Ausführungen. Traditionelle Rennräder haben Umwerfer mit schmalen Käfigen, einen nach unten führenden Schaltzug (»Down-Pull«) und ein unter der Schelle sitzendes Parallelogramm (»Down-Swing«). Hier läuft der Schaltzug um das Tretlagergehäuse herum und am Unterrohr hoch zum Schalthebel. Bei MTBs kommt der Schaltzug meistens von oben (»Top-Pull«), zudem sitzt das Parallelogramm über der Schelle (»Top-Swing«), und natürlich muss der ganze Umwerfer für drei Kettenblätter ausgelegt sein.

Die meisten Umwerfer sind mit einem simplen Klemmsystem am Sitzrohr befestigt und werden mit Distanzstücken ausgeliefert, damit sie an unterschiedliche Rohrdurchmesser passen. Manche Rennräder sind am Sitzrohr mit einem angelöteten Gewinde versehen, an das der Umwerfer angeschraubt werden kann. Shimano liefert auch einen »E-Type«-Umwerfer, der mit einem speziellen Halter am Tretlager befestigt ist.

Ein Umwerfer kann nicht wirklich repariert werden – wenn er verschlissen oder beschädigt ist, muss er ersetzt werden. Der einfachste Austausch geht natürlich mit einem baugleichen Umwerfer; falls höhere Qualität zum Einsatz kommen soll, ist neben der Anzahl der Kettenblätter der Sitzrohr-Durchmesser ein wichtiger Punkt. Heute sind viele Umwerfer sogenannte Dual-Pull-Ausführungen, bei denen der Schaltzug sowohl von oben als auch von unten kommen kann.

**Diese Arbeit wird fällig:**
- Wenn der Schaltmechanismus verschlissen oder beschädigt ist.

**Zeit:**
- Etwa 15 Minuten für das Schaltwerk und mindestens 20 Minuten zum Austausch und Einstellen des Umwerfers.

**Schwierigkeitsgrad:**
- Ziemlich unkompliziert beim Schaltwerk. Etwas zeitaufwendiger beim Einstellen des Umwerfers.

**1** Viele Umwerfer sind mit einem unten zusammengeschraubten Schaltkäfig ausgerüstet. Nachdem der Schaltzug befreit und die Befestigungsklemme gelöst ist, kann diese Schraube entfernt werden.

**2** Nachdem der Schaltkäfig vorsichtig auseinandergezogen wurde, kann er von der Kette befreit werden. Bei vernieteten Schaltkäfigen muss die Kette geöffnet werden.

**3** Neue Shimano-Umwerfer sind mit einer Ausricht-Führung versehen, mit deren Hilfe der Abstand zum großen Kettenblatt auf etwa 2 mm eingestellt werden kann. Bei alten Umwerfern muss mit einem Lineal eingestellt werden.

**4** Nachdem die Höhe eingestellt ist, wird der Umwerfer so gedreht, dass er parallel zu den Kettenblättern steht.

**5** Beim Befestigen des (ggf. neuen) Schaltzuges muss der Schalthebel im 1. Gang stehen, dann wird das Zugseil strammgezogen und festgeklemmt. Die Einstellung ist auf den Seiten 90 und 91 beschrieben.

**6** Direkt an den Rahmen geschraubte Umwerfer werden ähnlich ausgetauscht wie geklemmte.

**7** Die korrekte Ausrichtung angeschraubter Umwerfer ergibt sich von selbst. Manchmal sind Einstellvorrichtungen angebracht, die kleine Justierungen erlauben.

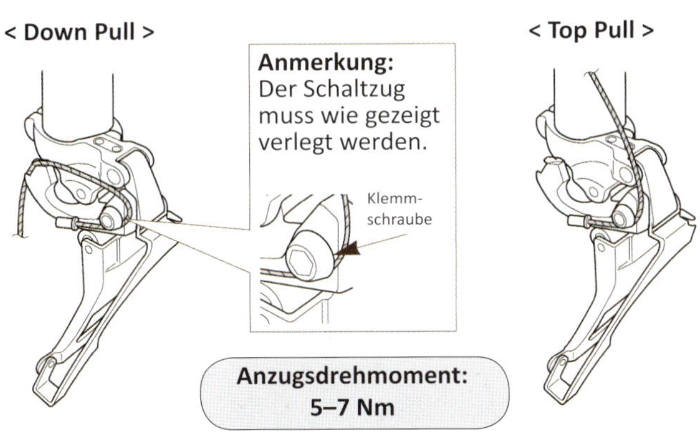


## Schaltzug-Verlegung

*Viele moderne Umwerfer sind »Dual-Pull«-Ausführungen, bei denen der Schaltzug sowohl von oben als auch von unten kommen kann.*

## E-Typ-Umwerfer

**Um auch an voll gefederte Fahrräder ohne Sitzrohr einen Umwerfer montieren zu können, hat Shimano diesen am Tretlager zu befestigenden Halter eingeführt.**

# Kassetten und Zahnkränze

Beim Fahrrad läuft die Kette hinten auf einem Ritzel. Bei der Kettenschaltung gibt es eine Ansammlung von Ritzeln, die als Zahnkränze oder Kassette bezeichnet werden. Der Unterschied liegt darin, dass klassische Zahnkränze auf die Nabe geschraubt werden, während modernere Kassetten aufgeschoben und mit einem Konterring gesichert werden.

Bei Zahnkränzen ist der Freilauf integriert, wohingegen er sich bei Kassetten innerhalb der Nabe befindet. Shimano führte die Kassetten in den 1990er-Jahren hauptsächlich ein, um das rechte Radlager möglichst weit nach außen verlagern und damit stabiler machen zu können. Zudem muss bei verschlissenen Ritzeln nicht auch der Freilauf ausgetauscht werden.

Bei Schraubzahnkränzen liegt das rechte Radlager hinter den Ritzeln. Dies hat zwei große Nachteile: Zum einen ist die Achse nicht auf ihrer gesamten Länge geführt; zum anderen wird die Kraft des Fahrers über das Nabengewinde übertragen – und das kann die Demontage des Zahnkranzes erheblich erschweren. Außerdem werden im Gegensatz zur Kassette einige Spezialwerkzeuge benötigt, die sich von Hersteller zu Hersteller unterscheiden – es gibt mindestens vier verschiedene Werkzeuge für den Freilauf.

Eingang-Räder sind mit einem einfachen Schraubritzel samt Freilaufmechanismus ausgerüstet. Bei Bahnräder und ihren modernen Straßen-Verwandten – den Fixies – wird das Ritzel (ohne Freilauf) auf die Nabe geschraubt und mit einem Linksgewinde-Konterring gesichert. Manche Ausführungen sind mit Steckritzeln versehen, die mit einem Sicherungsring fixiert werden. Es sind auch Umrüst-Kits auf dem Markt, die den Einbau eines einzelnen Ritzels statt eines Zahnkranzes ermöglichen.

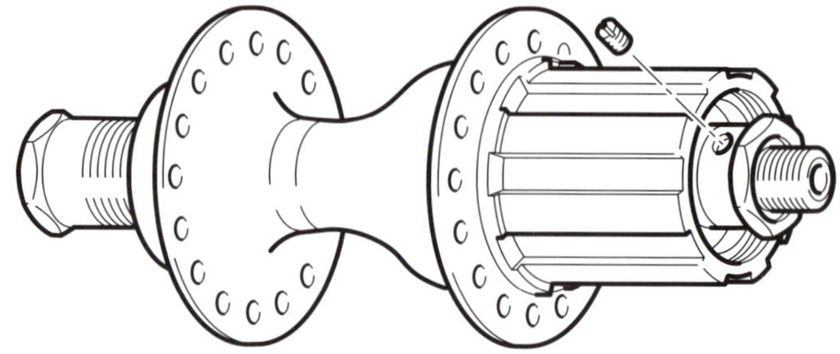

### Campagnolo-Kassettennabe

*Der Freilauf dieser Hinterradnabe kann nach dem Lösen der kleinen Madenschraube und der Kontermutter entfernt werden.*

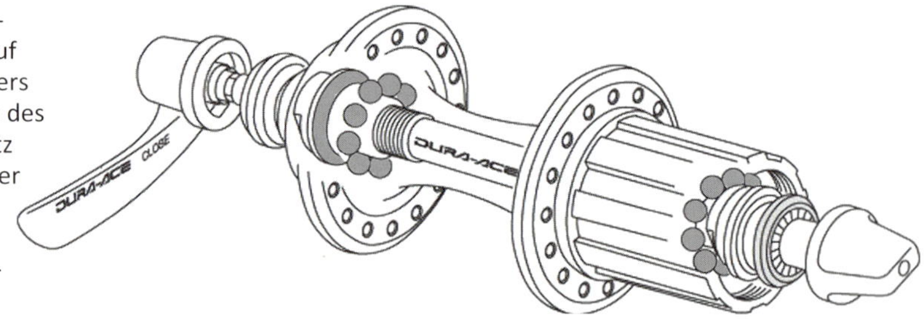


### Shimano-Kassettennabe

*Hier ist der Abstand der Radlager zu erkennen. Besonders auf der Antriebsseite wurden bei älteren Systemen gewaltige Drehmomente ausgerechnet auf den außenliegenden Teil der Nabe übertragen.*

# Demontage eines Kassettenzahnkranzes

**1** Dies ist der Konterring einer Shimano-Kassette. Die meisten Nabenhersteller haben das Shimano-System übernommen – nur Campagnolo hat sein eigenes Sicherungssystem.

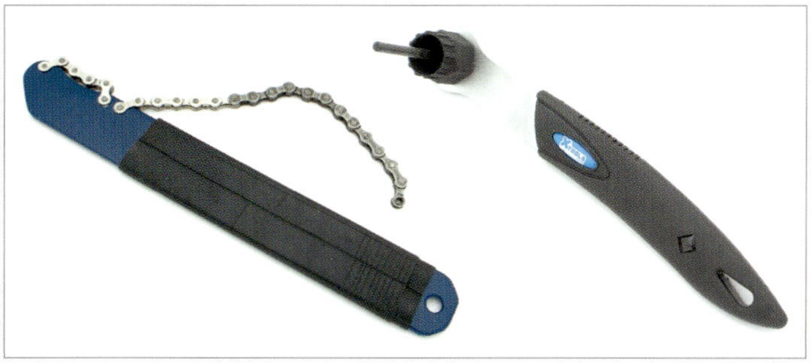

**2** Zum Halten der Kassette wird eine Kettenpeitsche benötigt und zum Lösen des Konterrings ein Spezialwerkzeug.

**3** Beim Lösen des Konterrings wird ein Klicken zu hören sein – dies kommt von der verzahnten Unterseite, die sich vom Freilauf löst.

**4** Der Konterring kann jetzt entfernt werden. Bei manchen Ausführungen sitzt noch eine dünne Scheibe darunter, die sichergestellt werden muss.

**5** Die Kassette kann als komplette Baugruppe abgezogen werden. Wenn die Ritzel einzeln abgezogen werden, müssen alle dazwischenliegenden Distanzscheiben sichergestellt werden. Die größeren Ritzel sind oft als Paket miteinander vernietet.

**6** Der mit der Nabe verschraubte Freilauf bleibt zurück.

## Freilaufgehäuse

*Bevor der Freilauf demontiert werden kann, müssen die Achse und die Lager entfernt werden. Wenn bei einem Shimano-Freilauf ein Problem auftritt, hilft nur der komplette Austausch.*

## Kassettenqualität

*Diese beiden Kassetten sind neu. Die linke mit den auf einen separaten Stern vernieteten großen Ritzeln ist sowohl stabiler als auch leichter als die Ausrührung rechts.*

## Campagnolo-Konterringe

*Für italienische Kassetten-Konterringe wird ein spezielles Campagnolo-Werkzeug benötigt.*

# Demontage eines Schraubzahnkranzes

**1** Zunächst wird die Achsmutter oder der Schnellspanner entfernt. Dann wird geprüft, ob der Zahnkranzabzieher gut sitzt.

**2** Nachdem der Abzieher korrekt angesetzt ist, wird die Rändel- oder Achsmutter handfest dagegen gedreht. Falls vorhanden, sollte der Abzieher in einen Schraubstock geklemmt werden, damit das Rad gedreht werden kann.

**3** Nötigenfalls wird der Abzieher mit einem Steck- oder auch Rollgabelschlüssel gelockert. Sobald sich der Freilauf bewegt, muss die Achsmutter gelockert und der Zahnkranz abgeschraubt werden.

**4** Vor der Montage des alten oder neuen Zahnkranzes sollte das Gewinde mit reichlich Kupferpaste versehen werden.

*Manche ältere Schraubzahnkränze sind mit demontierbaren Ritzeln ausgerüstet, die sowohl separat ersetzt werden können als auch das Ändern der Übersetzung erlauben. Diese Ritzel sind heute kaum noch zu bekommen.*

**Diese Arbeit wird fällig:**

- Wenn die lange Zeit vernachlässigte Kette verschlissen ist und auch den Austausch der Ritzel erfordert.
- Wenn das Übersetzungsverhältnis geändert werden soll.
- Wenn der Freilauf Probleme bereitet.

**Zeit:**

- Etwa 15 Minuten für den Austausch eines Ritzelpakets bei demontiertem Hinterrad. Schraubzahnkränze können beeindruckend fest sitzen, sodass schnell eine halbe Stunde vergehen kann.

**Schwierigkeitsgrad:** 🔧🔧🔧🔧

- Mit dem richtigen Werkzeug bereiten Kassetten keine Probleme, Schraubzahnkränze dagegen schon eher – manchmal sind sie nicht zerstörungsfrei zu entfernen.

## Spezialwerkzeuge für Schraubzahnkränze

**Ohne den richtigen Abzieher braucht diese Arbeit nicht begonnen zu werden. Unpräzise Abzieher können abrutschen und den Zahnkranz beschädigen. Falls der Zahnkranz so fest sitzt, dass man sich beim Lösen Sorgen um die Speichen machen muss, sollte sein Sitz mit Kriechöl eingesprüht und diesem über Nacht Zeit zum Einwirken gegeben werden.**

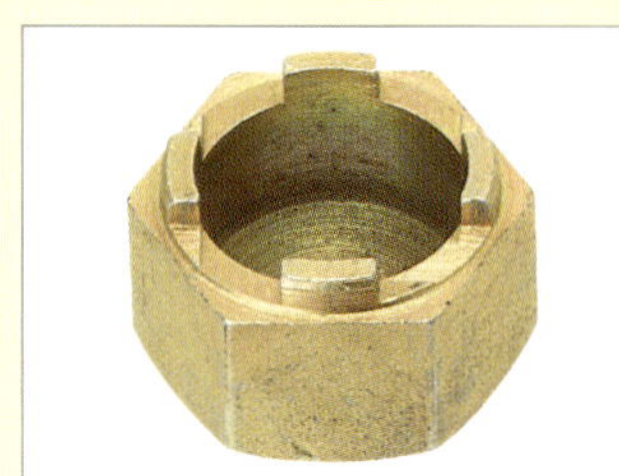

## Eingang-Ritzel

**1** Bei dieser Radnabe kann auf einer Seite ein festes Ritzel montiert werden, während auf der anderen eines mit Freilauf angeschraubt werden kann – so lässt sich durch einfaches Umdrehen des Hinterrades zwischen Singlespeed und Fixie wechseln.

**2** Bevor das Freilaufritzel auf die Nabe geschraubt wird, muss auf das richtige Gewinde geachtet werden: Viele BMX-Räder haben ein metrisches Gewinde (M30 x 1), während andere Räder mit zölligem Gewinde (1.37"x24 TPI) ausgerüstet sind.

**3** Fixie-Ritzel werden wie gewohnt im Uhrzeigersinn aufgeschraubt und dann mit einem Linksgewinde-Konterring gesichert.

**4** Nachdem der Konterring im Uhrzeigersinn (!) gelöst wurde, kann das feste Ritzel mit einer Kettenpeitsche gelöst werden.

**5** Bei diesem Miche-System wird ein Adapter aufgeschraubt, der das Ritzel hält. Gesichert wird es mit einem Standard-Konterring.

### Kettenspanner

*Wenn ein Fahrrad mit senkrechten Ausfallenden auf Singlespeed oder Fixie umgebaut werden soll, muss ein solcher Kettenspanner an das Schaltauge montiert werden, um trotzdem den korrekten Kettendurchhang sicherzustellen.*

# Kurbelgarnituren

Die meisten Fahrräder sind heute mit angeschraubten Leichtmetall-Kurbeln und austauschbaren Kettenblättern ausgerüstet. Die Kettenblätter sind mit vier oder fünf Spezialschrauben befestigt, die normalerweise mit zwei Inbusschlüsseln angezogen und gelöst werden können, manchmal aber auch spezielle Werkzeuge erfordern. Bei einer Zweifach-Garnitur sind normalerweise beide Kettenblätter mit Schrauben an der Kurbel befestigt, bei einer Dreifach-Garnitur trifft dies für die großen Kettenblätter ebenfalls zu, das kleinste Kettenblatt ist jedoch mit separaten Schrauben gesichert. Bei MTBs werden die Kettenblätter meistens mit vier Schrauben gehalten, während bei Rennrädern oft fünf Schrauben zum Einsatz kommen – technische Gründe gibt es hierfür nicht.

Die größeren Kettenblätter haben oft rampenförmige Profile und können mit Nietbolzen versehen sein, um die Kette beim Wechsel auf das nächste Kettenblatt zu unterstützen. Billig-Kettenblätter sind oft einfach ausgestanzt und haben weder Rampen noch Nieten; zudem sind sie oft nicht separat auszuwechseln, sodass eine komplette Kurbelgarnitur erforderlich wird.

Beim Austausch von Kettenblättern muss beachtet werden, dass das größte Blatt mit einem kleinen Stift ausgerüstet ist, der direkt hinter dem Kurbelarm sitzen muss und dafür sorgt, dass die Kette nicht zwischen beiden Teilen eingeklemmt wird. Die anderen Ringe sollten mit Markierungen versehen sein, um korrekt ausgerichtet werden zu können – nur so werden die speziell geformten Zähne richtig positioniert, um sanfte Gangwechsel zu ermöglichen.

Beim Kauf von Ersatzkettenblättern muss neben der passenden Anzahl der Zähne und Schraubenbohrungen vor allem auf den korrekten Lochkreisdurchmesser (LKD) geachtet werden – hier werden zahlreiche Durchmesser verwendet, die oft nur 2 mm voneinander abweichen. Eine typische Vier-Schrauben-Garnitur von Shimano hat 104 mm für die beiden großen Kettenblätter und 64 mm für das kleine. Die Übersetzungen können 44/32 oder 48/36 für die großen Blätter und 22 oder 26 für das kleine Blatt sein.

Eine Rennrad-Zweifachgarnitur kann einen LKD von 130 mm und auf dem kleinen Blatt 39 oder 42 bzw. auf dem großen Blatt bis zu 56 Zähne haben. Die Abbildungen über der Tabelle zeigen, wie der LKD berechnet wird.

*Diese Dreifachgarnitur mit Vierkantkurbeln eignet sich gut für Reiseräder. Am großen Kettenblatt ist der kleine Stift zu erkennen, der hinter der Kurbel sitzen muss.*

## Rennrad-Garnitur

*Eine typische Zweifach-Kompaktgarnitur für Rennräder. Wenn man weiß, dass »BCD« für Bolt Circle Diameter steht und dies Lochkreisdurchmesser bedeutet, muss man hier weder nachmessen noch Zähne zählen, da alles auf der Garnitur angegeben ist.*

## Kettenblätter demontieren

**1** Kettenblätter lassen sich meistens demontieren, ohne dass dafür die Kurbel entfernt werden muss. Damit sich nichts verzieht, sollten die Schrauben über Kreuz in Schritten zu halben Umdrehungen gelockert werden. Nötigenfalls muss die mit einem Schlitz versehene Mutter gekontert werden.

**2** Wenn alle Schrauben locker sind, werden sowohl sie als auch die von hinten eingesteckten Hülsenmuttern sichergestellt.

**3** Beim Abnehmen der Kettenblätter muss auf Scheiben und Distanzhülsen geachtet werden, die zwischen den Blättern sitzen können.

**4** Bei typischen Dreifachgarnituren ist das kleinste Kettenblatt oft mit eigenen Schrauben befestigt.

### Lochkreisdurchmesser

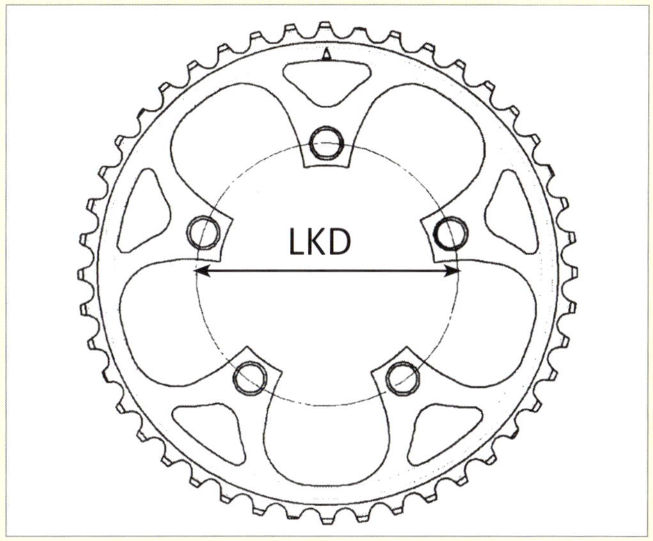


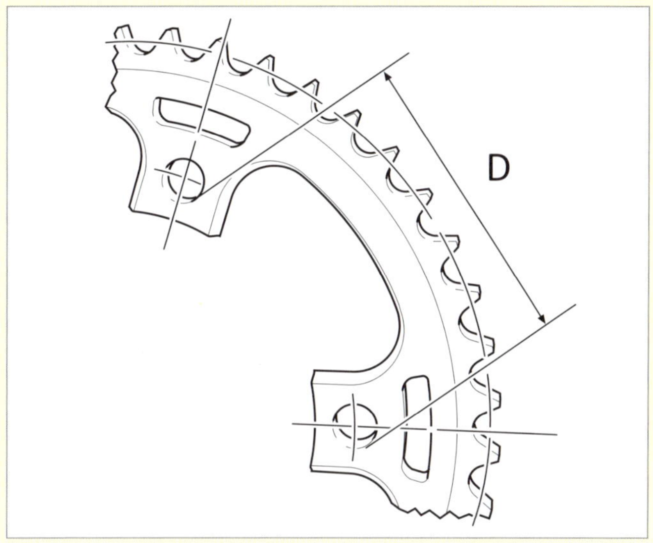


**Falls der auf Englisch »BCD« abgekürzte Lochkreisdurchmesser auf dem Kettenblatt nicht angegeben ist, kann er nach der Ermittlung des Lochabstandes (D) in der Tabelle abgelesen werden.**

**4-Schrauben-Befestigung**

| D (mm) | LKD (mm) |
|---|---|
| 34,1 | 58 |
| 43,5 | 74 |
| 50,6 | 86 |
| 55,3 | 94 |
| 67,7 | 110 |
| 71,7 | 122 |
| 76,5 | 130 |
| 79,4 | 135 |
| 84,7 | 144 |

**5-Schrauben-Befestigung**

| D (mm) | LKD (mm) |
|---|---|
| 41,0 | 58 |
| 45,3 | 64 |
| 48,1 | 68 |
| 72,1 | 102 |
| 73,5 | 104 |
| 79,2 | 112 |
| 103,2 | 146 |

# Kurbelgarnituren demontieren

In jüngerer Zeit hat sich bei der Befestigung von Kurbeln an Tretlagerwellen einiges getan. Viele Jahre lang wurden Kurbeln mit Keilen oder auf konisch geformten Vierkanten gesichert, erst seit der Jahrtausendwende setzen sich Vielzahn-Verbindungen immer mehr durch.

Zuerst ersetzte Shimano den Vierkant durch den »Octalink«, also einen Achtzahn, gleichzeitig kamen das mit zwölf Kerben versehene Powerspline-System von Truvativ sowie das von Truvativ zusammen mit Raceface und der King-Gruppe entwickelte frei verfügbare ISIS-System mit zehn Kerben auf den Markt.

Die neueste Entwicklung ist das Tretlager mit außen am Gehäuse sitzenden Lagern; die Tretlagerwelle wird somit immer mehr ein Bestandteil der Kurbelgarnitur. Unter anderem gehören die Systeme *Hollowtech II* von Shimano und *Ultra Torque* von Campagnolo zu diesen Bauarten.

Falls nur die Kurbelgarnitur, aber nicht das Tretlager ersetzt werden soll, und es sich dabei nicht um ein Vierkant-Tretlager handelt, sollte man beim alten Hersteller bleiben, um keine Komplikationen zu bekommen.

Zum Abziehen der meisten Kurbelgarnituren werden Spezialwerkzeuge benötigt. Obwohl sie sich sehr ähnlich sehen, werden für Vierkant- und Vielzahn-Verbindungen zwei unterschiedliche Werkzeuge benötigt. Beide Abzieher sind mit einem Feingewinde versehen, um sie in der Kurbel zu fixieren – und deren in Aluminium geschnittenes Feingewinde ist sehr empfindlich und kann ausreißen. Daher ist es ratsam, das Gewinde vor dem Einschrauben des Abziehers gut zu schmieren. Besonders bei Vierkant-Konussen kann die Kurbel sehr fest sitzen, sodass am Abzieher viel Kraft eingesetzt werden muss. Nötigenfalls sollte das Fahrrad zunächst auf die Seite gelegt werden, um den Kurbelsitz mit reichlich Kriechöl einzusprühen und diesem möglichst eine Nacht zum Einwirken gegeben werden. Hilft auch dies nicht, muss der Kurbelfuß mit einem Heißluftgebläse erwärmt werden – sein Aluminium dehnt sich mehr aus als der Stahl der Welle.

Wurde das Gewinde der Kurbel trotz aller Vorsichtsmaßnahmen ausgerissen, kann die Kurbelgarnitur immer noch mit einem Zwei- oder Dreiarm-Abzieher entfernt werden. Die Kettenblätter müssen hierzu demontiert werden, und es besteht die Gefahr, den Verbindungsstern der Kurbel zu beschädigen, aber diese muss sowieso erneuert werden.

Bei Vierkant-Konussen muss beachtet werden, ob es sich um einen (europäischen) ISO- oder (japanischen) JIS-Vierkant handelt – die Systeme sind inkompatibel. Zudem ist sich die Fachwelt bis heute nicht einig, ob die Kontaktflächen der Kurbel und der Welle geschmiert werden dürfen – Schmierstoff stellt sicher, dass die Kurbel vollständig auf den Konus gezogen wird, Trockenheit garantiert einen perfekten Kontakt zwischen beiden Bauteilen. Unabhängig von der Methode muss nach einer kurzen Probefahrt und dann etwa alle 200 km die Festigkeit der Schraube kontrolliert werden.

*Eine Vierkant-Kurbelgarnitur der französischen Firma Stronglight, die als erste dieses System verwendete.*

## Vierkant-Kurbelgarnituren demontieren

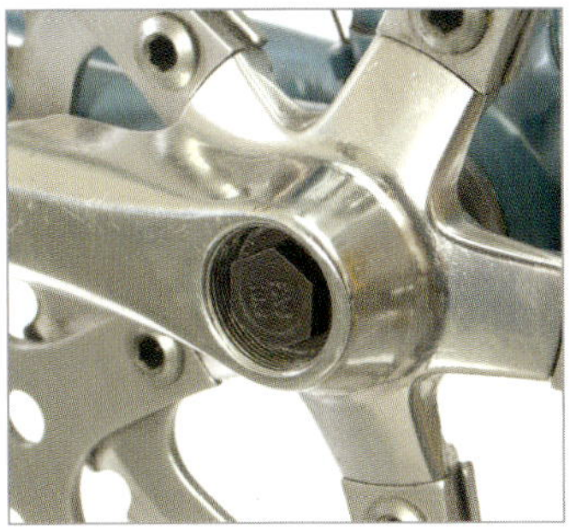

**1** Falls vorhanden, muss die Staubdichtung mit einem kleinen Schraubendreher abgehebelt werden. Oft ist die Staubdichtung in die Befestigungsschraube integriert.

**2** Nachdem das Kurbelgewinde gereinigt und begutachtet wurde, wird der mit einem geschmierten Gewinde versehene Abzieher angesetzt.

**4** Bei festgehaltener Kurbel wird der Abzieher-Bolzen mit einem passenden Schlüssel eingeschraubt.

**5** Der Abzieher wird soweit angezogen, bis sich die Kurbel von der Tretlagerwelle löst. Anschließend wird die andere Kurbel auf die gleiche Weise abgezogen.

**3** Der Abzieher muss absolut senkrecht und von Hand in die Kurbel gedreht werden – das ins Alu der Kurbel geschnittene empfindliche Feingewinde lässt ihn leicht verkanten.

**Kurbelabzieher**

**Gebräuchlich sind zwei verschiedene Kurbelabzieher – ein schmaler für Vierkant-Kurbeln und ein etwas breiterer für Vielzahn-Kurbeln.**

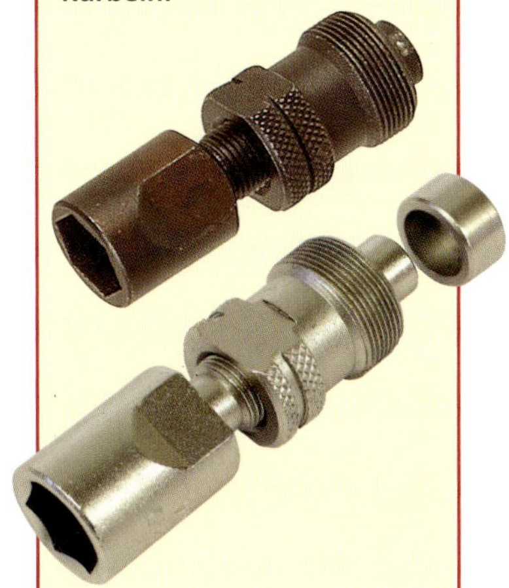

## Race-Face-Kurbelgarnituren mit integriertem Abzieher

**1** Mit der rechten Hand wird die Kurbel gehalten, während die linke mit einem 8-mm-Inbusschlüssel die Druckkappe löst.

**2** Die Druckkappe wird entfernt und beiseite gelegt.

**3** Jetzt wird ein passender Abzieher in das Gewinde der Kurbel gedreht.

**4** Das Werkzeug darf nicht zu fest angezogen werden, da es sich sonst schwierig wieder entfernen lässt; es reicht aus, wenn der Abzieher sicher sitzt.

**5** Beim Anziehen des Abziehers wird die Kurbel langsam von der Tretlagerwelle gezogen.

**6** Das Werkzeug wird entfernt und die Kette wird abgehoben.

**7** Beim Ansetzen der Kurbel muss darauf geachtet werden, dass sie »gegenüber« der linken stehen muss.

**Erforderliche Werkzeuge**

*Außer dem 8er-Inbusschlüssel und dem Vierkant-Kurbelgarnitur-Abzieher wird nur noch Fett benötigt, um den Vierkant etwas zu schmieren und die Verbindung vor Korrosion zu schützen.*

## SRAM-Kurbelgarnitur mit integriertem Abzieher.

**1** Zum Lösen der Kurbel wird sich die Schraube erst lockern und dann wieder anziehen – hier muss weitergedreht werden, damit sich die Kurbel von der Welle löst.

**2** Alle Scheiben und Distanzstücke müssen bei der Montage wieder an ihre ursprüngliche Positionen gelangen. Die Kurbel-Verzahnung sollte gefettet werden.

**3** Beim Anschrauben ist Vorsicht geboten, um die Gewinde nicht zu beschädigen. Die Kurbeln müssen natürlich korrekt zueinander positioniert sein.

**Erforderliche Werkzeuge**
*Je nach Kurbel-Typ wird ein 8er- oder 10er-Inbusschlüssel benötigt, außerdem eine gute Portion Fett.*

## Frühe Shimano XTR-Kurbelgarnituren

**1** Ältere Shimano-Kurbelgarnituren der Typen XTR und Dura-Ace sind mit außenliegenden Lagern und Octalink-Vielzahn-Kurbeln ausgerüstet. Für die Demontage wird der Shimano-Abzieher TL-FC35 benötigt.

**2** Die Staubkappe wird mithilfe der Stifte des Abziehers entfernt – sie hat ein Linksgewinde! Nachdem das Kurbelgewinde gereinigt wurde, wird der am Gewinde geschmierte Abzieher angesetzt.

**3** Der Abzieher wird links herum eingeschraubt. Er dient lediglich als »Ersatz-Verschluss«, gegen den die Befestigungsschraube wie bei einer Garnitur mit integriertem Abzieher die Kurbel abdrückt.

**4** Die mit normalem Rechtsgewinde versehene Befestigungsschraube wird jetzt mit einem 8er-Inbusschlüssel gelöst und gegen den Abzieher gedrückt.

**5** Nachdem sich die Kurbel gelöst hat, wird der Abzieher herausgeschraubt. Wenn die kleine Sicherungsschraube mit einem 2,5er-Inbusschlüssel gelöst ist, kann der Einstellring vollständig in die Kurbel gedreht werden.

**6** Nach dem Ansetzen der Kurbel wird die Befestigungsschraube mit 50 Nm angezogen und die Staubkappe links herum aufgedreht.

**7** Zur Einstellung des Lagerspiels kann das Shimano-Werkzeug TL-FC17 verwendet werden, doch da der Einstellring nur am Lager anliegt, kann er auch von Hand gedreht werden. Während man mit der Kurbel wackelt, wird der Einstellring gedreht, bis kein Spiel mehr fühlbar ist. Anschließend wird die Sicherungsschraube angezogen.

### Spezialwerkzeug

*Der Shimano-Abzieher TL-FC35 wird zur Demontage der Kurbel auf jeden Fall benötigt. Das Einstellring-Werkzeug TL-FC17 wird nicht unbedingt gebraucht, da der Ring auch von Hand gedreht werden kann.*

## Shimano Hollowtech II-Kurbelgarnituren

Die von Shimano entwickelten Hollowtech II-Kurbelgarnituren mit außenliegenden Lagern sollten die Biegefestigkeit der Tretlagerwelle verbessern, da die Lager weiter nach außen gesetzt und der Wellendurchmesser vergrößert werden konnten, ohne dafür die Lagergröße verkleinern zu müssen.

Wer sein Fahrrad mit außenliegenden Tretlagern optimieren möchte, muss zunächst die Außenränder des Tretlagergehäuses planfräsen. Weil entsprechende Werkzeuge sehr teuer sind, sollte dies einer Fachwerkstatt überlassen werden.

**1** Zunächst muss die Kette vorn auf das kleinste Kettenblatt geschaltet werden. Nachdem die Klemmschrauben der linken Kurbel gelockert wurden, muss die Staubkappe herausgehebelt werden.

**2** Die Klemmschrauben müssen abwechselnd um etwa eine halbe Umdrehung gelockert werden, damit sich die Klemmung nicht verzieht.

**3** Hier sind die Klemmschrauben zur Verdeutlichung herausgeschraubt worden, sie können aber samt des Kunststoffplättchens in der Kurbel verbleiben.

**4** Nachdem die Kurbel abgezogen ist, wird das außenliegende Lager zugänglich. Oft sitzt hinter der Kurbel ein O-Ring, der ebenfalls entfernt werden muss.

**5** Die rechte Kurbel bildet zusammen mit der Tretlagerwelle eine Einheit, die nötigenfalls mit einem Kunststoffhammer von links herausgeklopft werden muss – dabei wird die Kette vom kleinen Kettenblatt auf das Tretlagergehäuse gelegt.

**6** Die ausgebaute Kurbelgarnitur muss auf beschädigte Kettenblätter und vor allem eine schadhafte Verzahnung des Kurbelsitzes kontrolliert werden. Nachdem die Tretlagerwelle wieder installiert ist, wird die linke Kurbel aufgesteckt und nötigenfalls (hier mit dem Park-Tool-Werkzeug BBT-9) in Position gebracht.

**7** Sichergehend, dass das Kunststoffplättchen in der Klemmung sitzt (und anders als hier gezeigt auch die Staubkappe über der Welle steckt), werden die Klemmschrauben schrittweise bis zum vorgeschriebenen Drehmoment angezogen.

## Campagnolo Ultra-Torque-Kurbelgarnituren

**1** Statt des Spezialwerkzeugs können zum Lösen der Befestigungsschraube auch ein 10er-Inbusschlüssel und ein darauf gesteckter 10er-Ringschlüssel verwendet werden.

**2** Die mit 42 Nm angezogene Schraube verbindet die beiden Hälften der Hirth-Kupplung.

**3** Die linke Kurbel kann nun samt Lager und der linken Wellenhälfte herausgezogen werden.

**4** Falls die Wellenscheibe nicht im Lager sitzt, wird sie zusammen mit der Kurbel entfernt worden sein.

**5** Um rechts die Kurbel samt Wellenscheibe entfernen zu können, muss der Sicherungsbügel entfernt werden.

### Campagnolo-Sicherungsbügel

*Diese Drahtklammer muss an der Antriebsseite in der Lagerschale stecken. Ohne sie darf nicht mit dem Fahrrad gefahren werden.*

### Hirth-Kupplung

*Die geteilte Tretlagerwelle der Ultra-Torque-Kurbelgarnitur ist innen an beiden Seiten mit einer in der Herstellung sehr teuren Hirth-Verzahnung versehen, die sich beim Zusammenziehen selbst zentriert und große Kräfte übertragen kann.*

## Einteilige Kurbelgarnituren

Diese oft an Kinderrädern und BMX-Einstiegsmodellen zu findenden Kurbeln sitzen in übergroßen Tretlagergehäusen in sogenannten »Fauberlagern«. Sie sind stabil und günstig herzustellen, nur die Abdichtung der Lager lässt oft zu wünschen übrig.

Das Einstellen des Lagerspiels kann hier oft sehr zeitaufwendig sein, da beim Anziehen des Konterrings die innere Lagerschale nur schwer gehalten werden kann. Um die Kurbeln sanft und spielfrei laufen zu lassen, werden oft einige Versuche benötigt.

Neuere BMX-Räder sind oft mit zwei- oder dreiteiligen Kurbelgarnituren ausgerüstet, bei denen die Lagerschalen manchmal geschraubt und manchmal eingepresst sind. Wie auch bei anderen Dingen hat hier jeder Hersteller einen anderen Standard.

**1** Zunächst muss das linke Pedal demontiert werden. Zum Lösen des mit einem Linksgewinde versehenen Konterrings wird ein ausreichend großer Schlüssel benötigt.

**2** Die ebenfalls mit einem Linksgewinde versehene Lagerschale kann manchmal mit einem geeigneten Zapfenschlüssel oder aber mit einem Dorn und einem Hammer gelöst werden.

**3** Nachdem die Lagerschale samt Lagerkugeln entfernt ist, kann die Kurbel nach rechts aus dem Gehäuse befreit werden.

**4** Verschlissene Lagerschalen können mit einem geeigneten Dorn von innen rundherum herausgetrieben werden. Neue Schalen müssen eingepresst oder mit einer entsprechenden Schraubvorrichtung eingezogen werden – dabei dürfen die Laufflächen der Kugeln nicht beschädigt werden.

## Mehrteilige BMX-Kurbelgarnituren

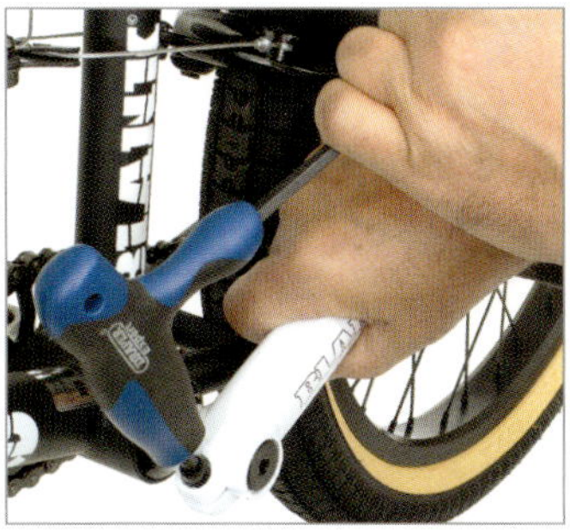

**1** Zunächst wird die Klemmung des Kurbelarms gelöst – eine einzelne Schraube kann sehr fest sitzen.

**2** Nun wird die Schraube gelöst, die den Kurbelarm an der Tretlagerwelle sichert.

**3** Der Kurbelarm kann jetzt von der Welle gezogen werden. Bei manchen Ausführungen ist dies erst möglich, nachdem die Klemmschraube vollständig entfernt wurde.

**4** Anschließend werden alle Scheiben und Distanzstücke in der korrekten Reihenfolge sichergestellt.

**5** Nachdem der Kettendurchhang durch Lockern der Hinterachsmuttern vergrößert wurde, kann die Kette vom drehenden Kettenblatt abgehoben und die rechte Kurbel samt Kettenblatt und Welle herausgezogen werden.

**6** Hier sind abgedichtete Rillenkugellager in das Tretlagergehäuse gepresst. Das zwischen ihnen sitzende Distanzrohr muss beiseite gedrückt werden, bevor das erste Lager von innen rundherum ausgetrieben wird.

**7** Ein beschädigtes Kettenblatt kann nach dem Lösen der Schrauben ausgetauscht werden. Der Kurbelarm kann dabei in einer Werkbank oder einem gepolsterten Schraubstock gehalten werden.

**8** Beim Zusammenbau übt die in die Tretlagerwelle gedrehte Kurbelarmschraube seitlichen Druck auf die Lager aus – sie muss so eingestellt werden, dass sich die Kurbeln sanft und spielfrei drehen lassen. Anschließend wird die Klemmschraube angezogen und die Kette aufgelegt.

**Diese Arbeit wird fällig:**

- Wenn das Tretlager ersetzt werden soll.
- Wenn die Kettenblätter verschlissen sind.
- Wenn die Kurbelarme oder ihre Gewinde beschädigt sind.

**Zeit:**

- Außer für extrem einfache Kurbelgarnituren mindestens eine Stunde.

**Schwierigkeitsgrad:**

- Das Trennen einer Vierkant-Konus-Verbindung kann schwierig sein, alle anderen Arbeiten sind zumeist recht einfach.

# Schalthebel

Die Gänge können am Fahrrad auf verschiedenste Weisen gewechselt werden. Rennräder hatten früher am Unterrohr befestigte Reib-Schalthebel, während sie heute mit kombinierten Schalt/Bremshebeln ausgerüstet sind. Fahrräder mit flachen Lenkern waren früher mit einfachen Hebeln ohne Indexierung ausgerüstet, heute zumeist mit indexierten Drehgriff- oder Zweihebel-Auslöseschaltern. Jeder der großen Komponentenhersteller hat sein eigenes System. Rennrad-Kombihebel heißen bei Shimano STi , bei SRAM Double-Tap und bei Campagnolo Ergopower (die elektronischen Varianten werden bei Shimano Di2, bei SRAM eTap und bei Campagnolo EPS genannt). An flachen Lenkern heißen Drehgriffschalter Grip Shift (SRAM) oder RevoShift (Shimano). Hebelschalter von Shimano werden Rapidfire genannt. Die Japaner bieten inzwischen auch für MTBs kombinierte Brems/Schalthebel an.

Triathlon- und Zeitfahrräder sind vorne an den »Aerobars« mit Lenkerenden-Schalthebeln (Bar End Shifters) ausgerüstet, damit der Fahrer auch in der windschnittigen Sitzposition die Gänge wechseln kann. Nabenschaltungen werden meistens mit speziell abgestimmten Schalthebeln angeboten, sodass kaum andere Hebel montiert werden können.

**Diese Arbeit wird fällig:**
- Etwa alle sechs Monate, wenn das Fahrrad normal genutzt wird.

**Zeit:**
- Zehn Minuten für eine Komplett-Abschmierung. Die für eine sorgfältige Reinigung erforderliche Demontage des Hebels dauert bei Flachlenker-Ausführungen weitere 15 Minuten, bei einem Rennrad mit kombinierten Brems-/Schalthebeln mindestens eine Stunde.

**Schwierigkeitsgrad:**
- Das Schmieren selbst ist unkompliziert.

## Flachlenker-Schalter

1 Dieser indexierte Daumenschalter lässt sich am besten mit Sprühöl schmieren – dabei sollte er möglichst gedreht/bewegt werden.

2 Nach dem Lösen des Zugangsstopfens kann das Innere des Hebels geschmiert werden. Weil sich in den meisten Schalthebeln viele Kunststoffteile befinden, muss der Schmierstoff dafür geeignet sein (die meisten sind es).

3 Bei diesem Rapidfire Plus-Schalthebel müssen für eine sorgfältige Reinigung der Schaltzug und die Abdeckung entfernt werden. Zum Schmieren sollte kunststofffreundliches Synthetikfett verwendet werden.

4 Dieser Drehgriffschalter kann durch die Schaltzugabdeckung geschmiert werden. Schon wenig Schmierstoff wird lange Zeit halten.

### Klassischer Rennrad-Schalthebel

*An historischen Rennrädern sind Reib-Schalthebel an das Unterrohr geschraubt, später wurden sie an den Vorbau montiert. Nachdem der Reibdämpfer entfernt ist, wird am Drehbereich sparsam Schmiermittel eingesetzt.*

## Kombinierte Brems/Schalthebel

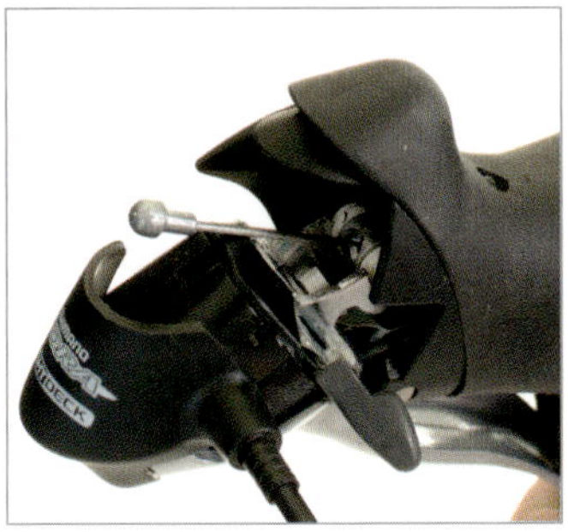

1 Bei gezogener Bremse werden alle Gelenke mit einigen Tropfen eines Schmiermittels auf Wachsbasis versehen. Nach dem Lösen des Schaltzuges am Schaltwerk oder Umwerfer kann der Zug etwas herausgezogen werden, um den oberen Bereich des Seils zu schmieren.

2 Die gleiche Technik kann beim SRAM Double-Tap angewendet werden. Nach dem Schmieren müssen alle Hebel mehrmals betätigt werden, um den Schmierstoff besser in die Gelenke eindringen zu lassen.

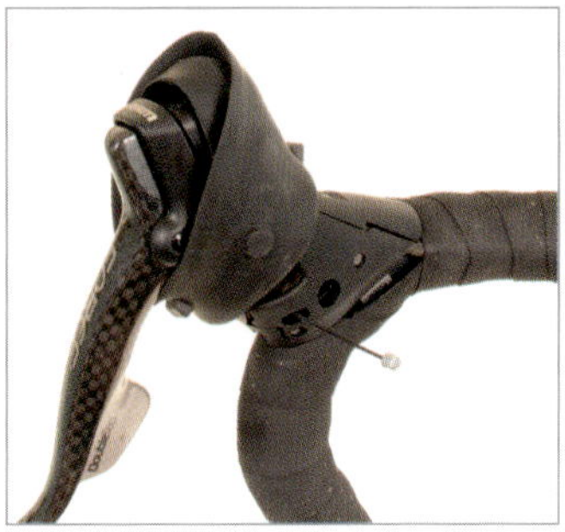

3 Nachdem der Schaltzug unten befreit ist, wird die Gummiabdeckung zurückgeschoben und der herausgezogene Zug sowie alle Schaltmechanismus-Gelenke geschmiert.

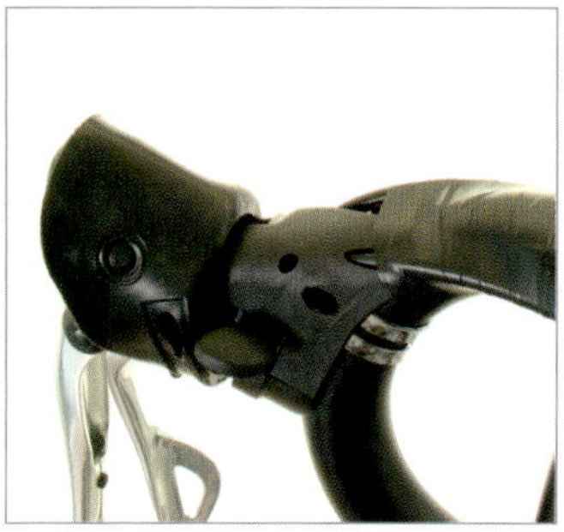

4 Die gleiche Technik kann bei Campagnolo Ergopower-Hebeln angewendet werden.

# Tretlager

## Konus-Tretlager

Einstellbare Konuslager waren jahrelang Standard im Fahrradbau – sie wurden im billigsten Alltagsrad genauso eingesetzt wie im Profi-Rennrad. Die Bauteile sind preiswert herzustellen, aber der Zusammenbau und vor allem die Einstellung ist arbeitsintensiv. Ihr größter Nachteil ist die mangelhafte Abdichtung, sodass sich das im Lager befindliche Fett rasch in eine schmutzige Emulsion verwandelt und den Verschleiß der Kugeln, Laufbahnen und Welle beschleunigt. Die gute Nachricht ist, dass die Umrüstung auf ein abgedichtetes Patronenlager eine relativ einfache und preiswerte Angelegenheit ist.

Wenn sich ein Konuslager in einem guten Zustand befindet, kann es zerlegt, gefettet und wieder montiert werden, allerdings muss es auch wieder eingestellt werden. Die einstellbare Lagerschale muss dazu soweit eingeschraubt werden, bis leichter Widerstand fühlbar wird – jetzt darf in der Welle kein Spiel festzustellen sein. Falls sich vorhandenes Spiel nur durch weiteres Anziehen eliminieren lässt, dadurch die Welle aber schwergängig wird, muss das Tretlager ersetzt werden. Klappt die Einstellung, muss der Konterring aufgeschraubt und bei festgehaltener Lagerschale angezogen werden. Wenn sich die Welle danach immer noch sanft und spielfrei dreht, können die Kurbeln montiert werden – wenn nicht, muss die Einstellung wiederholt werden.

*Für Arbeiten am Konus-Tretlager werden ein Abzieher, ein passender Steckschlüssel, ein Zapfenschlüssel und ein Hakenschlüssel benötigt – diese beiden sind einstellbar.*

## Alternative Werkzeuge

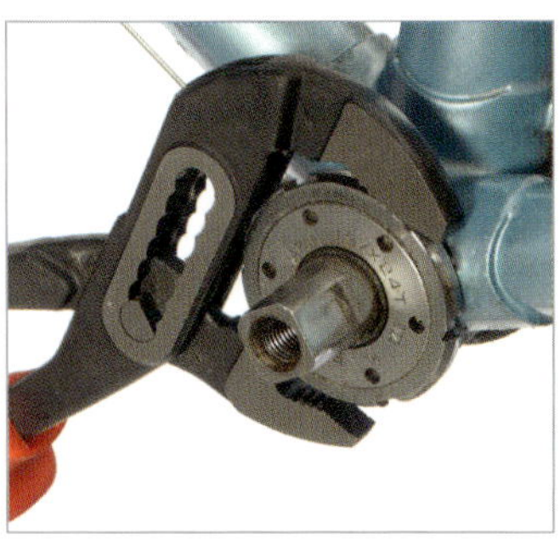

*Eine Wasserpumpenzange eignet sich zum Anziehen des Konterrings – zerstört aber auch leicht den Lack des Rahmens.*

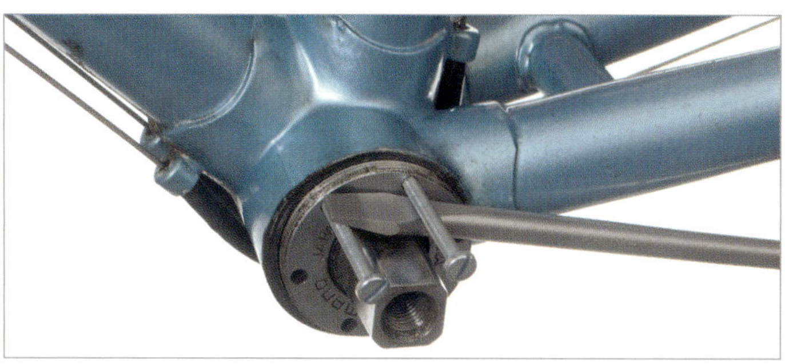

*Statt eines Zapfenschlüssels können zwei Schrauben in die Bohrungen gesteckt und mit einem Schraubenzieher als Hebel gedreht werden.*

*Mit einem ausreichend großen Rollgabelschlüssel lässt sich die feste Lagerschale anziehen.*

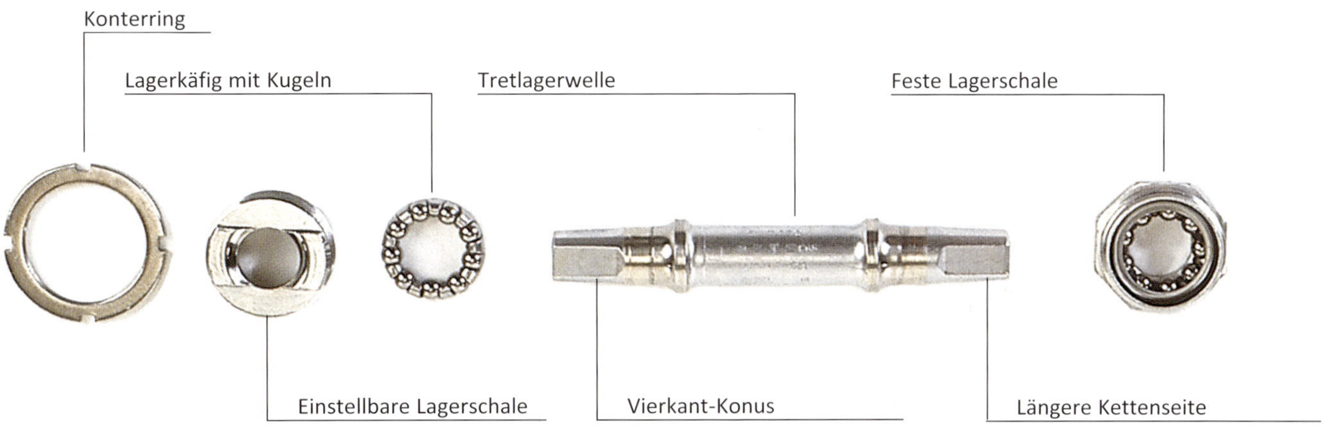


## Einstellbare Tretlager demontieren

**1** Nachdem beide Kurbeln entfernt sind, wird links der Konterring gelöst – nötigenfalls mit einem Dorn.

**2** Die einstellbare Lagerschale wird mit dem Zapfenschlüssel gelöst.

**3** Die Lagerkugeln können lose oder im Käfig geführt im Tretlager laufen. Von losen Kugeln finden sich an jeder Seite elf Stück.

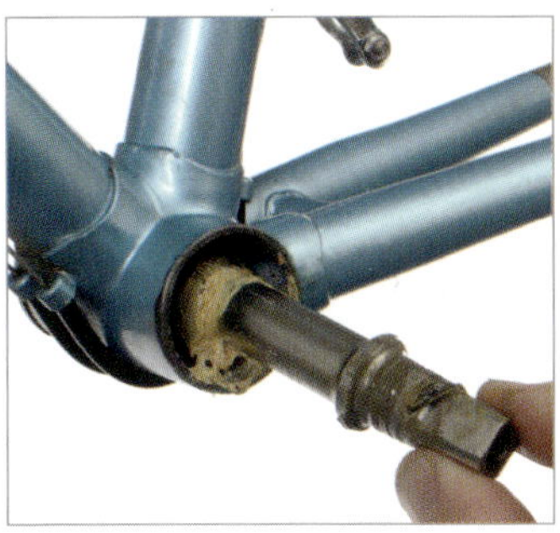

**4** Nachdem die Welle herausgezogen ist, wird sie gereinigt und entfettet. Manchmal steckt sie in einer Kunststoffhülse.

**5** Nun wird rechts die feste Lagerschale herausgeschraubt – meistens hat sie ein Linksgewinde. Nach der Reinigung werden ihr Gewinde und die Lagerfläche gereinigt und inspiziert.

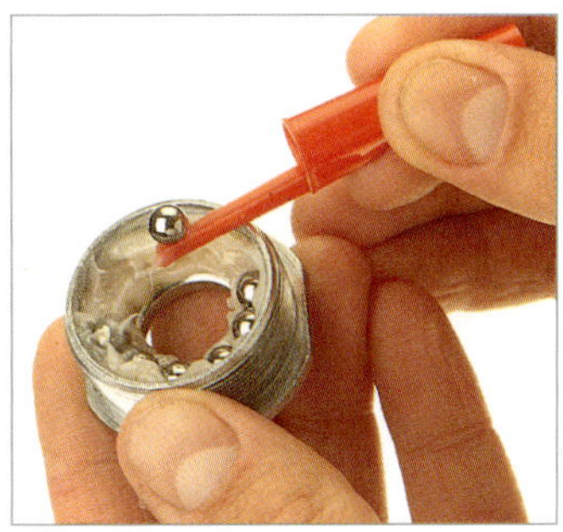

**6** Wenn die Lagerflächen der Welle und Schalen in Ordnung sind, werden sie mit wasserfestem Fett versehen und jeweils elf lose Kugeln »eingeklebt«. Weil ein Lagerkäfig weniger Kugeln enthält (die im Betrieb entsprechend höher belastet werden), sollten vorzugsweise immer elf lose Kugeln eingesetzt werden.

### Verschlissene Lagerflächen

**Nachdem die Teile des Tretlagers gereinigt wurden, müssen sie sorgfältig kontrolliert werden. Bei diesen Lagerschalen zeigt die Oberfläche der Kugellaufbahnen deutlichen Verschleiß. Die Laufbahnen an der Welle sind durch Korrosion und Ausbrüche ebenfalls beschädigt. Hier sollte die Umrüstung auf ein Patronenlager in Betracht gezogen werden.**

## Patronenlager

Bis zur Einführung der manchmal als »außenliegende Innenlager« bezeichneten Tretlager (vor allem der Typen BB 30 und PF 30 – siehe Seiten 114 und 115) beherrschten abgedichtete Patronenlager bei höherwertigen Fahrrädern den Markt (während die seit Jahrzehnten bewährten Konus-Tretlager noch heute bei Billigmodellen Verwendung finden). Die in Patronenlagern sitzenden genormten Rillenkugellager werden oft »Industrielager« genannt – als ob Konuslager noch von Hand gerollt und gedengelt würden!

Auf der Suche nach stabileren Verbindungen zwischen Tretlager und Kurbeln kamen Shimano und andere Hersteller auf Vielzahnsysteme. Das Shimano-System heißt wegen seiner acht Zähne Octalink. Powerspline von Truvativ (SRAM) hat zwölf Zähne und die dem »International Spline Interface Standard« (ISIS) entsprechende Tretlagerwelle hat zehn Zähne. Weil zudem noch Octalink V.1 und V.2 inkompatibel sind und die richtige Gesamtlänge und -breite sowie das korrekte Gewinde beachtet werden müssen, sollten das Tretlager und die Kurbeln zusammen gekauft oder das Tretlager durch ein baugleiches Ersatzteil ausgetauscht werden. Im Anhang findet sich eine Tabelle der verfügbaren Größen.

**Tretlager-Steckbriefe**

*Konventionelles Gewinde*

Gewinde-Tretlager passen zu den meisten Kurbelgarnituren und sind für jedes Fahrrad eine Verbesserung, weil die Lager vom Rahmen isoliert sind und leichter gewartet werden können. Zu den passenden Kurbelgarnituren gehört auch die Hollowtech II von Shimano.

*Patronen-Tretlager*

Zu den Merkmalen dieser Ausführungen gehört eine Welle mit geringem Durchmesser, die samt ihrer abgedichteten Lager in einem Metallzylinder steckt, der als Einheit ins Tretlagergehäuse geschraubt wird. Es gibt sie sowohl mit Vierkant-Zapfen als auch Vielzahn-Systemen. Einige Kurbelgarnituren sind jedoch auch mit integrierten Wellen ausgerüstet, die nicht zu Patronentretlagern passen.

*Einpress-Tretlager*

Hier werden die Lager direkt ins Tretlagergehäuse gepresst – entweder sitzen sie in Aluminium-Schalen oder in Lagerringen, die der Struktur des Rahmens angepasst sind.

## Octalink-Tretlager demontieren

**1** Hier wird ein Octalink V.1 ausgebaut – die Demontage anderer Patronen-Tretlager verläuft ähnlich. Zuerst werden die Kurbeln demontiert.

**2** Der Vielzahnschlüssel wird zunächst am Konterring sorgfältig angesetzt. Weil die Kerben nicht sehr tief sind, muss das Werkzeug fest angedrückt werden.

**3** Der Konterring wird normal gegen den Uhrzeigersinn gelöst.

**4** Anschließend wird das Werkzeug auf der Kettenblattseite angesetzt und die Lagerpatrone im Uhrzeigersinn gelöst – sie hat ein Linksgewinde!

**5** Die Patrone wird komplett aus dem Tretlagergehäuse gezogen – weitere Teile gibt es nicht.

**6** Nun werden die Gewinde gereinigt und überprüft – bei Beschädigungen können Spezialisten weiterhelfen, die das alte Gewinde ausbohren und eine Gewindebuchse einsetzen.

**7** Nachdem rechts das Gewinde mit Fett oder Kupferpaste geschmiert wurde, wird die Tretlagerpatrone eingedreht, aber nicht vollständig eingeschraubt.

**8** Der neue Konterring muss die gleiche Länge haben wie der alte. Nachdem auch er einige Umdrehungen eingedreht ist, wird rechts die Lagerpatrone vollständig angezogen. Dann wird der Konterring dagegen geschraubt.

# Außenliegende Tretlager

Der größte Nachteil aller im Tretlagergehäuse sitzenden Lager (Konus- oder Rillenkugellager) ist der durch sie begrenzte Durchmesser der Tretlagerwelle. Bei außen liegenden Lagern kann dagegen eine ausreichend dimensionierte Hohlwelle eingesetzt werden, die bei geringerem Gewicht stabiler als eine massive Innenlagerwelle ist.

Die meisten Hersteller erreichen Stabilität und geringeres Gewicht dadurch, dass sie die Welle direkt mit der rechten Kurbel verbinden. Es gibt aber auch Systeme mit separaten Tretlagerwellen.

Außenliegende Tretlager können mithilfe von Distanzscheiben an alle Standard-Tretlagergehäuse angepasst werden. Allerdings müssen beim Wechsel von Innenlagern zu Außenlagern die Außenränder des Gehäuses plangefräst werden – was besser einer Fachwerkstatt überlassen werden sollte, da entsprechende Werkzeuge sehr teuer sind. Dieses Werkzeug wird in das Tretlager geschraubt und schneidet am Außenrand Material ab, bis sichergestellt ist, dass die späteren Sitze der Außenlager absolut parallel zueinander und rechtwinklig zum Gewinde liegen.

**1** Zunächst muss die Kurbelgarnitur demontiert werden (siehe Seite 107).

**2** Mithilfe des korrekten Werkzeugs wird der Lagersitz aus dem Tretlagergehäuse geschraubt.

**3** Bei diesem Shimano-Außenlager ist die Anzugs-Drehrichtung deutlich markiert – der Ausbau erfolgt natürlich in Gegenrichtung.

**4** Einer der Lagersitze kann mit einer Kunststoffhülse ausgerüstet sein, die in den Rahmen eingedrungenen Schmutz und Wasser abhalten soll.

**5** Dieses Tretlagerwerkzeug wurde mit einfachen Mitteln auf einem entsprechend gebohrten Holz befestigt, um das Lager aus seinem Sitz befreien zu können.

**6** Das alte Lager wird vorsichtig rundherum ausgetrieben.

**7** Nachdem der Sitz in eine passende Bohrung gesteckt wurde, wird das neue Lager mithilfe eines Steckschlüssels, der nur seinen Außenrand berührt, eingepresst.

**8** Dieser Lagersitz ist mit einem O-Ring und einer Bundscheibe ausgerüstet, die beide nach dem Austausch des Lagers ersetzt werden müssen. Shimano-Außenlager (Hollowtech) können nicht zerlegt werden, sodass nur der Austausch möglich ist.

# BB30-Tretlager

Außen liegende Tretlager bieten sowohl höhere Festigkeit als auch geringeres Gewicht, doch ein großer Nachteil liegt in der theoretischen Vergrößerung des sogenannten Q-Faktors, der für den Abstand der Pedale von der Längsachse des Fahrrades steht – und damit für den Abstand der Füße voneinander. Der Q-Faktor beeinflusst nicht nur die maximale Schräglage in Kurven, sondern auch die gesamte Kraftübertragung auf die Pedale.

Bei Cannondale nahm man sich dieses Problems an und entwickelte den für andere Hersteller offenen BB30-Standard, bei dem die 30 für den Durchmesser der Tretlagerwelle steht. Auch die Tatsache, dass die Lager in den Rahmen gepresst werden, steht einer weltweiten Verbreitung nicht im Wege, da dies Arbeitszeit spart. Ein weiterer Vorteil ist die größere Außenfläche des Tretlagergehäuses, die das Anschweißen dickerer Rahmenrohre erlaubt.

Shimano hat den Standard noch nicht übernommen, doch es gibt bereits Adapter für deren Hollowtech II-Kurbelgarnituren. Auch gibt es einklebbare Hülsen, die ein BB30-kompatibles Tretlagergehäuse (mit 42 mm Durchmesser) wieder an ein klassisches Gewinde-Tretlager (für 34 mm-Gehäuse) anpassen. Vielleicht wird BB30 weltweit der zukünftige Standard für Tretlager – vielleicht gibt es aber auch bald andere Standards.

BB30-Tretlager sind hochwertig hergestellt, doch durch die Metall-auf-Metall-Verbindungen neigen sie manchmal zum Knarzen.

**1** Zunächst muss die Kurbelgarnitur demontiert werden (Seite 102 ff).

**2** Mit einem durch die Öffnung des Sicherungsrings geführten Dorn wird das gegenüberliegende Lager ausgetrieben.

**3** Nötigenfalls muss der Sicherungsring mithilfe einer Reißnadel gedreht werden, damit das Lager rundherum – und damit senkrecht – ausgetrieben wird.

**4** Nachdem das Lager demontiert ist, wird der Sicherungsring mit einer geeigneten Zange oder der Reißnadel ausgebaut. Nachdem ein neuer Ring montiert ist, werden die neuen Lager mit einer geeigneten Einziehvorrichtung installiert und die Kurbelgarnitur montiert. Um die exakte Einbautiefe sicherzustellen, sollte auch ein spezieller Eintreiber beschafft werden. Zusammen mit einer Lenkkopflager-Presse oder einer Gewindestange kann so dafür gesorgt werden, dass die Lager nicht zu tief eingepresst werden und entweder der Seegerring, die Tretlagerschale oder beides beschädigt wird – eine lohnende Investition.

*Unten ins Tretlagergehäuse ein Loch zu bohren, ist ein alter Trick, um den Rahmen von Wasser zu befreien – es empfiehlt sich aber erst nach Ablauf der Herstellergarantie.*

**Diese Arbeit wird fällig:**
- Wenn im Tretlager Spiel auftritt oder es schwergängig wird.

**Zeit:**
- Für die meisten Tretlager muss etwa eine Stunde veranschlagt werden.

**Schwierigkeitsgrad:**
- Mit den richtigen Werkzeugen treten keine großen Schwierigkeiten auf – Probleme bereiten verrostete Gewinde.

# Austausch eines PF 30-Tretlagers

Einpress-Tretlager (PF = Press fit) ähneln BB30-Tretlagern, und ihre Lager-Positionen sind identisch. Doch das PF 30 basiert auf Verbundstoff-Schalen, die größere Toleranzen im Tretlagergehäuse erlauben, sodass die Rahmenhersteller dies weniger präzise produzieren können.

Ihre Anhänger behaupten, sie seien vor allem wegen ihres dauerhaften integrierten Dichtsystems genauso gut wie BB30-Tretlager. Und wenn sie das Ende ihrer Lebensdauer erreichen, sind sie kostengünstig zu ersetzen. Kritiker kontern, die Rahmen-Toleranzen seien zu groß (doppelt so groß wie beim BB30), und stellen die Qualität der PF30-Lager sowie der damit ausgerüsteten Rahmen generell in Frage.

**1** Nachdem die Kurbelgarnitur und das alte Tretlager ausgebaut sind, wird das Tretlagergehäuse sorgfältig gereinigt.

**2** Zu den benötigten Werkzeugen gehören eine Lenkkopflager-Presse und ein spezielles PF30-Werkzeug (hier von Park Tool), außerdem ein Gummihammer.

**3** Falls der Ausbau von einer Seite nicht funktioniert, wird von der anderen Seite ein zweiter Versuch gestartet – PF30-Tretlager sind zweiteilig.

**4** War dies erfolgreich, wird nach rechts zurückgekehrt, das Ende im Rand angesetzt und das Schiebestück des PF30-Werkzeugs gegen das verbliebene Tretlager geschoben – so haben Hammerschläge mehr Wirkung.

**5** Auch das neue PF30-Tretlager ist zweiteilig. Die Lager sind mit L und R markiert, sodass ihre Einbaupositionen nicht verwechselt werden dürfen.

**6** Die Lenkkopflager-Presse wird mit den korrekten Distanzstücken angesetzt – der Druck muss gleichmäßig ausgeübt werden.

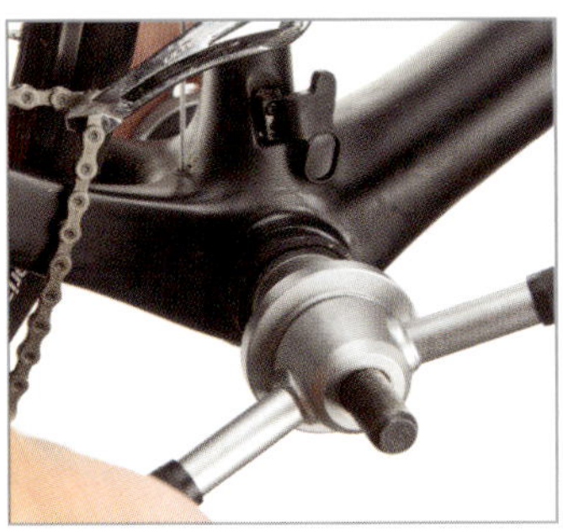

**7** Die Presse wird schrittweise angezogen, damit das Tretlager in seinen Sitz gezogen wird – aber nicht zu tief.

**8** Sobald der Widerstand ansteigt, darf nicht weiter gedreht werden – dies ist die korrekte Einbauposition.

**9** Nachdem die Scheiben und Distanzstücke wieder installiert sind, kann die Kurbelgarnitur montiert werden.

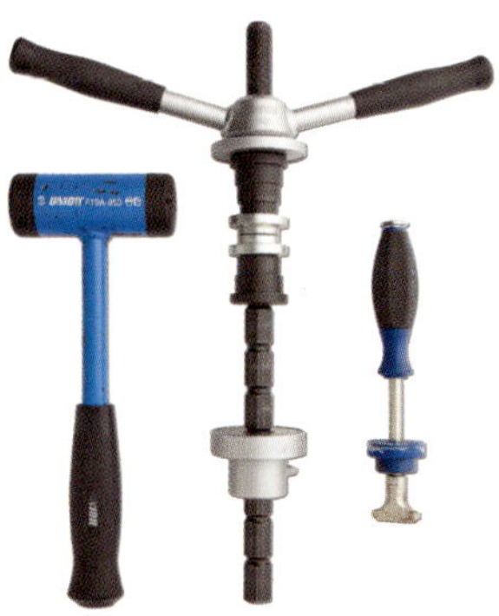

**Erforderliche Werkzeuge**
*Benötigt werden eine Lenkkopflager-Presse und ein spezielles PF30-Werkzeug (hier von Park Tool), außerdem ein Gummihammer.*

# Nabenschaltungen

Diese oft als altmodisch und schwer verschrienen Gangschaltungen sind in ihrer Wartungsfreundlichkeit, Zuverlässigkeit und Haltbarkeit bis heute unerreicht und daher weit verbreitet. Sie werden von den Firmen Shimano, Sturmey-Archer, SRAM und Rohloff angeboten. Shimano produziert Getriebenaben mit drei, vier, sieben, acht und elf Gängen. Sunrace produziert unter dem englischen Traditionsnamen Sturmey-Archer Naben mit zwei, drei, vier, fünf und acht Gängen, SRAM stellt Drei- und Neungang-Naben her, und die in Fuldatal bei Kassel ansässige Firma Rohloff produziert die Speedhub mit 14 Gängen. Hinzu kommt die stufenlose Nuvinci-Nabe der erst seit 2007 existierenden amerikanischen Firma Fallbrook.

Viele Getriebenaben sind mit Trommel- oder Rücktrittbremsen oder Bremsscheiben-Aufnahmen versehen, andere haben einen integrierten Dynamo.

Um eine Nabenschaltung jahrelang ohne Probleme fahren zu können, ist nur geringer Wartungsaufwand nötig. Bei den meisten Modellen reicht gelegentliches Einstellen des Schaltzuges bzw. dessen Austausch aus.

### Sturmey-Archer-Nabe einstellen

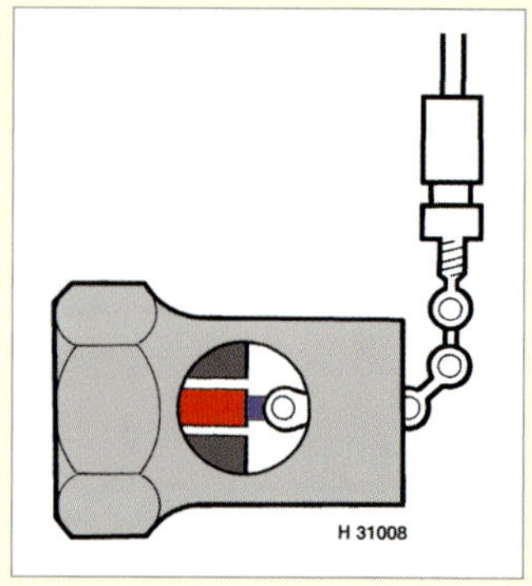


**Die Standard-Achsmutter der Dreigangnabe ist mit einer Inspektionsbohrung versehen, durch die die Ausrichtung des Schaltgestänges zur Achse kontrolliert werden kann. Im zweiten Gang muss die Stange so eingestellt werden, dass sie wie hier gezeigt steht.**

**Die Fünfgang-Nabe wird ähnlich eingestellt, nur muss hier die blaue oder rote Kerbe der Stange zum Ende der Achse fluchten.**

## Hinterrad – Ausbau und Einbau

**1** Bei allen Fahrrädern mit Nabenschaltung muss zunächst der Schaltzug ausgehängt werden. Bei dieser klassischen Sturmey-Archer-Nabe muss die Rändelmutter gelockert und der Schaltzugeinsteller auseinandergeschraubt werden. Oft muss auch der Kettenschutz demontiert werden.

**2** Nachdem beide Achsmuttern gelockert wurden, können sie abgeschraubt werden. Um die Achse am Drehen zu hindern, ist sie mit tropfenförmigen Scheiben ausgerüstet, die mit einer Lasche in den Rahmen eingehängt sind. Alle Muttern und Scheiben müssen so abgelegt werden, dass sie nicht durcheinander geraten.

**3** Indem das Rad nach vorn gedrückt wird, kann die Achse aus dem Ausfallende befreit und die Kette abgehoben werden.

**4** Beim Zusammenbau müssen alle Scheiben wieder an ihre ursprünglichen Positionen gelangen. Nachdem die Muttern handfest angezogen wurden, wird das Rad so ausgerichtet, dass es gerade im Rahmen sitzt und die Kette 1 bis 1,5 cm Durchhang hat. Anschließend werden die Achsmuttern abwechselnd um jeweils eine Umdrehung angezogen und der Schaltzug eingehängt.

## Sturmey-Archer-Schaltzüge einstellen

**1** Bei modernen Fahrrädern ist der Schaltzugeinsteller oft mit einer Abdeckung versehen. Nachdem diese entfernt ist, wird die Schaltzug-Kette mit einigen Tropfen Öl geschmiert.

**2** Zum Trennen des Schaltzuges wird in den höchsten Gang geschaltet, die Kontermutter gelockert und der Einsteller auseinandergeschraubt. Nachdem die Schaltzugklemme gelockert wurde, wird der neue Schaltzug installiert, die Hülle wieder eingeklemmt und das Zugseil verbunden.

**3** Manche Modelle sind mit einer Führungsrolle ausgerüstet, die Reibung reduzieren und das Schalten erleichtern soll. Nachdem in den 2. Gang geschaltet und die Kurbeln einige Umdrehungen gedreht wurden, muss kontrolliert werden, ob die Schaltstange bündig zum Ende der Achse liegt.

**4** Ist dies nicht der Fall, muss der Schaltzug nach dem Lockern der Kontermutter korrekt eingestellt werden. Nach dem Anziehen der Kontermutter wird bei einer Probefahrt geprüft, ob die Schaltung gut funktioniert.

## Sturmey-Archer-Achtgangnabe

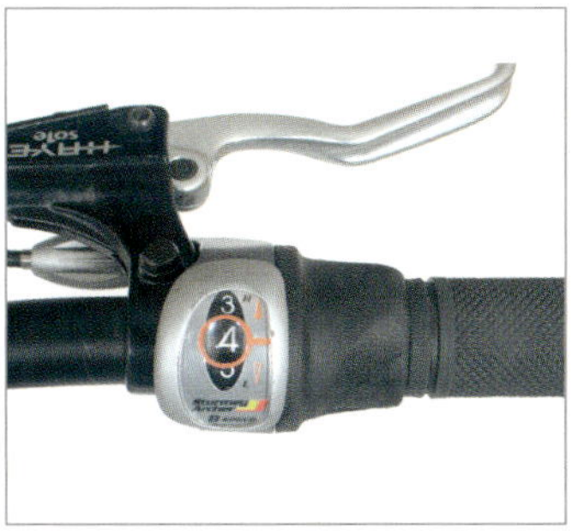

**1** Die Achtgangnabe wird wie fast alle Nabenschaltungen per Drehgriff geschaltet. Für die Einstellprozedur muss der 4. Gang gewählt werden.

**2** Diese Nabe muss justiert werden, was daran zu erkennen ist, dass der gelbe Pfeil nicht mit dem gelben Strich am Schaltarm fluchtet.

**3** Nachdem der gerändelte Konterring gelockert ist, kann der Schaltzugeinsteller so verdreht werden, dass die Markierungen fluchten.

**4** Jetzt ist die Nabe korrekt eingestellt und der Konterring kann wieder gegen den Einsteller gedreht werden. Eventuell muss nach einer Probefahrt nachjustiert werden.

## Hinterrad – Ausbau und Einbau

**1** Nachdem in den 8. Gang geschaltet wurde, wird am Halter der Kettenstrebe der Einsteller leicht verdreht und ausgehängt.

**2** Jetzt kann der Schaltzugnippel am Schaltarm herausgeschoben und ausgehängt werden.

**3** Mit einem 15er-Ringschlüssel werden die Achsmuttern gelöst.

**4** An beiden Seiten müssen die in das Ausfallende greifenden Scheiben entfernt, das Rad nach vorn gedrückt, die Kette abgehoben und das Rad befreit werden.

**5** Beim Einbau muss zuerst der Nippel in den Schaltarm eingehängt, das Zugseil in der Nut verlegt und dann der Einsteller in den Halter des Rahmens installiert werden.

**6** Das Hinterrad muss so ausgerichtet werden, dass es gerade im Rahmen sitzt und die Kette einen Durchhang von 1 bis 1,5 cm hat.

*Beim Sturmey-Archer-Schaltgriff muss die Inbusschraube entfernt werden, um den Mechanismus zu schmieren und/oder den Schaltzug zu ersetzen.*

## Shimano-Nabenschaltungen

Shimano produziert Nabenschaltungen mit 3, 4, 7, 8 und 11 Gängen, die mit Rücktrittbremsen, Rollenbremsen und Scheibenbremsen ausgerüstet sein können. Zwar gab es bei der Alfine-11-Gang-Nabe anfangs technische Probleme, doch gelten Shimano-Getriebe-Naben allgemein als sehr zuverlässig, robust und wartungsarm. Traditionell eher an Holland- und anderen Alltagsrädern verbreitet, wecken sie mit zunehmender Zahl der Gänge immer mehr das Interesse von Reiseradlern und sogar MTB-Sportlern. Die meisten Naben werden mit »Revoshift«-Drehgriffen geschaltet, doch an einigen Modellen können auch »Rapid Fire«-Hebel montiert werden.

### Schaltzug – Einstellung und Ersetzen

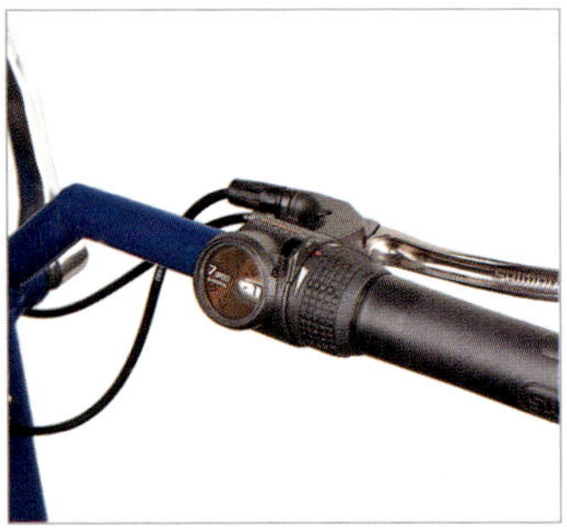

**1** Die Einstellung des Schaltzuges erfolgt im 4. Gang, nur die neuen Alfine-Naben müssen im 6. Gang stehen.

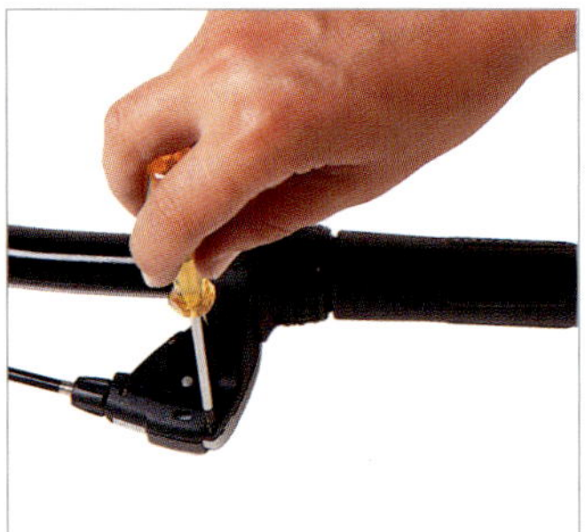

**2** Unten am Schalthebel müssen die drei kleinen Kreuzschlitzschrauben entfernt werden.

**3** Nun kann die obere Abdeckung entfernt werden. Nachdem der Schaltzug an einer gut zugänglichen Stelle abgeschnitten wurde, kann der Nippel befreit und der Zug herausgezogen werden.

**4** Am Hinterrad wird die kleine Madenschraube gelöst und der Schaltzug befreit. Der neue Zug wird vom Schalthebel aus eingeführt.

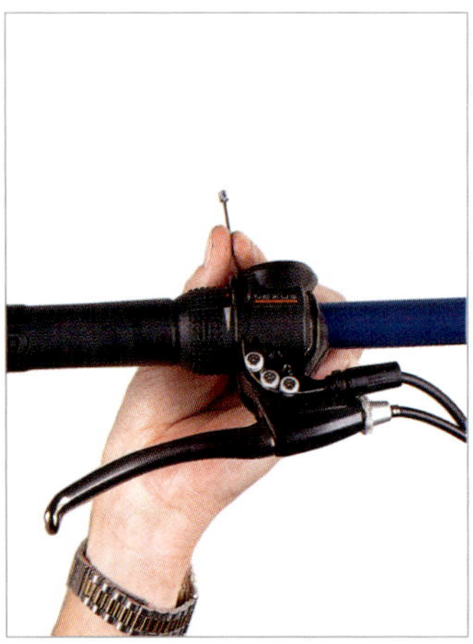

**5** Nachdem der Einsteller vollständig eingedreht wurde, wird der neue Schaltzug um die drei Rollen im Schalthebel geführt und der Nippel in der Betätigung eingehängt.

**6** Das untere Ende wird um das Ausfallende herum nach oben in die Klemmung geführt, strammgezogen und dort gesichert.

**7** Während sich der Schalthebel weiterhin im 4. Gang befindet, wird der Einsteller so justiert, dass an der Nabe die zwei roten Markierungen fluchten. Eventuell muss nach einer Probefahrt nachjustiert werden.

## Hinterrad – Ausbau und Einbau

**1** Bei Shimano-Nabenschaltungen muss der 1. Gang eingelegt werden, um im Schaltzug maximales Spiel zu erhalten.

**2** Am Hinterrad wird die Abdeckung entfernt. Oft muss auch der Kettenschutz demontiert werden. Nachdem die Schaltzughülle befreit ist, wird der Nippel an der Betätigung ausgehängt.

**3** Mit einem 15er-Ringschlüssel werden die Achsmuttern gelöst.

**4** Nachdem das Arretiersegment entfernt ist, wird das Hinterrad nach vorn gedrückt und die Kette abgehoben.

**5** Jetzt kann das Rad aus dem Rahmen befreit werden. Der Einbau entspricht der umgekehrten Ausbaureihenfolge. Zum Schluss muss der (ggf. neue) Schaltzug eingestellt werden.

**Diese Arbeit wird fällig:**

- Wenn der Schaltzug verschlissen war und ersetzt wurde oder die Schaltung sich verstellt hat.

**Zeit:**

- Fünfzehn Minuten zur Einstellung der Indexierung.
- Eine Stunde für den Ausbau des Hinterrades und die Neueinstellung der Schaltung.

**Schwierigkeitsgrad:** 🔧🔧🔧

- Die meisten Nabenschaltungen haben deutlich erkennbare Markierungen, um die Indexierung korrekt ausrichten zu können – somit sollten keine großen Schwierigkeiten auftreten.

### Rohloff Speedhub

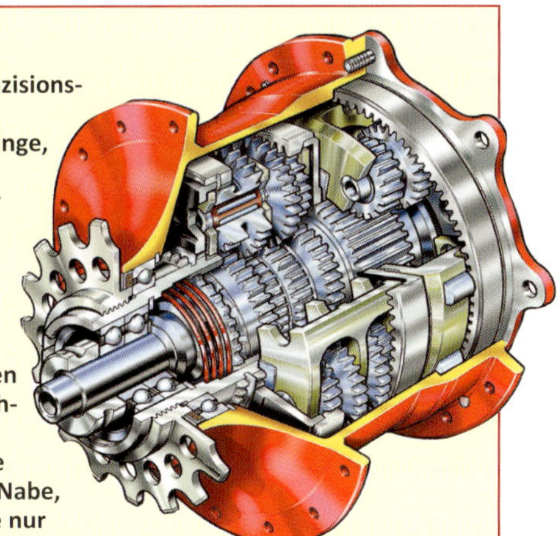

**Diese nicht ganz billige Präzisions-Schaltnabe hat 14 absolut gleichmäßig abgestufte Gänge, deren Übersetzungsbereich mit 526 % dem einer 27-Gang-Kettenschaltung entspricht. Weil die komplette Schaltung kaum schwerer ist als sämtliche Komponenten einer Kettenschaltung, entdecken auch immer mehr MTB-Fahrer die Vorteile eines gekapselten Getriebes. Die Indexierung erfolgt in der Nabe, sodass die zwei Schaltzüge nur einmal grob eingestellt werden müssen. Beim Ausbau des Rades werden die Schaltzüge mit einem einfachen Bajonett oder einem Rändelrädchen befreit. Außer den üblichen Wartungsarbeiten an Drehgriff und Schaltzügen muss einmal jährlich das Getriebeöl gewechselt werden.**

## SRAM-Nabenschaltungen

Der Aufkauf der deutschen Traditionsmarke Fichtel & Sachs eröffnete SRAM 1997 den Einstieg in den Bereich der Nabenschaltungen. Die seit Anfang der 1960er-Jahre gebaute Torpedo-Dreigangnabe wird bis heute nahezu unverändert in Schweinfurt gefertigt und heißt jetzt einfach T3 oder i-Motion 3. Die Bezeichnung Torpedo wird dagegen heute für eine Nabe verwendet, die das Fahrrad per Hebel vom Fixie zum Singlespeed (mit Freilauf) konvertiert.

Wie bei Shimano gibt es auch SRAM-Getriebenaben mit unterschiedlichen Bremsen. Anders als bei Shimano fertigt SRAM auch eine kombinierte Naben/Kettenschaltung namens Dual Drive.

### Hinterrad – Ausbau und Einbau

**1** Bei vielen Nabenschaltungen muss zunächst der Kettenschutz entfernt werden, um an die Achsmuttern zu gelangen.

**2** Bei diesem Modell kann der Kettenschutz ohne Werkzeug demontiert werden.

**3** Nachdem die Achsmuttern entfernt wurden, müssen die in den Ausfallenden klemmenden Arretiersegmente herausgehebelt werden.

**4** Bei den meisten i-Motion-Naben ist der Schaltzug innen an der Kettenstrebe verlegt. Nachdem das Rad aus dem Rahmen befreit wurde, wird das Verbindungsstück verdreht und zurückgezogen.

**5** Jetzt kann die Schaltzugverbindung ausgehängt werden.

**6** Das Rad wird nun aus dem Rahmen befreit. Der Einbau entspricht der umgekehrten Ausbaureihenfolge. Zum Schluss muss der (ggf. neue) Schaltzug eingestellt werden.

*Diese von SRAM nur wenig weiterentwickelte Torpedo-Dreigangnabe beinhaltet eine Rücktrittbremse und ist daher mit einer massiven Drehmomentstütze ausgerüstet.*

### Schaltzug-Einstellung – i-Motion 9-Nabenschaltung

**1** Der Schaltzug der SRAM i-Motion 9 wird im 6. Gang eingestellt.

**2** Der Einsteller wird so justiert, dass die rote und die gelbe Markierung zueinander ausgerichtet sind.

**3** Damit das Justieren auch problemlos bei auf dem Kopf stehendem Fahrrad erledigt werden kann, gibt es zwei Einstellfenster.

## Schaltzug-Einstellung – Torpedo- und andere SRAM-Dreigangschaltungen

**1** Der Schaltzug wird im 3. oder »H«-Gang eingestellt. Die Schaltkette darf nicht klemmen und muss vollständig in der Nabe stecken.

**2** Am Ende des Schaltzuges ist eine Schnellklemmung angebracht, die durch Drücken des Clips gelöst werden kann. Die Länge des Schaltzuges kann nötigenfalls mit einem kleinen Inbusschlüssel eingestellt werden.

**3** Das Ende der Schaltkette wird soweit in die Schnellklemmung geschoben, bis der Schaltzug kein Spiel mehr hat, aber auch noch nicht an der Kette zieht. Nötigenfalls muss der Schaltzug neu justiert werden.

# SRAM Dual Drive

Diese Schaltung kombiniert eine Dreigangnabe mit dem Acht- oder Neunfach-Zahnkranz einer Kettenschaltung, sodass mehrere Kettenblätter an der Kurbelgarnitur überflüssig werden (wobei es sicher auch schon irgendjemanden gab, der 81 Gängen nicht widerstehen konnte). Alle Schaltfunktionen sind in einer rechts am Lenker sitzenden Einheit kombiniert, wobei der Drehgriff das Ketten-Schaltwerk steuert und der Schiebeschalter die Nabenschaltung. Der Naben-Schaltzug ist mit einer »Clickbox« genannten Schnellverbindung am Hinterrad befestigt.

Zur Einstellung der Nabenschaltung wird in den zweiten (mittleren) Gang geschaltet und der Einsteller an der Nabe so verdreht, dass die gelben Markierungen in der Clickbox miteinander fluchten. Die Einstellung des Ketten-Schaltwerks entspricht derjenigen anderer Schaltwerke (siehe Seiten 88 bis 91).

Um das Hinterrad ausbauen zu können, muss am Drehgriff in den höchsten Gang und am Schiebeschalter in den niedrigsten Gang (mit einem Punkt) geschaltet werden. Dann wird der kleine Knopf an der Clickbox heruntergedrückt und diese abgezogen. Nachdem das Schaltgestänge aus der Nabe geschraubt ist, werden die Achsmuttern und alle Arretierscheiben entfernt, dann wird das Hinterrad wie bei jeder anderen Kettenschaltung aus den Ausfallenden befreit (siehe Seiten 84 und 85). Für den Austausch des Naben-Schaltzuges wird die Clickbox wie oben beschrieben demontiert, ihre hintere Abdeckung entfernt und die Schaltzug-Klemmschraube mit einem 4er-Inbusschlüssel gelöst. Nun wird am Schalthebel die Einstellschraube komplett eingedreht, die Abdeckung entfernt und der Schaltzug herausgezogen. Der Einbau des neuen Zuges geschieht in der umgekehrten Reihenfolge. Nach dem Befestigen des Schaltzuges in der Clickbox-Klemmung wird sein Ende abgeschnitten und die Schaltung eingestellt.

*Die Kettenschaltung wird von einem Standard-Schaltwerk übernommen, das auch genau wie andere Schaltwerke eingestellt werden muss.*

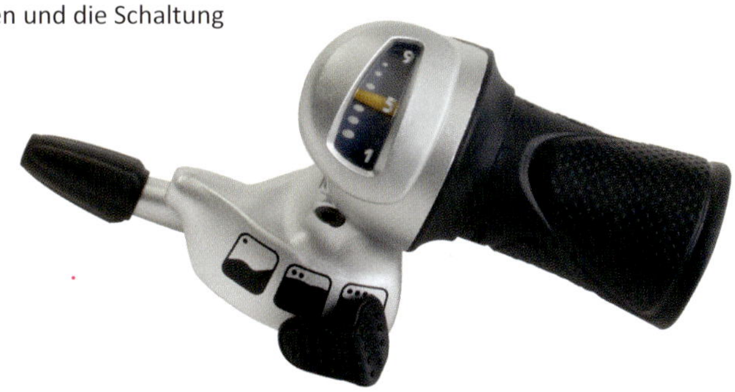

*Die Dual-Drive-Schalteinheit besteht aus dem Drehgriff für die Kettenschaltung und einem Schiebeschalter für die Nabenschaltung.*

*Die Dual-Drive-Radnabe samt Zahnkranz und Clickbox. Hier kann man im Einstellfenster die Markierungen sehen, die zueinander ausgerichtet sein müssen. Der kleine Knopf dient zum Lösen der Clickbox von der Nabe.*

WTB
san marco
SATURAE

# 5

# Kontakt-bereiche

Dieses Kapitel beschäftigt sich mit denjenigen Teilen des Fahrrades, mit denen der Fahrer ständig in Kontakt ist: dem Lenker (samt Vorbau und Griffen), dem Sattel und den Pedalen. Diese Punkte sind sowohl für den Komfort als auch die Leistungsfähigkeit extrem wichtig. Die meisten dieser Dinge lassen sich leicht einstellen oder ersetzen, um eine komfortable Sitzhaltung zu erzielen. Manchmal reicht es schon aus, nur den Sattel und/oder die Lenkergriffe bzw. das Lenkerband zu tauschen.

Vorausgesetzt, der Rahmen hat die richtige Größe, kann auch die Länge und Höhe des Vorbaus sowie die Höhen- und Längseinstellung des Sattels verstellt werden. Engagierte Radsportler experimentieren außerdem mit Kurbellängen und Pedaltypen.

*Wer an seinem Fahrrad einen gewindelosen Gabelschaft (»Aheadset«) vorfindet, hat eine riesige Auswahl an Vorbauten.*

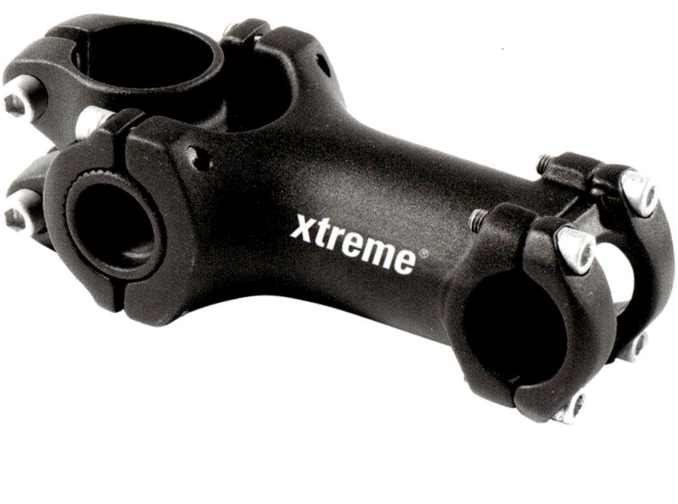

*Bei Sätteln merken auch Gelegenheitsradler, dass sich ein Fahrrad verändern lässt. Allerdings machen viele Leute den Fehler, einen großen und weich gepolsterten Sattel generell für komfortabler zu halten als ein härteres und schmaleres Modell.*

*Traditioneller Kernledersattel*

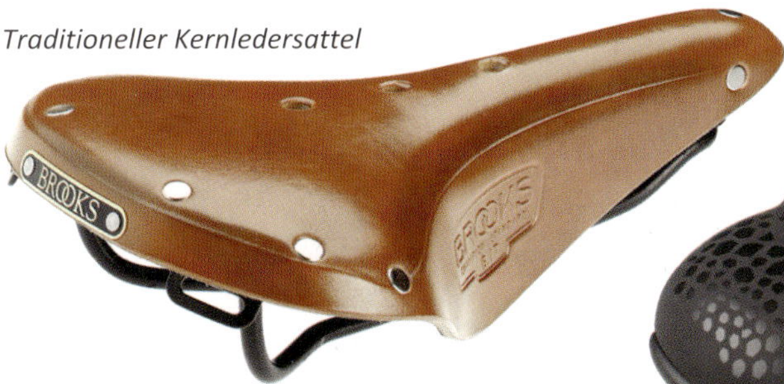

*Sattel mit Mittelfurche*

*Rennsattel*

*Damensattel*

*Triathlon-sattel*

*Auch Lenker gibt es in den unterschiedlichsten Höhen, Breiten, Durchmessern, Kröpfungen und Stabilitäten.*

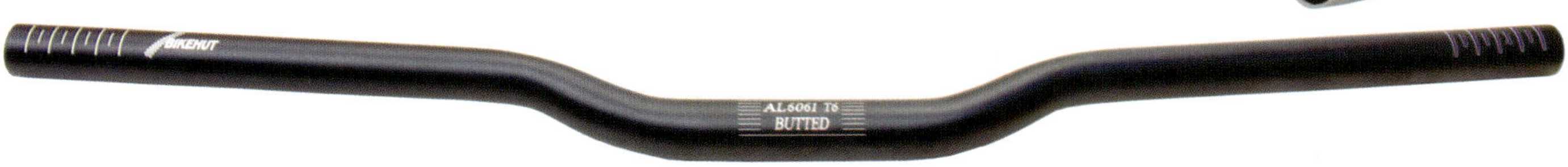

# Sicherheits-prüfung

Die regelmäßige Überprüfung der Kontaktpunkte ist immer eine lohnenswerte Sache. Die Sattelstütze und Sattelbefestigung sind hochbelastete Bereiche – besonders an kompakten Rahmen mit weit herausgezogenen Stützen. Das Gleiche gilt für den Vorbau und den Lenker. Die gefährdetsten Punkte liegen direkt über oder neben den Klemmungen im Rahmen bzw. am Vorbau.

Bei Sätteln, die mit einer einzelnen Schraube befestigt sind, muss diese gelegentlich demontiert und kontrolliert werden. Besonders in Aluminium gedrehte Stahlschrauben neigen zu Kontaktkorrosion – das gleiche gilt für ähnliche Materialpaarungen zwischen der Sattelstütze und dem Rahmen.

Wer einen aus Kohlefasermaterial bestehenden Lenker in einen Alu-Vorbau geklemmt hat, muss darauf achten, dass die Klemmschrauben mit dem korrekten Drehmoment angezogen ist und die Ränder des Vorbaus nicht zu scharfkantig sind.

**1** Wo die Sattelstütze aus dem Rahmen kommt, besteht die größte Bruchgefahr. Die Befestigungsschraube des Sattels muss regelmäßig auf Festigkeit überprüft werden.

**2** Auch die Sattelstützen-Klemmung muss kontrolliert werden. An der Sitzrohr-Öffnung eines Aluminiumrahmens können sich durch übermäßige Belastung Ermüdungsbrüche bilden.

**3** Bei Aheadset-Vorbauten muss die Festigkeit der seitlich sitzenden Klemmschrauben geprüft werden.

**4** Bei traditionellen Vorbauten muss die Festigkeit der oben sitzenden Klemmschraube geprüft werden.

**5** Beim Wechsel von Lenkerband sollten die Hebel-Schellenbänder überprüft werden – diese sind oft aus Stahl und können sich tief in das Leichtmetall des Lenkers fressen.

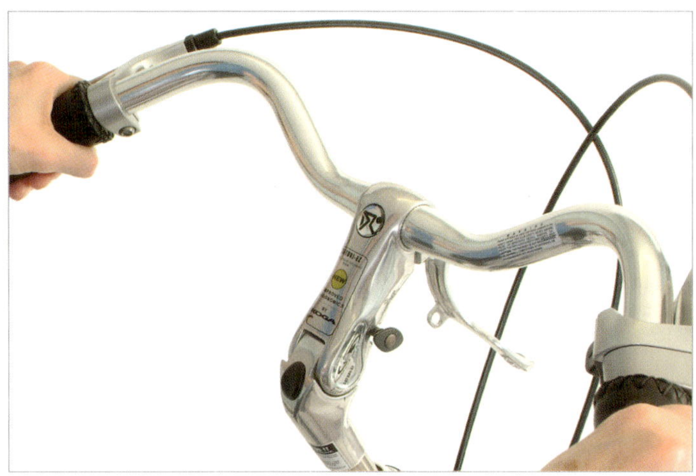

**6** Auch Leichtmetall-Lenker können im Bereich der Klemmung brechen. Bei diesem einstellbaren Vorbau muss auf die Festigkeit der Gelenkschraube geachtet werden.

*Bei den klassischen Gewinde-Steuersätzen war das Einstellen der Lenkkopflager immer etwas schwierig und zeitaufwendig. Die aus dem MTB-Bereich stammenden gewindelosen Systeme, die unter dem Markennamen »Ahead« bekannt wurden, lösen nicht nur dieses Einstellproblem, sondern ermöglichen auch einen raschen Vorbau-Wechsel. Zudem sind sie stabiler und sicherer als die traditionellen Klemm-Vorbauten und Gewinde-Lenksysteme.*

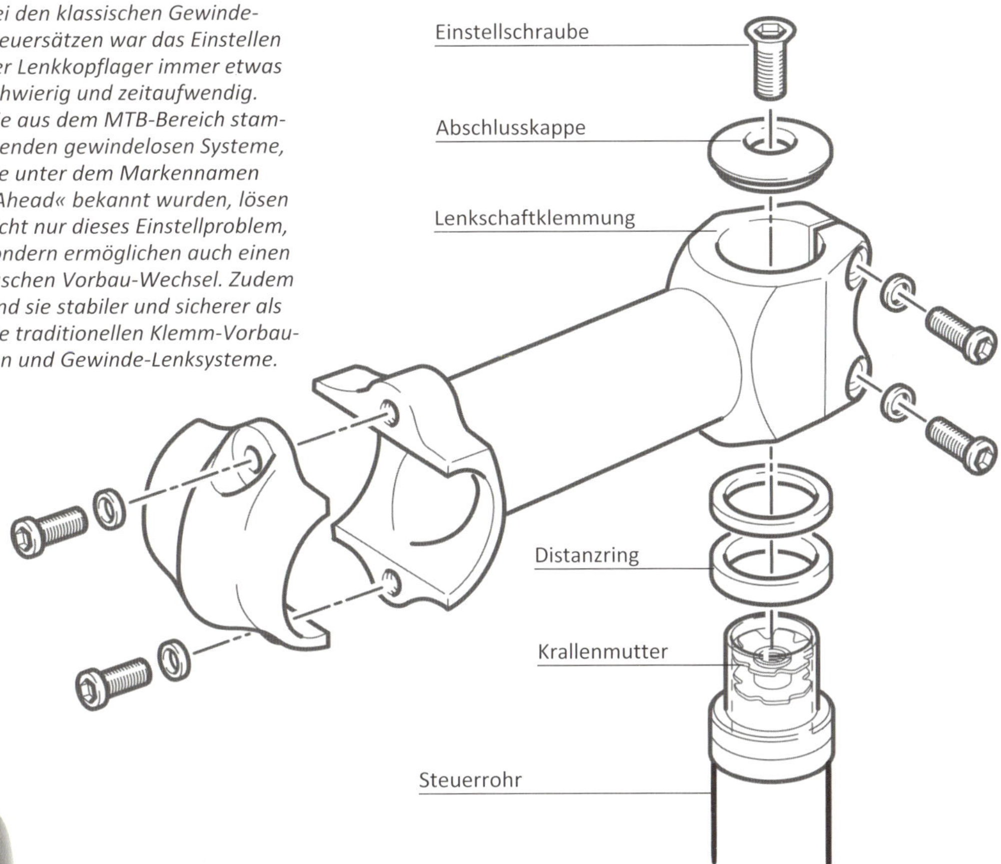


*Weil bei Aheadset-Systemen die Krallenmutter eine eher grobschlächtige Methode zur Fixierung der Einstellschraube ist, gibt es auch anspruchsvollere Klemm-Methoden. Dieser Spreizkeil von Hope lässt sich leicht aus- und einbauen.*

## Begrenzungsmarkierungen

**Traditionelle Keil-Vorbauten sowie alle Sattelstützen sind mit Markierungen versehen, die anzeigen, wie weit das Rohr aus dem Gabelschaft bzw. dem Sitzrohr gezogen werden darf. Wer einen höheren Sattel oder Lenker benötigt, kommt um eine neue Sattelstütze oder einen neuen Vorbau nicht herum, da durch weiteres Herausziehen die Bruchgefahr erheblich steigt, wenn das Rohr nicht mindestens 6 cm tief im Rahmen steckt (oder das Ende der Sattelstütze mindestens 20 mm unter der unteren Schweißnaht des Oberrohrs liegt). Auf diesen Rohren ist auch ihr Durchmesser angegeben.**

# Lenker und Vorbauten

Der Vorbau verbindet den Lenker mit der Gabel. Ein traditioneller Innenklemm-Vorbau wird innerhalb des Gabelschaftes gespreizt oder mit einem Keil verklemmt. Aheadset-Vorbauten werden dagegen außen um den Gabelschaft geklemmt. Um bei den alten Versionen die Höhe zu ändern, muss zunächst die zentrale Klemmschraube gelockert und ggf. eingeklopft werden, dann wird der Vorbau im Schaft verschoben und die Klemmschraube wieder angezogen. Aheadset-Vorbauten können geringfügig durch die Anzahl der Distanzringe in der Höhe verstellt werden, für größere Änderungen muss ein neuer Vorbau montiert oder gar eine neue Gabel mit längerem Schaft installiert werden.

Lenker, die in mit nur einem Bolzen geschlossenen Klemmungen am Vorbau gesichert sind, lassen sich nur sehr mühsam wechseln, da sie komplett freigelegt sein müssen, bevor sie durch die Klemmung geführt werden können. Entsprechend schwierig ist auch der Austausch eines solchen Vorbaus. Moderne Vorbauten haben ein komplett demontierbares Klemmstück für den Lenker – das vereinfacht die Sche sehr.

Aheadset-Vorbauten lassen sich nach dem Entfernen des Lenkers und der Einstellschraube samt Abschlusskappe sowie dem Lockern der Klemmschrauben leicht vom Gabelschaft ziehen und austauschen.

Lenker hatten im Bereich der Klemmung jahrzehntelang einen Durchmesser von genau einem Zoll (25,4 mm). Neuere Ausführungen gibt es auch in »Oversize« mit 1/18 Zoll (31,8 mm), wofür natürlich ein entsprechender Vorbau benötigt wird. Einige alte italienische Rennräder haben einen Mitten-Durchmesser von 26 mm, während dieser bei BMX-Rädern oft nur 7/8 Zoll (22,2 mm) beträgt. An den Enden haben traditionelle Rennlenker 15/16 Zoll (23,8 mm) Durchmesser, während flache Lenker nur 7/8 Zoll (22,2 mm) aufweisen.

*Stadträder sind oft mit sehr kurzen Vorbauten ausgerüstet, die wie alle anderen klassischen Modelle nach dem Lockern der zentralen Schraube in der Höhe verstellbar sind.*

## Einstellbare Vorbauten

**Wenn das Fahrrad vielen Anforderungen genügen muss, lässt sich der Lenker mit einem verstellbaren Vorbau leicht anpassen. Bei diesem Aheadset-Modell müssen zuerst die seitliche Klemmschraube und dann die obere Schraube gelockert werden, bevor das Gelenk verstellt werden kann. Wenn der Lenker in der richtigen Höhe ist, werden zuerst die obere und dann die seitliche Schraube wieder angezogen. Um die Brems- und Schalthebel wieder korrekt auszurichten, müssen sie entweder selbst eingestellt oder der Lenker nach dem Lockern der vorderen Klemmung verdreht werden. Einstellbare Vorbauten gibt es auch für klassische Gewinde-Gabelschäfte.**

# Vorbauten ersetzen

**1** Beim Aheadset-System ist der Vorbau um den Gabelschaft geklemmt und oft mit einigen Distanzringen unterlegt, um die gewünschte Höhe zu erhalten. Es müssen immer so viele Scheiben genommen werden, dass der Vorbau etwas über dem Gabelschaft steht, da ansonsten die Lager nicht eingestellt werden können. Ein zu weit überstehender Vorbau beeinträchtigt hingegen die Stabilität der Klemmung.

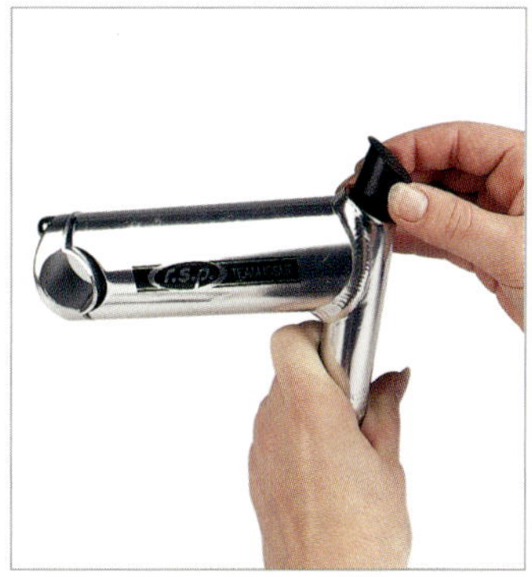

**2** Bei manchen Innenklemm-Vorbauten sitzt die Klemmschraube unter einem Stopfen. Dieser dient auch dem Korrosionsschutz.

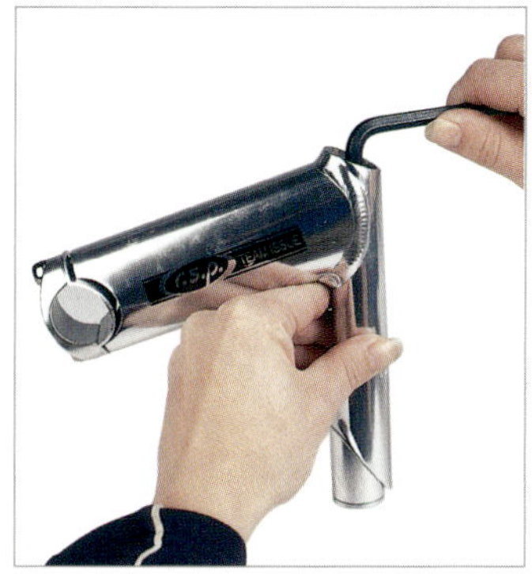

**3** Die Schraube ist meistens mit einem langen 6er-Inbusschlüssel oder einem entsprechenden Steckschlüssel erreichbar.

**4** Ältere Innenklemm-Vorbauten können mit einer außenliegenden Klemmschraube ausgerüstet sein. Bei beiden Typen muss die Schraube vier bis fünf Umdrehungen gelockert werden, bevor sie sanft heruntergeklopft wird, um den Keil zu lösen.

**5** Wenn Innenklemm-Vorbauten schon lange Zeit montiert sind, können sie stark korrodiert und entsprechend schwierig zu demontieren sein. Nachdem einer ausreichenden Menge Kriechöl genügend Zeit zum Einwirken gegeben wurde, kann der Vorbau vielleicht durch Hin- und Herwackeln gelockert werden. Nötigenfalls muss er (mit einem Stück Holz geschützt) mit einem Hammer in den Gabelschaft locker hinein geklopft werden.

# Frontklemmung

**1** Die meisten modernen Vorbauten sind vorn mit demontierbaren Klemmstücken ausgerüstet, um die Demontage des Lenkers zu erleichtern. Je nach Typ müssen zwei oder vier Schrauben schrittweise gelöst werden.

**2** Das Klemmstück wird entfernt und der Lenker auf Schäden überprüft. Nachdem der Lenker und sein Sitz gereinigt wurden (nötigenfalls per Drahtbürste und/oder mit Bremsenreiniger), kann – falls Probleme durch Knackgeräusche aufgetreten waren – der Kontaktbereich vor der Montage mit etwas Fett oder Kupferpaste geschmiert werden.

**3** Die Gewinde der Klemmschrauben sollten vor dem Einbau mit Kupferpaste versehen werden. Die Schrauben müssen schrittweise angezogen werden, dabei muss auf einen gleichmäßigen Abstand des Klemmstücks zum Vorbau geachtet werden. Übliche Anzugsdrehmomente liegen zwischen 18 und 30 Nm; manchmal müssen die oberen und unteren Schrauben mit unterschiedlichen Werten angezogen werden.

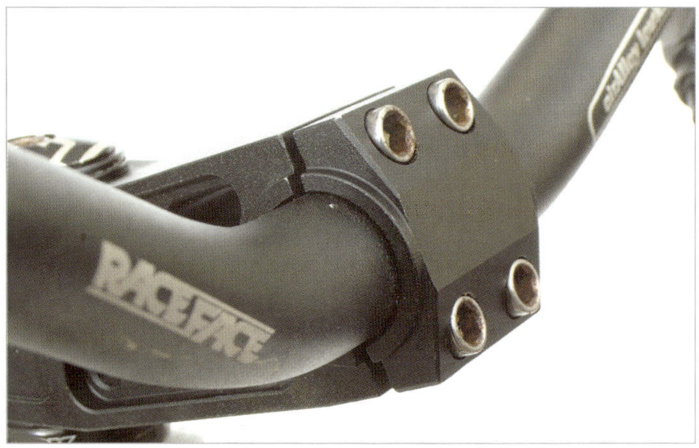


**4** Bei Klemmstücken mit vier Schrauben müssen diese schrittweise und über Kreuz so angezogen werden, dass sich das Klemmstück absolut senkrecht gegen den Vorbau zieht – hier dürfen meistens nur 4 bis 8 Nm Drehmoment eingesetzt werden.

*Für Aheadset-Gabelschäfte sind anschraubbare Verlängerungen erhältlich. Allerdings sollte man vor dem Kauf darüber nachdenken, ob nicht ein größeres Fahrrad die bessere Option wäre.*

**Diese Arbeit wird fällig:**

- Wenn neue Komponenten montiert wurden.

**Zeit:**

- Fünf Minuten zur Verstellung des Lenkers oder Vorbaus.
- Eine halbe Stunde bis Stunde für den Austausch eines Lenkers, bei einem Rennradlenker mit geschlossenem Vorbau noch mehr.

**Schwierigkeitsgrad:**

- Aheadset-Vorbauten sind unkompliziert, Innenklemm-Vorbauten sind oft festgerostet.

## Lenker demontieren

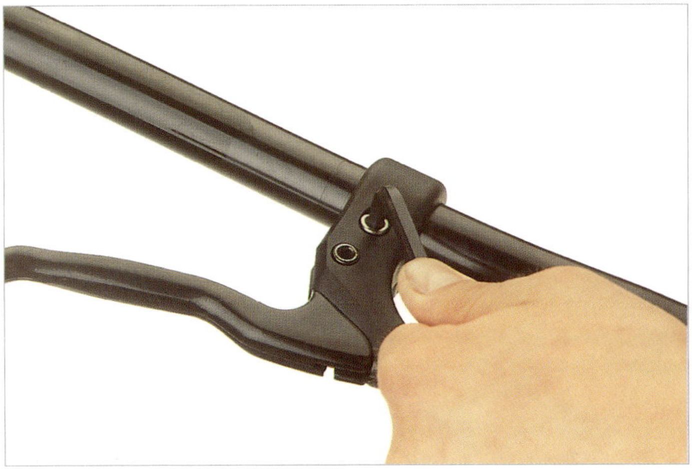

**1** Um einen flachen Lenker aus einer geschlossenen Klemme befreien zu können, müssen alle Griffe, Bremshebel und Schalthebel entfernt werden. Die Bowdenzüge können angeschlossen bleiben – falls sie zu kurz sind, Hebel abziehen, indem der Lenker erst zur einen, dann zur anderen Seite verschoben wird.

**2** Falls der Lenker nur gedreht werden soll, reicht es, die Klemmschraube etwas zu lockern; soll er ganz demontiert werden, muss sie vielleicht vollständig herausgeschraubt werden.

**3** Nachdem nötigenfalls Kriechöl in die Klemmung gesprüht wurde, kann der Lenker herausgezogen werden. Gegebenenfalls muss er erst zu einer, dann zur anderen Seite gezogen werden, damit die Hebel ungehindert abgezogen werden können.

**4** Falls die Klemmung zu eng ist, kann die Klemmschraube von der Gewindeseite gegen ein vor die Bohrung gehaltenes Blech oder Scheibe gedreht werden, um die Klemmung etwas zu weiten.

### Carbonlenker

**Lenker aus Kohlefasern sind edel und leicht, reagieren aber auch empfindlich auf zu fest angezogene Schrauben. Zum einen empfiehlt sich ein Drehmomentschlüssel wie dieser fest auf 5 Nm eingestellte Torque Key; zum anderen muss nötigenfalls mit einer Feile sichergestellt werden, dass die Lenkerklemmung keine scharfen Kanten hat.**

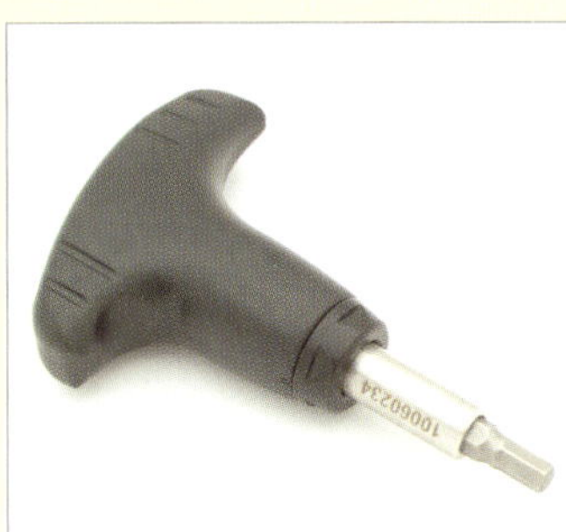

# Griffe und Lenkerband

Rennradlenker wurden früher mit Korkband umwickelt. Zwar gibt es noch heute Lenkerband aus Kork, doch es sind auch viele andere Materialien und Farben erhältlich. Griffe für flache Lenker gibt es ebenfalls in den verschiedensten Ausführungen, Materialien und Farben.

Sowohl Rennrad- als auch flache Lenker sollten auf jeden Fall mit Endstopfen versehen sein. Diese sichern nicht nur bei Rennrädern das Lenkerband und schützen Flachlenker vor eindringendem Schmutz, sondern sie sind auch ein wichtiges Sicherheitsmerkmal, denn ohne sie kann der Lenker bei einem Sturz schwere Verletzungen hervorrufen.

Oft werden flache Lenker mit sogenannten Hörnchen (»Barends«) ausgerüstet. Diese können an Anstiegen nützlich sein, sollten aber nicht beim normalen Fahren benutzt werden, da die Bremshebel nur schwierig zu erreichen sind. Lenker gibt es in den verschiedensten Breiten und Kröpfungen. In jüngerer Zeit kamen bis zu 78 cm breite MTB-Lenkstangen für den ernsthaften Geländeeinsatz auf den Markt, die sich dank vorhandener Markierungen relativ leicht auf besser geeignete Maße für den konventionellen Einsatz zurechtkürzen lassen.

Bevor ein Rennlenker mit neuem Lenkerband umwickelt werden soll, empfiehlt sich eine sorgfältige Reinigung; zudem sollten in Nuten verlegte Bowdenzüge dort mit Isolierband gesichert werden, bevor alles mit Lenkerband umwickelt wird.

## Griffgummis wechseln

**1** Nachdem der Lenkerstopfen entfernt ist, wird nötigenfalls ein kleiner Schraubendreher unter das Griffgummi geschoben, um Kriechöl einzusprühen – so lässt sich das Gummi leichter abziehen. Soll der Griff ausgetauscht werden, kann er auch vorsichtig mit einem scharfen Messer längs aufgeschnitten werden.

**2** Der Griff wird drehend abgezogen. Schieben geht oft leichter als Ziehen.

**3** Der Lenker und wiederzuverwendende Griffgummis müssen sorgfältig gereinigt werden. Zum Aufschieben der Lenkergriffe eignen sich flüchtige Schmiermittel wie Spiritus oder auch Haarspray – Letzteres wirkt trocken zusätzlich als Klebstoff.

**4** Das Griffgummi muss in Position gebracht werden, bevor das Schmiermittel verdunstet ist.

**5** Zum Schluss werden (ggf. neue) Lenkerstopfen installiert.

**Diese Arbeit wird fällig:**
- Wenn die Griffe oder das Lenkerband abgenutzt sind.
- Wenn neue Komponenten montiert werden.

**Zeit:**
- Zehn Minuten für den Wechsel der Griffe.
- 30 Minuten für den Austausch des Lenkerbandes.

**Schwierigkeitsgrad:**
- Nicht schwer, aber das Verlegen des Lenkerbandes erfordert Geduld und etwas Geschick.

## Lenkerband

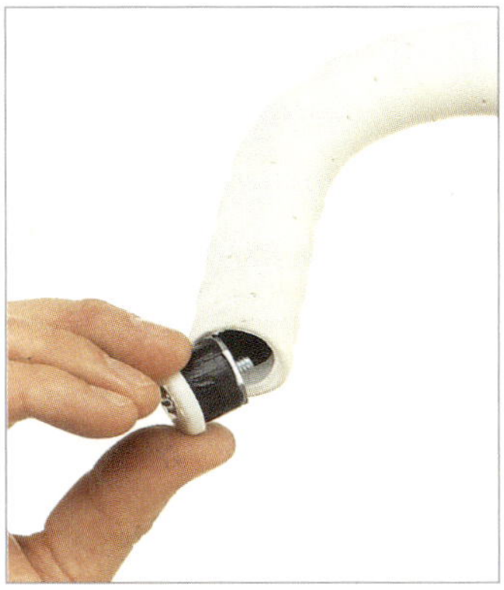

**1** Zunächst werden die Lenkerstopfen entfernt. Manche sind einfach in den Lenker gedrückt, während andere mit Schrauben verklemmt werden.

**2** Das alte Lenkerband wird abgewickelt oder abgeschnitten. Die Bremshebel-Gummis müssen zurückgerollt werden – falls sie spröde sind, sollten sie jetzt ersetzt werden. Üblicherweise sind einem Lenkerband-Kit kurze Bänder beigefügt, die seitlich an die Bremshebel kommen.

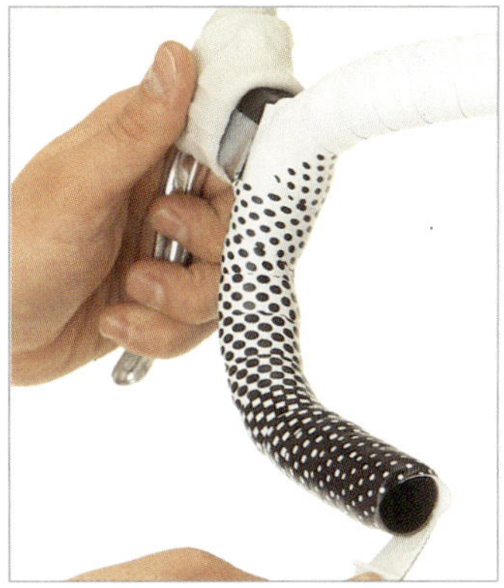

**3** Wenn Sie am Lenkerende beginnen und das Band leicht überlappend wickeln, ergibt sich eine perfekte Oberfläche. Überstehendes Lenkerband in den Lenker stecken.

**4** Die neuen Lenkerstopfen werden drehend in den Lenker gesteckt, sodass sie das Lenkerband sichern.

**5** Lenkerband wird oft als Set ausgeliefert – hierzu gehören Klebeband für das innere Ende des Lenkerbandes, zwei kleine Gummistreifen für die Innenseiten der Bremshebel und Lenkerstopfen.

## Lenker kürzen

**1** Ein Klempner-Rohrschneider eignet sich ideal zum Anpassen eines Lenkers.

**2** Nachdem eine Kerbe in den Lenker geschnitten wurde, wird der Schneider weiter angezogen, während er weitergedreht wird.

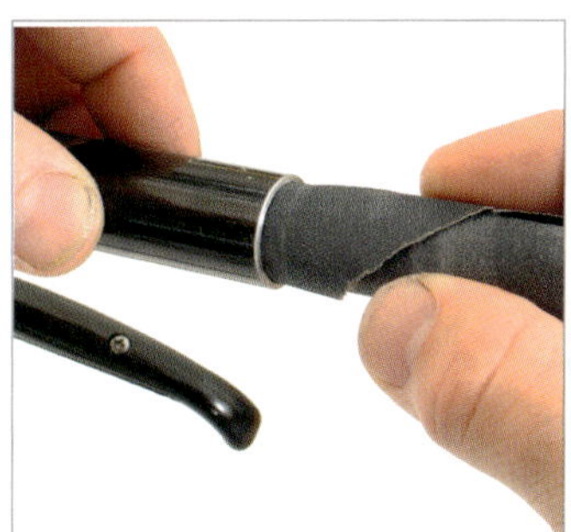

**3** Grate und scharfe Kanten müssen mit einer Feile oder feinem Sandpapier entfernt bzw. gerundet werden.

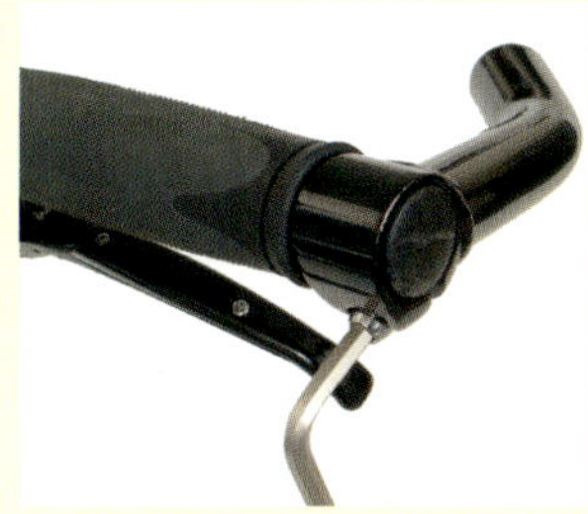

### Lenkerhörnchen

**Solche Endstücke gibt es in unterschiedlichen Fomen und Materialien. Die Klemmschrauben dürfen nicht zu fest angezogen werden, da besonders leichte Lenker aus Aluminium oder Carbon sehr empfindlich darauf reagieren. Der Montagewinkel hängt stark vom persönlichen Geschmack ab, doch sollte bedacht werden, dass sie hauptsächlich für Fahrten an Steigungen benutzt werden sollten, die im Stehen oder im Wiegetritt gefahren werden.**

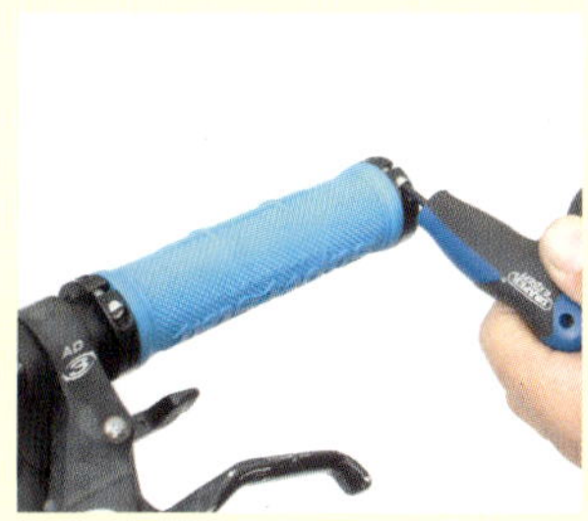

### Anschraubbare Lenkergriffe

**Diese geklemmten Griffe sind leicht zu demontieren, sodass der Austausch von Lenkern, Brems- oder Schalthebeln leichter geht.**

### Lenkerstopfen

**Es gibt sie in den verschiedensten Ausführungen. Notfalls ist ein zurechtgeschnittzter Flaschenkorken immer noch besser als ein offener Lenker, der bei einem Sturz als Stanze wirkt.**

# Sättel und Sattelstützen

Für die Auswahl des richtigen Sattels gibt es nur eine wirklich wichtige Regel: Ausprobieren! Bevor man einen wirklich bequemen Sattel gefunden hat, sollten immer verschiedene Exemplare ausprobiert werden. Die meisten modernen Sättel haben ausreichend lange Streben, die große Verstellmöglichkeiten in Längsrichtung erlauben. Anfangen sollte man hierbei immer in der mittleren Position.

Zur Anpassung an den Sitzrohrwinkel bieten die meisten Sattelstützen einen großen Spielraum, den Sattel auf und ab zu schwenken. Viele sind dank einer »Mikrojustierung« exakt einstellbar, während andere in einer Riffelung einrasten und nur entsprechend großen Schritten einstellbar sind. Bei beiden Befestigungen lohnt sich eine gelegentliche Zerlegung, um die Befestigungsschraube(n) auf Korrosion zu überprüfen. Hierbei können auch die Sattelstreben – besonders im Bereich der Klemmung – begutachtet werden.

Kompakte MTB- und Rennradrahmen erfordern entsprechend lange Sattelstützen – 40 cm lange Rohre sind beim Mountainbike nicht ungewöhnlich. Da bei gefederten oder speziell geformten Rahmen solch lange Rohre nicht beliebig weit eingeschoben werden können, müssen sie ggf. gekürzt werden. Zuvor muss jedoch die Markierung für den maximalen Auszug entsprechend an die neue Länge angepasst werden. Ein absolut rechtwinkliger Schnitt ist nicht wichtig, eine gute Entgratung dagegen schon.

Sattelstützen gibt es in vielen verschiedenen Durchmessern von 25 bis 32,4 mm Stärke – und die Abstufungen können durchaus im Bereich von 0,2 mm liegen! Wenn also eine Sattelstütze ersetzt werden soll (und das Maß ist nicht an der Stütze angegeben), muss unbedingt sorgfältig mit einem Messschieber nachgemessen werden. Weder darf eine zu große Sattelstütze mit Gewalt in das Sitzrohr gepresst werden, noch bei einer zu kleinen Sattelstütze versucht werden, diese mit einer stark angezogenen Klemmung zu sichern – in beiden Fällen kann ein beschädigter Rahmen die Folge sein.

## Sattel-Ausrichtung bei Patentstützen mit zwei Schrauben

*Manche hochwertige Patentstützen sind mit Winkelmarkierungen versehen, die dabei helfen, einen Sattel nach der Montage im korrekten Winkel auszurichten.*

## I-Beam-Sättel

**1** Beim von SDG entwickelten I-Beam-System sichert eine einzige Schraube mit zwei Klemmstücken den auf einer Schiene sitzenden Sattel.

**2** Nachdem die Schraube gelockert wurde, kann der Sattel vor- und zurückgeschoben sowie in der Neigung verstellt werden.

**3** Wenn der Sattel in der gewünschten Position steht, wird die Schraube angezogen.

## Patentstützen-Sättel

**1** Bei dieser Sattelstütze wird der Sattel mit einer von unten eingesetzten Schraube gesichert. Beim Zusammenbau sollte deren Gewinde mit reichlich Kupferpaste geschmiert werden.

**2** Oft lässt sich der Sattel leichter bei aus dem Rahmen befreiter Sattelstütze montieren. So kann man auf dem Kopf liegend das obere Klemmstück samt Mutter ansetzen ...

**3** ... und dann die untere Hälfte auflegen – die Ausschnitte der Klemmstücke müssen um die Streben herum liegen.

**4** Nun wird die Sattelstütze mit der Schraube zunächst locker befestigt. Korrekt angezogen wird die Schraube dann nach der Montage ans Fahrrad. Einzelschrauben-Befestigungen sollten regelmäßig nachgezogen werden.

## Sattelposition einstellen

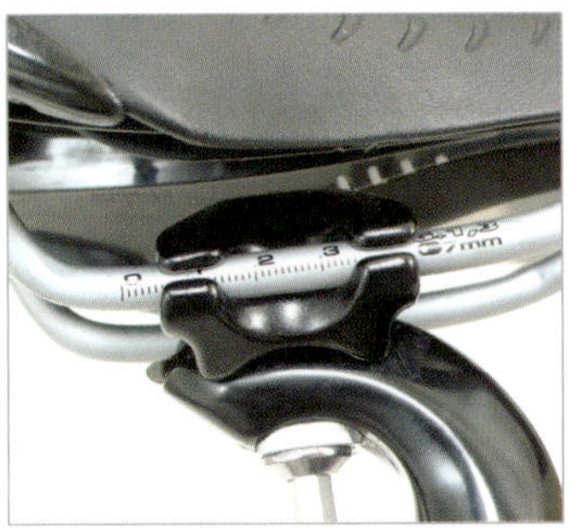

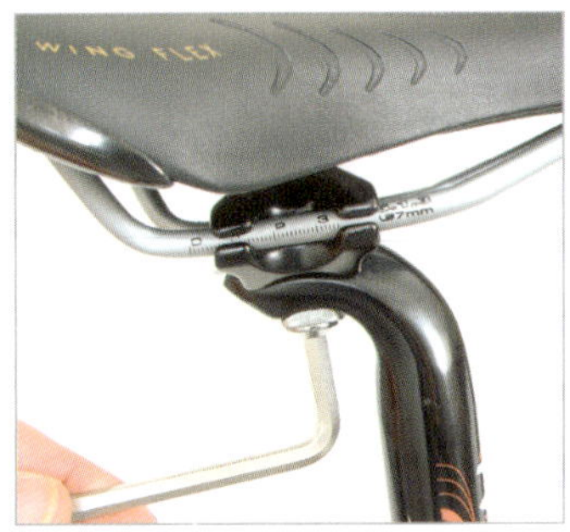

**1** Die ausgebaute Sattelstütze sollte mit reichlich Kupferpaste geschmiert werden. Anschließend wird die Sattelhöhe wie auf Seite 14 beschrieben eingestellt.

**2** Viele Sättel sind an ihren Streben mit Markierungen versehen, die das Ausrichten erleichtern sollen. Nachdem die Klemmschraube etwas gelockert wurde, sollte der Sattel zu Beginn in eine mittlere Position gebracht werden, um nach Probefahrten ein Stück vor- oder zurückgeschoben werden zu können.

**3** Bei Befestigungen mit einer einzelnen Schraube kann sich die Neigung des Sattels nach dem Anziehen ändern. Kräftiges Klopfen des Sattels sollte unterbleiben, da hierdurch die Rasterungen beschädigt werden können. Nötigenfalls mehrfach probieren, bis es klappt.

**4** Nachdem der Sattel korrekt ausgerichtet ist, muss die Schraube fest, aber nicht zu fest angezogen werden.

### Vario-Sattelstützen

*Verstellbare Sattelstützen erlauben eine rasche Sitzhöhenverstellung. Besonders bei Bergabfahrten mit dem Mountainbike ist dies sehr praktisch. An der normal im Sitzrohr eingeklemmten Vario-Sattelstütze ist ein Hydraulikschlauch angeschlossen, der extern oder intern bis zum Lenker verläuft, wo mit einem Hebel festgelegt werden kann, ob der Sattel hoch oder niedrig positioniert wird.*

**Diese Arbeit wird fällig:**
- Wenn die Sattelstütze ersetzt werden soll.
- Wenn die Sitzposition geändert werden soll.

**Zeit:**
- Drei Minuten zur Verstellung des Sattels.
- Eine halbe Stunde für den Austausch eines Sattels oder der Sattelstütze.

**Schwierigkeitsgrad:**
- Bis auf manche Einschrauben-Patentstützen absolut unkompliziert.

# Sattelkerzen

Die wegen ihrer Verjüngung am oberen Ende »Sattelkerzen« genannten Sattelstützen finden sich heute nur noch im unteren Preissegment. An der Verjüngung ist der meistens aus mehreren Stahlblechsegmenten bestehende »Sattelkloben« mit einer seitlich eingesteckten Schraube angeklemmt, die auch den Sattel sichert. Falls der Kloben zerlegt werden muss, sollten alle Teile in der korrekten Reihenfolge ausgelegt werden. Die Klemmschraube sitzt normalerweise hinter der Sattelkerze – soll der Sattel weiter nach vorn versetzt werden, kann der Kloben entsprechend umgedreht werden.

## Sattelstützen-Schellen

*Die traditionellen angeschweißten Klemmschrauben-Aufnahmen sind heute weitgehend durch separate Schellen ersetzt, die entweder mit einem Schnellspanner oder einer Schraube zugezogen werden. Der Innendurchmesser der Schelle hängt vom Außendurchmesser des Sitzrohrs ab. Schnellverschlüsse werden gern von Mountainbikern eingesetzt, weil sich damit der Sattel vor steilen Abfahrten absenken lässt. Bei Stadträdern haben Schnellverschlüsse Vor- und Nachteile: Sie erleichtern Teiledieben die Arbeit – und sie schrecken Fahrraddiebe ab, wenn man den Sattel selbst mitnimmt.*

## Sattelhöhe ändern

**1** Bei klassischen Fahrrädern wird die Sattelstütze mit einer Klemmschraube gesichert. Nachdem die Schraube gelockert wurde, kann der Sattel hineingeschoben oder herausgezogen werden – nötigenfalls muss er dabei gedreht werden.

**2** Lässt sich die Sattelstütze nur schwer bewegen, kann zunächst Kriechöl (mit ausreichender Einwirkzeit) helfen. Der Sattel sollte auf jeden Fall zunächst ausgebaut und die Sattelstütze vor dem Einschieben mit Kupferpaste versehen werden. Die Klemmschraube wird anschließend wieder sorgfältig angezogen.

**Diese Arbeit wird fällig:**
- Wenn neue Komponenten montiert werden.

**Zeit:**
- Fünf Minuten zur Verstellung des Sattels.
- Eine halbe Stunde für den Austausch eines Sattels oder der Sattelstütze.

**Schwierigkeitsgrad:**
- Unkompliziert, doch ein komplett zerlegter Kloben kann Schwierigkeiten bereiten. Besser ist die Umrüstung auf eine Patent-Sattelstütze.

## Feineinstellungen am Sattelkloben

**1** Zunächst wir die Mutter der Klemmschraube etwas gelockert. Die endgültige Sattelausrichtung erfolgt nach persönlichem Geschmack.

**2** Die Klemmschraube muss noch so fest sitzen, dass sich der Sattel gerade eben auf der Rasterung drehen lässt. Zu Beginn der Einstellung sollte der Sattel wie in Bild 1 gezeigt nahezu waagerecht stehen.

**3** Auch die Längsposition lässt sich jetzt einstellen. Grundsätzlich sollte bei einem neuen Sattel zunächst mit der mittleren Position begonnen werden. Der Sattel bleibt dabei waagerecht ausgerichtet.

### Klassische Sättel

**Ledersättel mit oder ohne Federn sind immer noch populär. Sie können auf Sattelkerzen oder Patentstützen befestigt werden. Leder benötigt gelegentlich Fett und Aufmerksamkeit. Dabei müssen sie nicht nur gereinigt, sondern können auch hin und wieder an der vorderen Schraube nachgespannt werden.**

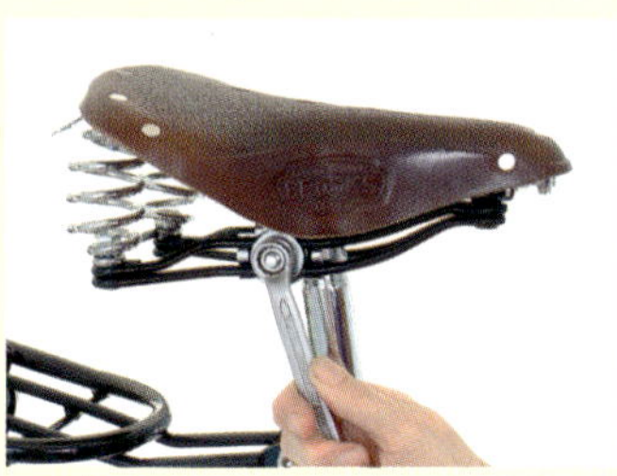

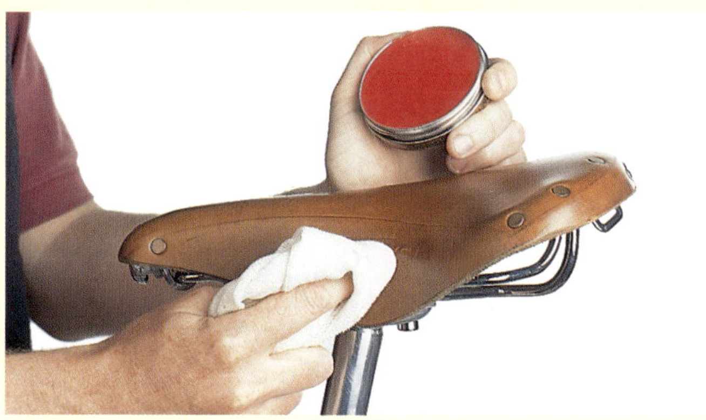

# Pedale

## Austausch

Obwohl oft unterschätzt, gehören Pedale zu den wichtigsten Kontaktpunkten des Fahrrades. Billig-Fahrräder werden oft mit noch billigeren Pedalen ausgerüstet, da die meisten Einsteiger diesen sowieso keine Beachtung schenken. Bei hochwertigen Fahrrädern hingegen wissen die Hersteller um die speziellen Wünsche ihrer Kunden – und lassen sie gleich ganz weg.

Billigpedale bestehen meistens aus Hartplastik, das bestenfalls um einen Alu-Rahmen gegossen wurde. Auf Reparaturen sollte hier verzichtet werden, stattdessen ist man besser beraten, sie durch höherwertige Teile zu ersetzen.

Traditionelle Rennradpedale sind mit Haken und Riemen ausgerüstet, doch nur noch hartnäckige Nostalgiker fahren heute noch damit, denn es gibt wesentlich bessere Systeme auf dem Markt. Ein engagierter Radsportler kommt heute an Klickpedalen nicht vorbei. Diese erfordern spezielle Schuhe, an die Platten geschraubt werden, um die Füße an den Pedalen zu arretieren.

Bei Holland-, Stadt- und anderen Freizeitfahrrädern reichen oft Pedale mit profiliertem Metallkäfig (»Bärentatzen«) oder Kunststoff-Plattformen, auch wenn bei Letzteren die Füße leicht abrutschen können. Beliebt sind auch Kombi-Pedale, die auf einer Seite mit einem Klickmechanismus und auf der anderen mit einer Bärentatze ausgerüstet sind.

Unten ist ein Pedal zu sehen, bei dem verschlissene Metallstifte einfach herausgeschraubt und ersetzt werden können.

### Links- und Rechtsgewinde-Pedale

**Selbst die billigsten Pedale sollten mit L und R markiert sein – was einerseits für ihre Einbauposition und andererseits für den Gewindetyp steht. Selbst wenn nichts dransteht, lässt sich leicht am Gewinde erkennen, in welche Richtung es eingeschraubt wird – ein Rechtsgewinde wird im Uhrzeigersinn eingeschraubt, ein Linksgewinde gegen den Uhrzeigersinn.**

*Die Bauteile eines preiswerten Kunststoffpedals. Bei solchen Pedalen lohnt sich weder eine Überholung noch eine Reparatur. Falls Spiel auftritt, lohnt es sich möglicherweise, die Lager zu schmieren und einzustellen, doch die beste Lösung ist der Austausch gegen hochwertige Pedale.*

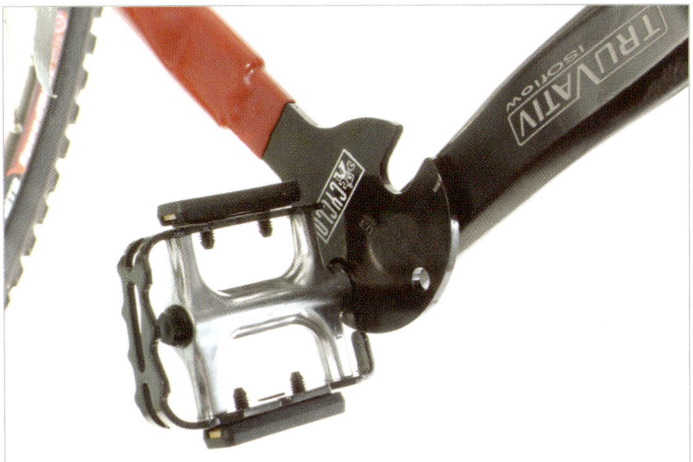


**1** Die meisten Pedale können mit einem 15er-Maulschlüssel gelöst werden. Hier wird eine besonders schmale Ausführung benötigt. Oft lässt sich an der Innenseite der Kurbel ein 6er-Inbusschlüssel ansetzen. Wichtig: Vor dem Lösen über die richtige Drehrichtung nachdenken.

## Pedale mit Inbus-Befestigung

**Statt eines 15er-Maulschlüssels kann/muss man bei vielen modernen Pedalen innen einen 6er-Inbusschlüssel ansetzen – möglichst als hochwertiger Steckschlüssel mit stabilem Griff.**

**Diese Arbeit wird fällig:**
- Wenn neue Pedale montiert werden sollen.

**Zeit:**
- Fünf Minuten – plus ggf. Zeit zum Einwirken des Kriechöls.

**Schwierigkeitsgrad:** 🔧🔧
- Unkompliziert – wenn man in die richtige Richtung dreht.

**2** Ohne Kupferpaste eingesetzte Pedale können sehr fest sitzen – hier hilft nur, reichlich Kriechöl lange einwirken zu lassen.

**3** Kettenblätter haben nicht nur optische Ähnlichkeit mit Sägeblättern – vor solchen Löse-Versuchen sollte die Kette auf das obere Blatt gelegt und die Kettenblätter mit reichlich Lappen abgedeckt werden.

**4** Das linke Pedal hat ein Linksgewinde – und muss rechts herum gelöst werden. Durch das Ziehen des Schlüssels gegen die Kurbel kann viel Kraft entwickelt werden.

**5** Nachdem die Pedale ausgebaut sind, sollten ihre Gewinde sowie die der Kurbeln gereinigt und mit Kupferpaste oder Fett versehen werden.

# Pedale – Zerlegen, schmieren und zusammenbauen

Die Qualität der am Fahrrad vorhandenen Pedale entscheidet darüber, ob sich Reparaturen und Wartungsarbeiten lohnen, oder ob einfach Ersatz beschafft werden sollte. Billige Pedale sind oft mit Konuslagern ausgerüstet, wogegen hochwertige Pedale zumindest innen auf abgedichteten Rillenkugellagern laufen, während außen manchmal eine Lagerbuchse sitzt. High-End-Pedale sind aus einem Stück hochfestem Leichtmetall gefräst und laufen auf einer Titan-Achse.

Auf dieser Seite wird ein billiges Kunststoff-Pedal überholt – nicht weil es sich lohnt, sondern weil es ein für angehende Fahrradmechaniker geeignetes Projekt darstellt. Wer in der Lage ist, solche Pedale zu zerlegen, zu reinigen und wieder zusammenzubauen, kann davon ausgehen, ein talentierter Techniker zu werden. Der Vorteil diese Übung liegt darin, dass im Notfall preiswerter Ersatz beschafft werden kann.

**Diese Arbeit wird fällig:**
- Wenn die Pedal-Lager verschlissen sind.

**Zeit:**
- Eine Stunde zum Ersetzen der Lager bei billigen Kunststoff-Pedalen.

**Schwierigkeitsgrad:** 🔧🔧
- Alle Kugeln in Position zu halten, kann beim Zusammenbau kniffelig werden, die Einstellung kann zeitaufwendig sein.

## Lockere Pedal-Konuslager

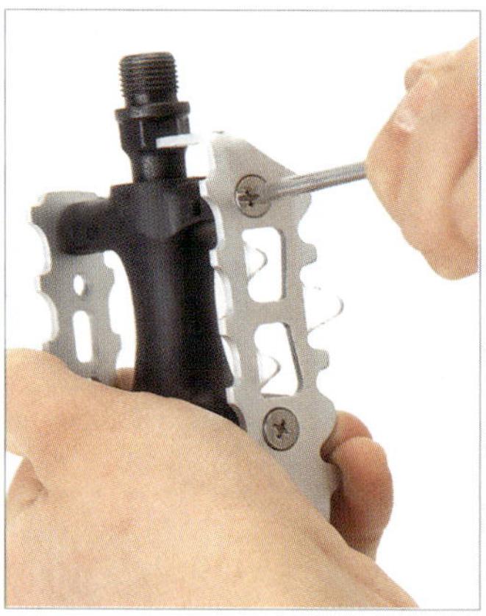

**1** Die Bärentatze sollte möglichst vom Pedal-Gehäuse entfernt werden.

**2** Außen wird der Stopfen entfernt – manche müssen herausgehebelt, andere herausgeschraubt werden.

**3** Falls die Kontermutter tief im Pedalgehäuse sitzt, muss sie mit einem Steckschlüssel gelöst werden.

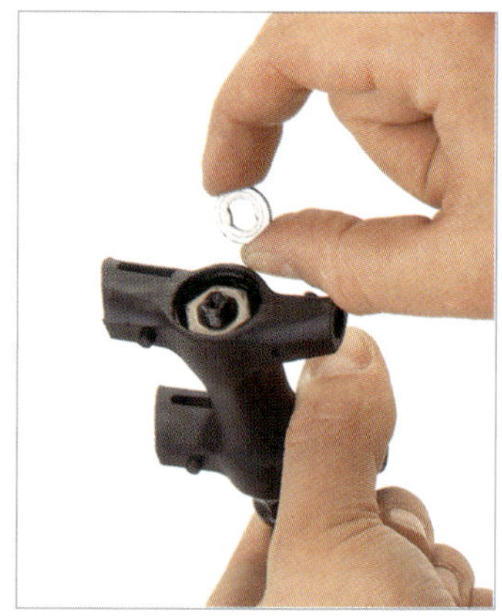

**4** Nachdem die Mutter entfernt ist, wird die Laschenscheibe abgehoben – nötigenfalls mit einem Magneten.

**5** Während die Achse und das Gehäuse zusammengehalten werden, wird die Konusmutter von der Achse geschraubt. Nötigenfalls muss die Achse in einen Schraubstock geklemmt werden.

**6** Jetzt können die Kugeln befreit werden – wir haben dazu den Bügel einer Stiftkappe genommen.

**7** Beim Zusammenbau werden neue Lagerkugeln mit etwas Fett in das Pedalgehäuse geklebt. Dann wird vorsichtig die Achse eingeschoben und die Konusmutter aufgeschraubt. Nach der Laschenscheibe folgt die Kontermutter. Die Einstellung der Lager entspricht exakt derjenigen bei Radlagern (siehe Seite 150).

*Diese Freizeitschuhe können mit Blockpedalen, Hakenpedalen oder bei montierten Schuhplatten mit Klickpedalen gefahren werden.*

*Rillenkugellager-Pedal*

*Hochwertige Pedale mit Rillenkugellagern lassen sich oft mit geringen Kosten überholen. Dieses Reparaturset enthält alles für eine Komplettüberholung eines Pedal-Paares.*

## Bärentatzen und Klickpedale

Immer mehr Radfahrer schwören auf eine innige Verbindung zwischen ihren Schuhen und den Pedalen. Seit den 1980er-Jahren haben Klickpedale die traditionellen Hakenpedale verdrängt. An speziellen Schuhen angebrachte Haken (»Platten«) werden in Vorrichtungen an den Pedalen eingeklickt und durch seitliche Bewegungen wieder befreit.

Zwei wichtige Gründe sprechen für Klickpedale: Zunächst verbessern sie – soweit richtig eingestellt – den Komfort. Wer schon mal eine längere Strecke mit klassischen flachen Pedalen gefahren ist, kennt die Tendenz der Füße, davon abzurutschen, sodass sie (zumeist unbewusst) ständig neu positioniert werden müssen. Eingerastete Schuhe bleiben einfach stehen.

Feste Verbindungen zu den Pedalen verbessern auch die Leistungsentfaltung und den »Rundlauf«, da sie jetzt nach hinten geschoben, hochgezogen und nach vorne gedrückt werden können – und nicht nur heruntergepresst werden. Ein korrekt positionierter Schuh sorgt auch dafür, dass der Fuß in der effektivsten Position steht. Die feste Sohle stellt zudem sicher, dass mehr Kraft in die Peda eingeleitet werden kann. Zahlreiche Hersteller tummeln sich auf dem Markt, doch Look, Shimano und Time sind die Platzhirsche. Klickpedale gibt es für Rennräder und Mountainbikes, doch wer gerne Offroad fährt, bevorzugt vielleicht Bärentatzen...

Weil im Gelände die Füße oft sehr plötzlich von den Pedalen genommen werden müssen, haben Bärentatzen keine Einrast-Vorrichtungen, sondern stellen nur mit Krallen die Verbindung zur Schuhsohle sicher. Es gibt zahllose Varianten und Qualitäten. Oft soll eine möglichst große Plattform die Stabilität und die Kontrolle verbessern – auf rasch wechselnden Untergründen sehr wichtige Punkte. Bei hochwertigen Modellen lassen sich Spikes einzeln ersetzen oder für Ausflugsfahrten demontieren.

*Die »Schneebesen«-Pedale von Crank Brothers eignen sich sowohl für MTBs als auch Rennräder. Die offene Konstruktion schleudert Matsch leicht wieder ab.*

*Pedale sollten möglichst immer mit Reflektoren ausgerüstet werden (die sogar gesetzlich vorgeschrieben sind), da die Bewegung der Pedale die Blicke der Autofahrer gut anzieht. Viele Reflektoren werden einfach eingesteckt, während andere angeschraubt werden müssen – hier muss gelegentlich die Festigkeit der Muttern überprüft werden.*

# Klickpedale (MTB)

**1** MTB-Fahrradschuhe sind im Neuzustand mit abnehmbaren Platten ausgerüstet, die für den Zugang zu den Befestigungslöchern der Schrauben entfernt werden müssen. Bei manchen Modellen muss die Platte mit einem scharfen Messer abgetrennt werden.

**2** Wenn die Befestigungslöcher zugänglich sind, werden die Schuhplatten darüber ausgerichtet. Generell sollte die Pedalachse in der eingerasteten Position ein kleines Stück hinter dem Fußballen liegen.

**3** Nötigenfalls muss die Einlegesohle entfernt werden, um die Befestigungsplatte in Position halten zu können. Die Schrauben der Schuhplatten sollten vor dem Einbau mit Kupferpaste geschmiert werden.

**4** Nötigenfalls wird der wasserfeste Aufkleber über die Schuhplatten-Befestigung geklebt und die Einlegesohle installiert. Nun werden die Pedale montiert.

**5** Bei vielen Pedalen ist die Auslösekraft einstellbar. Klickpedal-Anfänger sollten mit dem Minimalwert beginnen.

**6** Nachdem man sich auf dem Fahrrad sitzend an eine Wand lehnt, wird das Einklicken und Befreien von den Pedalen geübt. Nötigenfalls muss die Position der Schuhplatten mithilfe der Langlöcher eingestellt werden.

# Schuhplatten für Rennradschuhe

**1** Look gehört im Rennradbereich zu den führenden Herstellern. Zuerst werden die Pedale in die Kurbeln geschraubt.

**2** Bei vielen Klickpedalen kann eingestellt werden, wie weit der Schuh bewegt werden kann, bevor die Verriegelung öffnet. Bei dieser Version ist dies mit einem Inbusschlüssel möglich.

**3** Rennradschuhsohlen sind deutlich steifer als die eines MTB-Schuhs. Markierungen für die Neutral-Position erleichtern das Ausrichten der Schuhplatten.

**4** Die Schuhplatte wird über den Ballen des Schuhs gelegt, sodass die Bohrungen fluchten. Zuerst wird die vordere Schraube samt Scheibe installiert.

**5** Wenn man mit der Ausrichtung der Platte zufrieden ist, wird die erste Schraube eingedreht, aber noch nicht angezogen – die Platte darf sich dabei nicht verschieben.

**6** Jetzt werden die anderen Schrauben samt Scheiben zunächst handfest installiert.

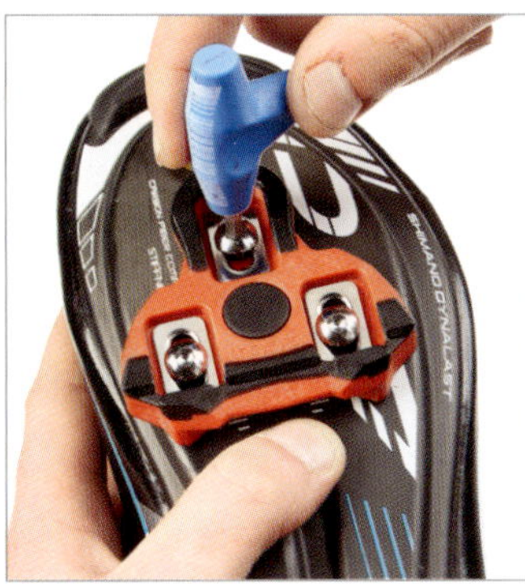

**7** Wenn die Position stimmt, werden alle Schrauben angezogen. Die Stellung der Schuhplatte entscheidet zwischen Komfort und Schmerz. Weil es kein Patentrezept gibt, muss die Platte möglicherweise mehrmals versetzt werden.

## Schuhplatten-Position

Um der optimalen Position möglichst nahe zu kommen, setzt man sich z.B. auf einen Tisch und lässt die Beine entspannt baumeln. So lässt sich erkennen, ob die Füße in ihrer »Grundstellung« parallel hängen oder vorne leicht voneinander weg oder zueinander zeigen.

Jetzt werden die Schuhplatten-Schrauben soweit gelockert, dass die Platten verschoben werden können, aber in der eingestellten Position verbleiben. Während die Platten stets parallel zueinander stehen (weil fest mit den Pedalen verbunden), werden die Schuhe so verdreht, dass ihr Winkel der natürlichen Fußhaltung entspricht. Nachdem die Schrauben angezogen sind, wird eine Probefahrt unternommen und ggf. nachgestellt.

**Wichtig:** Die Schuhe dürfen immer nur mit vollständig angezogenen Schrauben mit den Pedalen verbunden werden, da sie sich andernfalls nicht wieder lösen lassen und bei Trenn-Versuchen der Schuh, die Platte und/oder das Pedal beschädigt werden können.

3T

# 6

# Laufräder

# Radnaben zerlegen

Dass Radnaben immer etwas Aufmerksamkeit benötigen, wird man zuerst bei einer Routinekontrolle feststellen – bei altmodischen Naben ohne nennenswerte Abdichtung kommt dieser Punkt schneller als man denkt, besonders wenn viel bei Regen oder im Gelände gefahren wird.

MTBs und auch immer mehr andere Fahrräder sind mit Staubkappen ausgerüstet, die zwar eine gute Barriere gegen Schmutz und Feuchtigkeit darstellen, aber nicht komplett abdichten – und daher weiterhin ein gelegentliches Zerlegen und Überholen erfordern. Wer billige Laufräder ohne Dichtungen hat, sollte überlegen, ob sich statt einer Überholung nicht gleich der Austausch der Räder lohnt (dies gilt besonders, wenn auch schon die Felgen verschlissen sind). Bei hochwertigen Laufrädern lohnt sich dagegen fast immer eine Überholung der Lager.

Qualitäts-Laufräder werden immer mehr mit Rillenkugellagern ausgerüstet, nur Shimano und Campagnolo hängen weiterhin an den klassischen Konuslagern, weil diese besser mit seitlichen Belastungen zurechtkommen und ihrer Meinung nach höhere Kurvengeschwindigkeiten erlauben. Das Überholen von Rillenkugellagern ist auf den Seiten 152 und 153 beschrieben.

In jüngerer Zeit werden immer mehr komplette Laufräder von Nabenherstellern angeboten. Diese können mit Standardspeichen oder mit Spezialspeichen aufgebaut sein, bei anderen sind die Speichen ohne Kröpfung in der Felge eingehängt und die Nippel sitzen an der Nabe.

Bei Hinterradnaben mit Freilaufgehäuse müssen die Achse und die Lager ausgebaut werden, bevor der Freilauf demontiert werden kann. Bei Hinterradnaben mit Rillenkugellagern ist dies normalerweise nicht nötig, da der Freilauf auf die Nabe geschoben ist.

## Lagerfett

*Es sind viele spezielle Fahrrad-Fette erhältlich, die oft auf mit PTFE (Teflon) versetztem Synthetikfett basieren. Ihre Viskosität ist an die relativ niedrige Umlaufgeschwindigkeit bei Fahrradteilen angepasst und das Fett daher nicht zu zäh. Bevor ein Lager jedoch mangels Schmierstoff trocken läuft, darf zur Not auch anderes Fett verwendet werden.*

**Diese Arbeit wird fällig:**
- Wenn im Laufrad Spiel auftritt.
- Wenn Lager rau und geräuschvoll laufen.

**Zeit:**
- Eine dreiviertel bis ganze Stunde zum Austausch der Lagerkugeln. Falls zusätzlich die Achse und die Konusse ausgetauscht werden sollen, wird etwas mehr Zeit benötigt.

**Schwierigkeitsgrad:** 🔧🔧🔧🔧
- Das korrekte Einstellen von Konuslagern kann sehr zeitaufwendig sein.

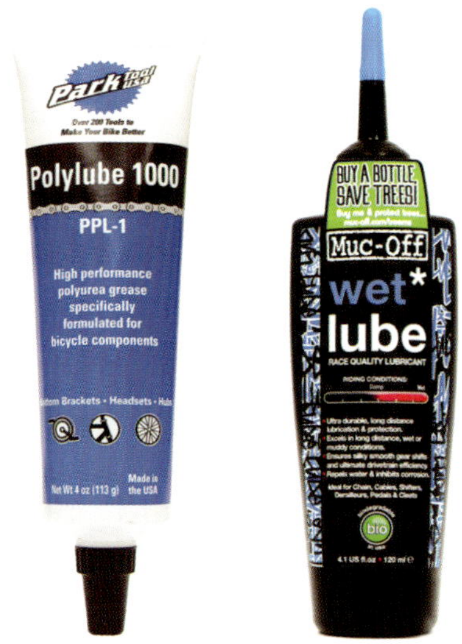


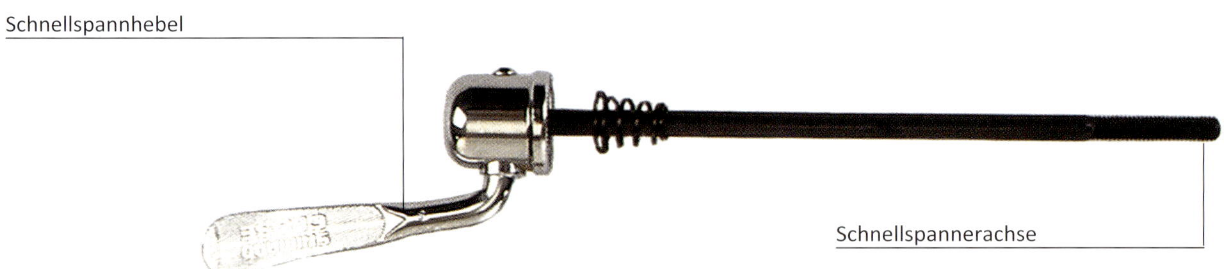


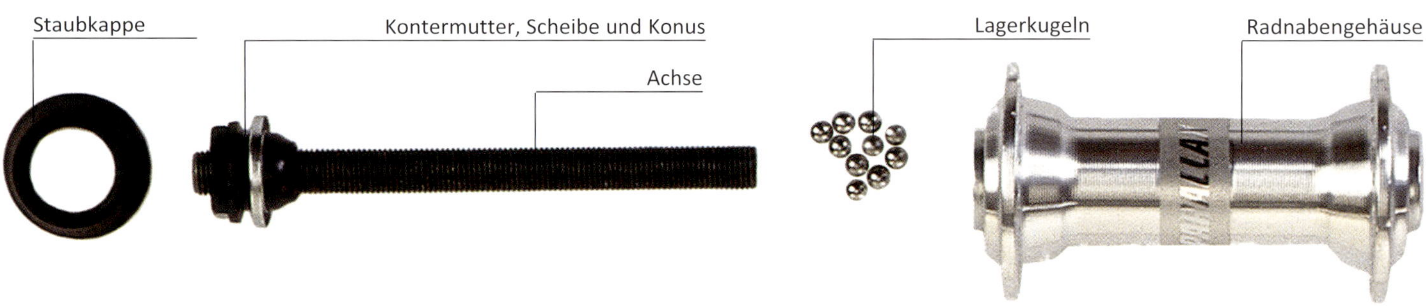

# Radnabe mit Konuslagern – Zerlegen

**1** Nachdem das Laufrad ausgebaut ist, wird der komplette Schnellspanner entfernt – die Schneckenfeder ist üblicherweise mit der schmalen Seite zur Nabe ausgerichtet.

**2** Viele Radnaben sind heute mit einer Staubkappe geschützt. Diese kann einfach abgezogen oder mit einem kleinen Schraubendreher abgehebelt werden.

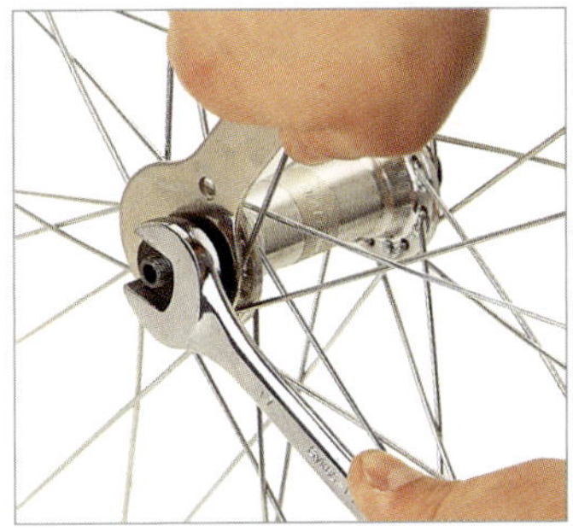

**3** Während der Konus mit einem flachen Konusschlüssel gehalten wird, kann die Kontermutter mit einem normalen Maulschlüssel gelöst werden.

**4** Nachdem die Kontermutter abgeschraubt ist, werden alle Scheiben sichergestellt und dann die Konusmutter von der Achse geschraubt.

**5** Nachdem die Konusmutter an einer Seite entfernt ist, wird die Achse zur anderen Seite herausgezogen – hierbei können auch Lagerkugeln herausfallen, die sichergestellt werden müssen.

**6** Alle im Nabengehäuse verbliebenen Kugeln müssen mit einem kleinen Schraubendreher oder Ähnlichem befreit werden. Für den Zusammenbau wird die korrekte Anzahl der Kugeln benötigt.

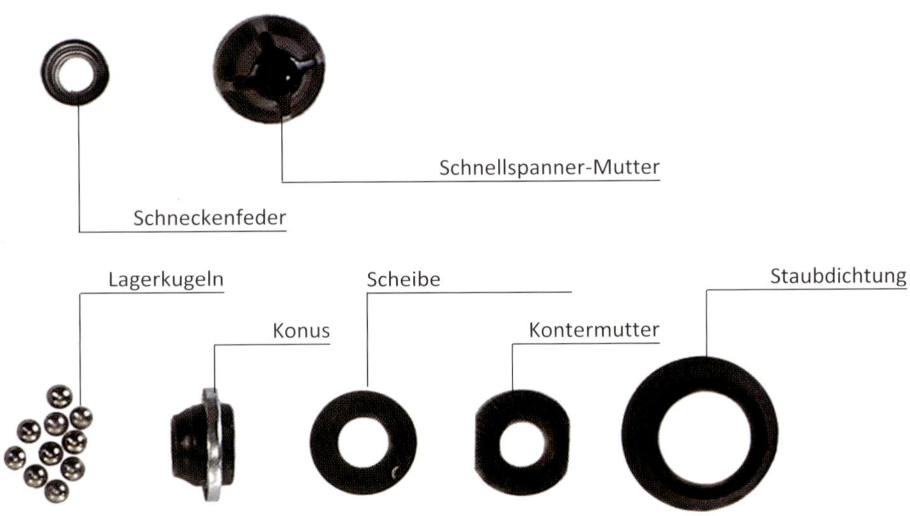


## Felgen

Diese Hohlkammerfelge ist mit Verstärkungshülsen für die Speichennippel ausgerüstet. Ausführungen für Felgenbremsen müssen stabilere Flanken haben, wogegen bei Naben- oder Scheibenbremsen die Nippel-Aufnahmen für stärkere Belastungen ausgelegt sein müssen.

## Demontage eines Freilaufgehäuses

*Nachdem die Achse und die Radlager entfernt sind, kann das Freilaufgehäuse mit einem passenden Inbusschlüssel demontiert werden. Bei Shimano-Freilaufgehäusen ist keine Überholung möglich, sodass sie bei Verschleiß oder Beschädigungen ersetzt werden müssen.*

# Radnaben mit Konuslagern – Schmieren und Einstellen

Nachdem die Achse und die Lager demontiert sind, werden alle Teile sorgfältig gereinigt und begutachtet. Zunächst muss geprüft werden, ob die Achse verbogen ist. Dies lässt sich leicht durch Rollen auf einer ebenen Fläche, z. B. einem Spiegel, ermitteln. Als Nächstes werden die Kugel-Laufflächen auf den Konussen kontrolliert – Riefen und Ausbrüche bedeuten, dass die Konusse ersetzt werden müssen. Schließlich werden die Lagerflächen im Nabengehäuse inspiziert – hier weisen Riefen und Ausbrüche ebenfalls auf einen Austausch hin – entweder des gesamten Gehäuses oder (bei sehr hochwertigen Naben) der Lagersitze.

Bei der wieder (ggf. mit neuen Lagern) zusammengebauten Radnabe muss auf jeden Fall das Lagerspiel eingestellt werden. Dazu werden die Konusse so weit angezogen, bis an der Achse kein spürbares Spiel mehr vorhanden ist. Allerdings muss sich das Rad frei und ohne Klemmen und die Achse drehen können. Dabei muss darauf geachtet werden, dass die Achse an beiden Seiten um etwa den gleichen Wert aus den Konussen herausragt. Während man dann den Konus mit einem Konusschlüssel kontert, wird die Kontermutter angezogen. Wahrscheinlich sind für eine korrekte Einstellung mehrere Versuche nötig, die viel Zeit kosten. Bei einem perfekt eingestellten Rad darf an der Felge äußerst geringes Spiel feststellbar sein.

## *Karies-Konusse*

*Die alten Konusse müssen genau auf Verschleiß und Ausbrüche überprüft werden. Der linke Konus ist nagelneu, wohingegen der mittlere wegen Korrosion und Ausbrüchen unverzüglich ersetzt werden muss. Der rechte Konus zeigt geringfügige Verschleißspuren und sollte bei Gelegenheit ausgetauscht werden.*

**1** Nachdem die Nabe sorgfältig gereinigt ist, wird der Lagersitz rundherum dünn mit Fett bestrichen – zu viel ist hier nicht gut.

**2** Jetzt werden die neuen Lagerkugeln in die Nabe »geklebt«. Hierzu eignet sich wieder unsere Stiftkappe oder ein Zahnstocher. Bei den meisten Naben werden an jeder Seite 9 bis 11 Kugeln der Größe 3/16 Zoll (4,76 mm) oder 1/4 Zoll (6,35 mm) eingesetzt.

**3** Nachdem der auf der Achse sitzende Konus geschmiert wurde, wird die Achse installiert, ohne dabei die Kugeln durcheinanderzubringen.

**4** Nun wird auf der anderen Seite der Konus aufgeschraubt und sanft gegen die Kugel gedreht, sodass kein Spiel mehr fühlbar ist, die Achse aber gedreht werden kann.

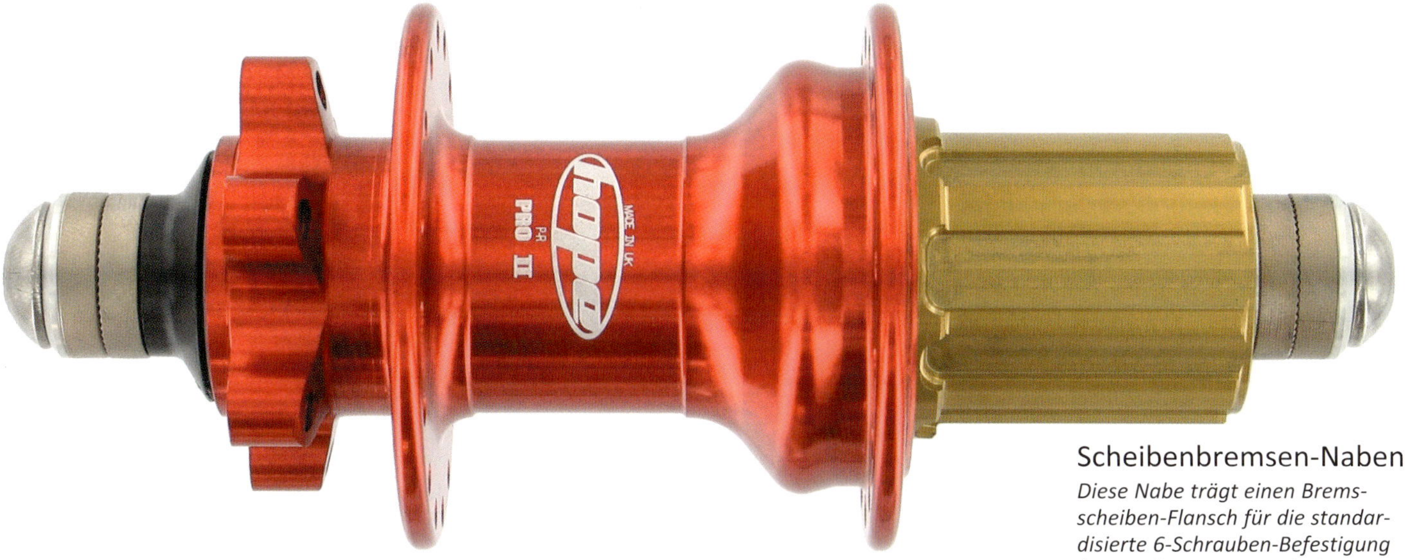


## Scheibenbremsen-Naben

*Diese Nabe trägt einen Bremsscheiben-Flansch für die standardisierte 6-Schrauben-Befestigung (IS 2000). Beim Centerlock-System von Shimano werden Bremsscheiben dagegen auf einen Vielzahn geschoben und mit einem Verschlussring gesichert.*

**5** Nachdem die Scheibe aufgelegt ist, wird die Kontermutter aufgeschraubt.

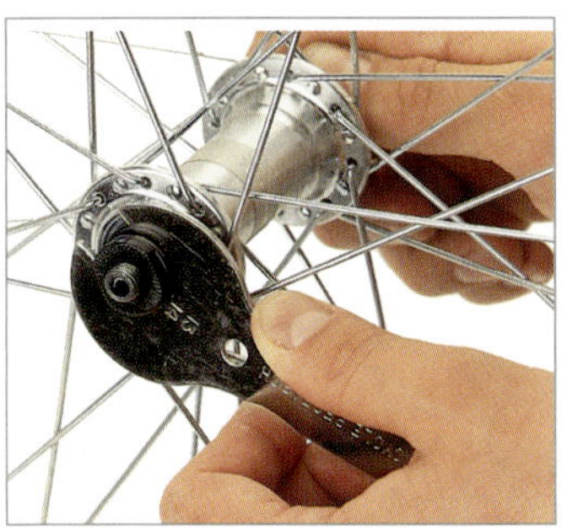

**6** Während man die Konusmutter mit einem Konusschlüssel kontert, wird die Kontermutter angezogen. Die Achse muss sich sanft und ohne Spiel drehen lassen.

**7** Es kann mehrere Versuche erfordern, bis das Rad sich sowohl spiel- als auch klemmfrei drehen lässt. Nachdem das Laufrad montiert ist, wird eine Probefahrt durchgeführt – danach wird wahrscheinlich eine erneute Einstellung nötig.

### Neue Achse

Beim Einbau neuer Achsen und Konusse ist entscheidend, wie viel Gewinde aus der Kontermutter herausragt. Dieser Wert lässt sich mithilfe der Kontermutter-Position auf der alten Achse bestimmen. So wird sichergestellt, dass die Achse an beiden Seiten weit genug in den Ausfallenden steckt.

**Diese Arbeit wird fällig:**

- Wenn im Laufrad Spiel auftritt.

**Zeit:**

- 15 Minuten zum Einstellen der Lager.

**Schwierigkeitsgrad:**

- Das korrekte Einstellen von Konuslagern kann sehr zeitaufwendig sein.

# Radnaben mit Rillenkugellagern

Während Shimano und Campagnolo weiterhin auf Konuslager setzen, haben viele andere Hersteller auf Rillenkugellager umgestellt, die zumeist einseitig abgedichtet sind und mit weiteren Dichtungen in der Radnabe geschützt sind. Diese Lager müssen nicht wie Konuslager spielfrei eingestellt werden, aber die Achse muss korrekt ausgerichtet werden.

Rillenkugellager-Radnaben finden sich normalerweise an höherwertigen Fahrrädern bzw. Laufrädern. Ihr vielleicht größter Vorteil ist, dass sie mit überall erhältlichen Standard-Kugellagern ausgerüstet sind. Auch Teile wie Distanzhülsen und Achsen sind oft beim gleichen Hersteller erhältlich. Ein anderer Vorteil ist, dass sie zu den meisten üblichen Achsmaßen passen. So kann z. B. die Vorderradnabe von Hope mit einer 20 mm starken durchgehenden Downhill-Achse, einer aktuellen 15 mm-Standardachse und den üblichen 9 mm-Schnellspannern ausgerüstet werden. Hinzu kommt, dass bei Rillenkugellager-Hinterradnaben das Freilaufgehäuse leichter demontiert werden kann als bei Konuslager-Modellen.

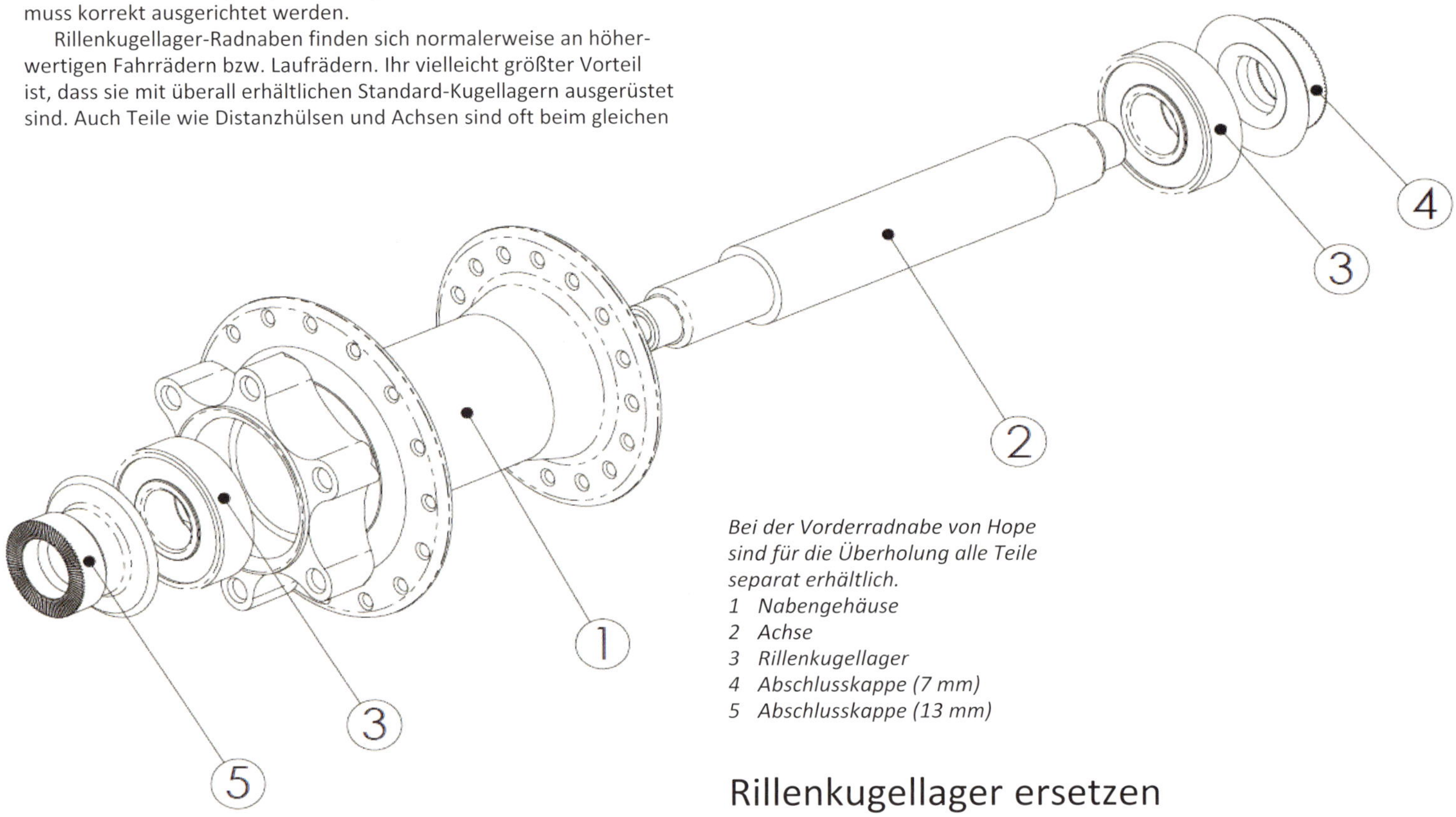


*Bei der Vorderradnabe von Hope sind für die Überholung alle Teile separat erhältlich.*
*1 Nabengehäuse*
*2 Achse*
*3 Rillenkugellager*
*4 Abschlusskappe (7 mm)*
*5 Abschlusskappe (13 mm)*

**Diese Arbeit wird fällig:**
- Wenn im Laufrad Spiel auftritt.
- Wenn Lager rau und geräuschvoll laufen.

**Zeit:**
- Eine dreiviertel bis ganze Stunde zum Austausch der Lager.

**Schwierigkeitsgrad:** 🔧🔧🔧🔧
- Mit einem gut sortierten Steckschlüsselkasten problemlos. Zum Austreiben der Lager ist ein entsprechend gebohrter Holzblock hilfreich.

## Rillenkugellager ersetzen

**1** Nachdem die Nabe und die Speichen mit Lappen geschützt sind, werden an beiden Seiten die Abschlusskappen abgehebelt.

**2** Das Freilaufgehäuse wird vorsichtig herausgezogen – möglicherweise muss es mit einem alten Schraubendreher aus dem Nabengehäuse gehebelt werden. Es kann auch hilfreich sein, die Achse zunächst mit einem Kunststoffhammer vorsichtig einzuklopfen. Dann wird die Achse vollständig herausgetrieben und an der Antriebsseite die Distanzhülse sichergestellt.

**3** Aus dem Freilaufgehäuse oder der Nabe werden die drei kleinen Federn und Klauen entnommen. Nachdem die innerhalb des Freilaufgehäuses sitzende kleine Distanzhülse mit einem Treibdorn zur Seite bewegt wurde, kann das Lager ausgetrieben werden. Wenn der Seegerring entfernt ist, kann das andere Lager aus dem Freilaufgehäuse getrieben werden.

**4** Die neuen Lager werden mit einem Steckschlüssel, der nur ihren Außenring berührt, eingetrieben. Beim Freilaufgehäuse wird dabei die Distanzhülse z. B. mit einem Schraubendreher ausgerichtet.

**5** Beide neuen Lager müssen senkrecht in ihre Sitze getrieben werden.

**6** Nachdem die Achse montiert wurde, darf auf der Antriebsseite nicht die Distanzhülse vergessen werden. Auf der Ratschenfläche der Radnabe muss etwas Fett aufgetragen werden.

**7** Das Freilaufgehäuse muss sorgfältig gereinigt werden, dann können die Federn und Klauen auf Verschleiß und Beschädigungen begutachtet und nötigenfalls ersetzt werden. Die Neuteile werden korrekt in die Nuten des Freilaufgehäuses gesetzt.

**8** Hier werden die Klauen mit einem Kabelbinder korrekt im Freilaufgehäuse positioniert, um dies in die Nabe einzuführen. Sobald die Klauen einrasten, wird der Kabelbinder mit einer Klinge aufgeschnitten und entfernt. Nachdem die Funktion des Ratschenmechanismus überprüft wurde, werden die Abschlusskappen installiert.

# Speichen austauschen und einfaches Zentrieren

Ein Laufrad stabilisiert sich ausschließlich durch gleichmäßig und korrekt gespannte Speichen. Eine gebrochene oder lockere Speiche beeinträchtigt die Stabilität des Rades. Hochwertige Felgen können eine fehlende Speiche ausgleichen, billige Ausführungen werden bereits jetzt einen permanenten Schaden erleiden.

Die meisten Laufräder werden maschinell in Fabriken hergestellt, während andere auf Kundenwunsch von Hand gefertigt werden. Spezial-Laufräder, die nicht das übliche Speichenmuster aufweisen, sind oft von Maschinen vorgefertigt und werden dann in der Fabrik von Hand fertiggestellt. Wenn ein beschädigtes oder verschlissenes Laufrad ersetzt werden soll, hat man eine riesige Auswahl an Alternativen. Es bringt kaum etwas, handgefertigte Spezialräder in ein billiges und schweres Alltags-Fahrrad zu montieren. Andererseits dürfen Besitzer von höherwertigeren Modellen durchaus darüber nachdenken, sich Laufräder nach eigenen Vorgaben aufbauen zu lassen. Der örtliche Fahrradhändler sollte einem behilflich sein können, die beste Auswahl für den eigenen Fahrstil zu finden.

Bei traditionellen Laufrädern werden durch die in der Felge sitzenden Nippel die Speichen gespannt und damit die Felge zentriert. Die Vierkante der Nippel gibt es in unterschiedlichen Größen, sodass es wichtig ist, den passenden Speichenschlüssel zu verwenden. Durch das Drehen des Nippels auf dem Gewinde der Speiche wird deren Spannung verstärkt oder verringert. Lässt sich ein Nippel nicht auf der Speiche drehen, muss er mit Kriechöl behandelt werden – nötigenfalls nach der Demontage des Reifens samt Schlauch und Felgenband auch innerhalb der Felge. Muss eine gebrochene Speiche ausgetauscht werden, bleibt einem das Freilegen der Felge ohnehin nicht erspart.

Der Aufbau und das Zentrieren von Laufrädern wird von vielen als »Schwarze Kunst« betrachtet, doch tatsächlich ist wenig Geheimnisvolles dabei – etwas Übung und logisches Denken sind allerdings hilfreich. Der häufigste Fehler liegt bei Anfängern darin, einzelne Speichen viel stärker anzuziehen als ihre Nachbarn an der gleichen Seite der Nabe. Solange eine Speiche nicht extrem locker ist, dürfen die Nippel nicht mehr als eine halbe Umdrehung zurzeit angezogen werden. Wenn zudem die Speiche einer Seite angezogen wird, muss die gegenüberliegende Speiche etwas gelockert werden.

### Speichenbruch

**Es gibt verschiedene Speichen-Typen (rund mit durchgehender Stärke, Doppeldickend-Speichen, aerodynamische Speichen usw.) und genauso viele Möglichkeiten, diese einzubauen. Dabei müssen sechs Grundüberlegungen bedacht werden: Festigkeit, Flexibilität, Drehmoment-Widerstand, Luftwiderstand, Gewicht und Ästhetik. Die Festigkeit hängt beispielsweise von der Anzahl der Speichen ab, von ihrer Anordnung (dem Speichenmuster) und von ihrer Verbindung mit der Nabe und der Felge. Im häufigsten Speichenmuster werden 32 Speichen dreifach gekreuzt, da hier mehr Symmetrielinien als bei anderen Kombinationen vorliegen, jede Speiche von einer anderen gestützt wird und dadurch ein starkes und steifes Laufrad entsteht. Ein weiteres Speichenmuster nennt sich »radial« und es wird häufig genutzt, weil es Aerodynamik- und Gewichtsvorteile bringt – daher ist es bei Rennrädern sehr beliebt. Hier verlassen die Speichen die Nabe im rechten Winkel und die Nippel sitzen oft in der Nabe statt der Felge, weil so eine stärkere Belastung aufgenommen werden kann. Radial eingespeichte Räder widerstehen zwar stärker radialen Kräften, doch ihre Kritiker wenden ein, dass sie Drehmoment-Widerständen nicht sehr gut standhalten, sodass sie bei Scheibenbremsen besser nicht eingesetzt werden sollten.**

## Eine Speiche ersetzen

**1** Speichen brechen meistens an der Nabe. Wenn eine Hinterradspeiche rechts eingehängt ist, muss zuerst der Zahnkranz demontiert werden, links muss ggf. die Bremsscheibe abgeschraubt werden.

**2** An der übernächsten Speiche muss abgelesen werden, wie die Speichen gekreuzt sind. Die neue Speiche wird von der richtigen Seite eingeschoben und muss wahrscheinlich etwas gebogen werden, um in Position gebracht werden zu können.

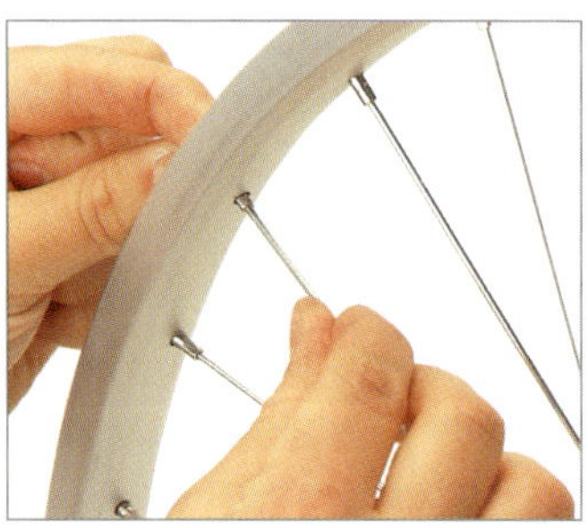

**3** Wenn der Schlauch, der Reifen und das Felgenband entfernt sind, kann der Rest der Speiche herausgezogen und die neue Speiche eingeführt und mit dem neuen Nippel versehen werden.

**4** Anfangs kann der Nippel mit einem Schraubendreher auf die Speiche gedreht werden, die endgültige Einstellung erfolgt dann mit dem Speichenschlüssel.

**5** Nachdem alle anderen Speichen auf korrekte Spannung kontrolliert wurden, wird der neue Nippel soweit aufgeschraubt, bis die neue Speiche ebenfalls gespannt ist. Anschließend wird das Rad zentriert.

### Austausch einer beschädigten Felge

Obwohl dies nicht die ideale Lösung ist, kann eine stark beschädigte Felge ersetzt werden, indem man alle Speichen lockert und die neue Felge mit Klebeband an der alten sichert. Die neue Felge muss genau den gleichen effektiven Durchmesser haben wie die alte, damit die Speichen weiterverwendet werden können, die Nippel sollten aber auf jeden Fall ersetzt werden. Jetzt werden die Speichen nach und nach in die neue Felge gesteckt, die alte Felge entfernt und das neu aufgebaute Rad zentriert.

### Eigenbau-Zentrierständer

Mit etwas Vierkantstahl und einer Werkbank lässt sich ein Zentrierständer relativ einfach selber bauen. Alternativ befestigt man am Fahrradrahmen oder der Gabel einfach einen Bleistift, um das Rad im eingebauten Zustand zu zentrieren.

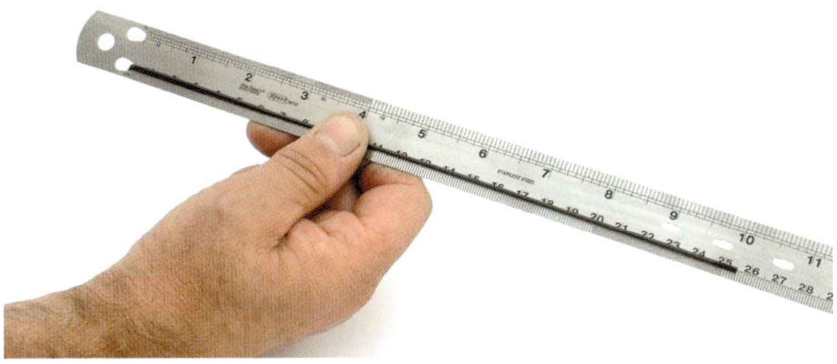

### Speichenlänge

*Speichen gibt es in unterschiedlichen Längen. Am einfachsten erhält man korrekten Ersatz, indem die gegenüberliegende Speiche ausgebaut und als Muster genommen wird; diese muss beim Hinterrad an der gleichen Seite der Nabe demontiert werden, da durch den Zahnkranz oft unterschiedlich lange Speichen eingesetzt werden. Für Profis gibt es spezielle Speichenlineale.*

**Diese Arbeit wird fällig:**
- Wenn eine Speiche gebrochen ist.
- Wenn das Rad verzogen ist.

**Zeit:**
- Eine Viertel- bis ganze Stunde zum Austausch einer Speiche.
- Eine oder zwei Stunden für den erstmaligen Austausch einer Felge.

**Schwierigkeitsgrad:**
- Nach Schwierigkeiten beim ersten Mal ist sowohl beim Tausch von Speichen als auch beim Zentrieren Geduld der Schlüssel zum Erfolg.

## Zentrieren

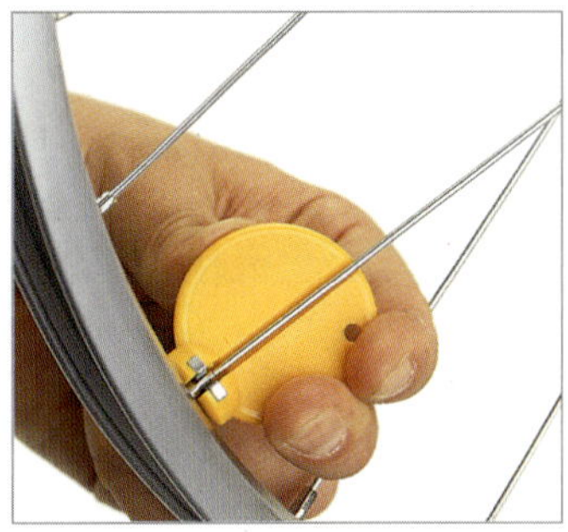

**1** Das eingebaute oder im Zentrierständer befestigte Laufrad wird langsam gedreht, um die verzogene Stelle zu lokalisieren und nötigenfalls mit einem Bleistift zu markieren.

**2** Wenn die Felge nach rechts verbogen ist, müssen hier die Speichen gelockert und dann die linken Speichen etwas angezogen werden. Dies muss immer in Gruppen und niemals an einzelnen Speichen geschehen.

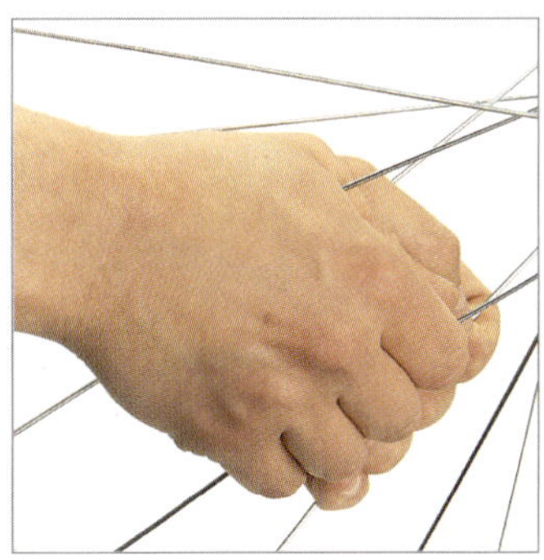

**3** Leichtes Anziehen um maximal eine halbe Umdrehung erzeugt eine große Hebelwirkung, sodass die Felge anschließend durch Drehen des Rades kontrolliert werden muss.

**4** Nachdem das Rad zentriert ist, werden alle Speichen paarweise etwas zusammengedrückt, um zu prüfen, ob sie nicht zu stramm gespannt sind. Schließlich wird das belastete Rad über den Boden gerollt, um mögliche Punktbelastungen zu verteilen.

VIGORELLI
cinelli
ellisse magica
VIGORELLI
cinelli

K-19 Titanium

# 7

# Rahmen, Gabel, Lenkung und Federung

# Rahmen – Material und Konstruktion

Viele Jahrzehnte wurden Fahrradrahmen aus Stahlrohr gefertigt. Bei einfachen Modellen wurde schlichte Stahlrohr-Meterware miteinander verlötet, wogegen bei höherwertigen Fahrrädern sogenannte konifizierte Rohre aus speziell legierten Stählen verwendet wurden. Bei diesen Rohren variiert die Wandstärke mit der im jeweiligen Bereich auftretenden Belastung – sie sind also an den Enden dicker als in der Mitte. Die Herstellungstechnik stammt von der englischen Firma Reynolds, die auch gleich die passende Stahl-Legierung erfand – bekannt unter der Bezeichnung »531«. Ebenfalls berühmt und bei Spezialanfertigungen gerne verwendet sind die Rohre des italienischen Herstellers Columbus.

Traditionell wurden bei Stahlrahmen die Rohre in geschmiedete Muffen gesteckt und dort verlötet. Dank moderner Schweißtechniken bestehen heutige Stahlrahmen größtenteils aus stumpf miteinander verschweißten Rohren, Muffen kommen nur noch bei Retro-Bikes zum Einsatz.

Die meisten Fahrradrahmen werden heute aus Leichtmetall (»Aluminium«) gefertigt – früher aus Strangpress-Segmenten, heute im preiswerten Bereich aus miteinander verschweißten Druckgussteilen. Hochpreis-Leichtmetallfahrräder werden wieder aus konifizierten und teilweise unter hohem inneren Druck (»Hydroforming«) verformten Rohren aus speziellen Legierungen zusammengeschweißt. Das Schweißen erfolgt im Wolfram-Inert-Gas-Verfahren (WIG). Entgegen der landläufigen Meinung muss ein Alu-Rahmen nicht unbedingt leichter sein als ein genauso stabiler Stahlrohrrahmen.

Auch wenn sehr hochwertige Fahrräder mit Aluminium- oder Stahlrahmen angeboten werden, geht hier der Trend heute zum »Carbonrahmen« (der offiziell »Rahmen aus Kohlefaserverstärktem Kunststoff (CFK)« heißen müsste). Dieser Spezialkunststoff ist extrem fest, steif und leicht, allerdings auch sehr spröde, empfindlich und teuer in der Herstellung. An hochbelasteten Bereichen und Verbindungsstellen von Carbonrahmen werden Stahl- oder Leichtmetall-Segmente eingeklebt, das gleiche geschieht mit Gewindebuchsen für Anbauteile.

Sehr selten werden Rahmen aus Titanlegierungen hergestellt. Dieses relativ leichte Material ist teuer und schwierig zu verarbeiten, bietet aber aufgrund seiner Korrosionsfestigkeit unlackiert eine edle Optik.

Genauso wie das Material wurde auch die Form des Fahrradrahmens in den letzten Jahren dank moderner Fertigungstechniken immer abwechslungsreicher. Früher hatte das Herrenrad den klassisch soliden »Diamantrahmen«, während das Damenrad mit dem »Schwanenhalsrahmen« schon deutlich labiler war. Heute gibt es ausreichend stabile »Tiefdurchsteiger« und Y-Rahmen mit nur einem massiven Hauptrohr. Bei vorn und hinten gefederten Mountainbikes scheint das Thema Rahmenbau heute völlig ohne Vorschriften auszukommen.

Federungen hat es am Fahrrad seit je her in den verschiedensten Ausführungen – und mit sehr unterschiedlichen Erfolgen – gegeben. Heute ist die Federgabel bei vielen Fahrradgattungen Standard, während das gefederte Heck hauptsächlich noch den MTBs vorbehalten bleibt.

Ebenfalls weit verbreitet ist heute der gewindelose Gabelschaft mit außen angeklemmtemVorbau – besser bekannt unter dem generischen Markennamen »Aheadset«. Diese Innovation hat sowohl die Herstellungskosten reduziert als auch die Einstellung erleichtert.

*Bei diesem Hardtail-MTB besteht der Rahmen aus im Innenhochdruck-Umformungsverfahren hergestellten Rohren. Hierdurch lassen sich Wandstärken an Belastungen anpassen und bei gleichbleibender Stabilität Gewicht sparen.*

*Auch bei diesem 28er-ATB wurde großes Augenmerk auf geringes Gewicht gelegt – daher wurde auch auf die heute übliche Federgabel verzichtet.*

# Rahmendetails

**1** Im Lenkkopf-Bereich dieses MTBs wurden zur Stabilisierung unter dem Unterrohr ein Knotenblech eingeschweißt. Ernsthafte Sturzschäden zeigen sich hier durch Wellenbildung.

**2** Bei diesem Oversize-Steuerrohr sitzen die Aheadset-Lager innen.

**3** Um sowohl einen breiten Reifen als auch Felgenbremsen aufnehmen zu können, sind diese Sitzstreben entsprechend gebogen ausgeführt – in »Bikish« heißt dies S-Bend.

**4** Die relativ filigranen Alurohre lassen sich an den recht dicken Schweißnähten von Stahlrohren unterscheiden.

**5** Bei diesem Rennrad wird das Vorderrad in einer Carbon-Gabel geführt, die – wenn gut gebaut – sehr leicht und steif ist, aber gleichzeitig eine gewisse Dämpfung aufweist.

**6** Die meisten halbwegs hochwertigen Rahmen sind mit austauschbaren Schaltaugen ausgerüstet. Dieses hat eine Sollbruchstelle, sodass es bei einem Sturz abbricht, statt das gesamte Ausfallende zu verbiegen.

**7** Bei diesem Rahmen sind die Rohre an hochbelasteten Stellen dicker. Dies wird möglich durch Innenhochdruck-Umformung – auch Hydro-Forming genannt.

**8** Der klassische gemuffte Stahlrahmen (hier aus 653-Reynolds-Stahl) mit zahlreichen Anlötteilen für das Schutzblech, den Gepäckträger und die Luftpumpe.

*Ein mit Carbonrahmen und Carbongabel sowie speziellen Laufrädern auf extremen Leichtbau getrimmtes Rennrad. Um bei Kohlefaser-Elementen einen guten Kompromiss aus Stabilität und geringem Gewicht zu erreichen, muss der Aufbau der Matten an jeder Stelle genau den Anforderungen angepasst werden.*

*Dies aus 631-Reynolds-Stahlrohr gefertigte Reiserad muss nicht schwerer sein als ein Fahrrad mit Alurahmen, es kann jedoch fast überall auf der Welt nach einem Unfall wieder gerichtet und nötigenfalls geschweißt werden.*

# Rahmenkontrolle

Wenn man ein neues Fahrrad kauft, sollte der Zustand und die korrekte Ausrichtung des Rahmens kein erwähnenswerter Punkt sein. Doch es kann auch bei Neufahrzeugen vorkommen, dass sie mit einem verbogenen oder verzogenen Rahmen ausgeliefert werden. Daher sollten sowohl neue als auch gebrauchte Fahrräder einer Sichtkontrolle unterzogen werden. Bei traditionellen Diamantrahmen ist die Sache mit raschen Blicken von vorn und hinten erledigt, bei modernen Rahmen mit gebogenen Rohren ist dagegen ein über die gesamte Länge verlaufender Verzug nur schwer auszumachen.

Beim Kauf eines gebrauchten Rades muss man sich Zeit für eine sorgfältige Kontrolle des Rahmens nehmen. Besondere Aufmerksamkeit muss hierbei dem Ober- und Unterrohr direkt hinter dem Steuerrohr gelten, da hier bei einem Frontalaufprall die stärksten Kräfte einwirken. Anschließend muss das Tretlagergehäuse untersucht werden, da hier besonders die rechte Kettenstrebe durch starke Belastung an Ermüdung brechen kann. An der Gabel muss geprüft werden, ob die Ausfallenden parallel stehen und die Gabelholme nicht unter der Gabelbrücke verbogen sind – hier weist abgeplatzter Lack auf einen Sturz oder Unfall hin. Schließlich lässt man seine Hände über den Rahmen gleiten, um Beulen und Risse im Lack zu ermitteln – die Finger sind sehr sensibel und können oft kleinste Schäden erfühlen, die mit dem Auge kaum zu erkennen sind. Tatsächlich ist bei einem Gebrauchtrad die Kontrolle des Rahmens wichtiger als die Überprüfung irgendeiner anderen Komponente. Jedes übersehene verschlissene Schaltwerk ist leicht auszutauschen, der Austausch eines gerissenen oder verbogenen Rahmens lohnt sich dagegen in den seltensten Fällen.

Beim Kauf eines neuen Fahrrades oder Rahmens muss man sich genau nach den Gewährleistungsbestimmungen erkundigen. Manche Hersteller geben dem Erstbesitzer eine lebenslange Garantie, andere dagegen nur die gesetzlich vorgeschriebene Gewährleistung. Gelegentlich bieten Hersteller auch eine Art Unfallversicherung an, bei der man im Falle einer Beschädigung einen neuen Rahmen zu Sonderkonditionen erhält.

## *Kontrolle der Rahmen-Ausrichtung*

*Es gibt hierfür spezielle Messvorrichtungen, doch lassen sich die meisten Rahmen auch mithilfe eines Seils und eines Lineals überprüfen. Das an einem Ausfallende angebundene Seil wird um das Steuerrohr herum an das andere Ausfallende gebunden – wenn jetzt an beiden Seiten der Abstand zum Sitzrohr absolut gleich ist, kann man davon ausgehen, dass der Rahmen gerade ist.*

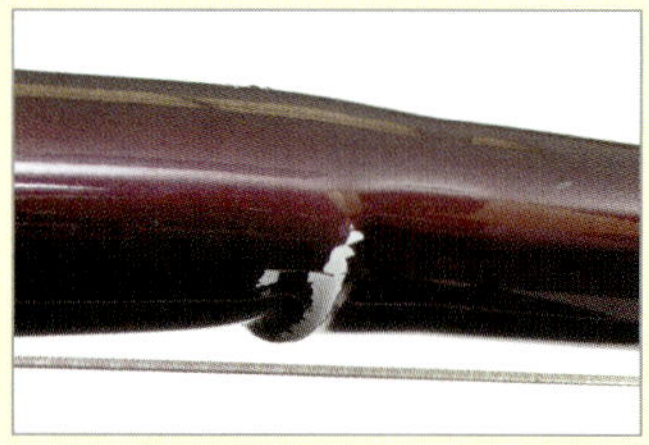

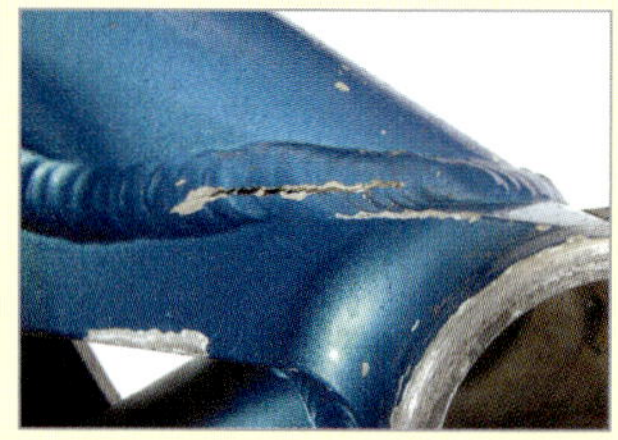

## Unfallschäden

**Dieser Rahmen hat offensichtlich einen schweren Unfall hinter sich. Die Ausbeulung hinter dem Steuerrohr weist auf einen Frontalaufprall hin.**

**Der Riss im blauen Rahmen ist nur schwer zu erkennen – auch weil er in der Mitte der Schweißnaht und nicht wie üblicherweise neben ihr auftritt.**

## Schaltauge ersetzen

**Obwohl verbogene Schaltaugen manchmal auch gerichtet werden können, ist es besser, sie zu ersetzen. Das richtige Schaltauge zu finden, stellt allerdings oft eine echte Herausforderung dar.**

**1** Das Schaltwerk ist meist mit einer 5er-Inbus- oder 25er-Torxschraube am Schaltauge befestigt, und muss mit einem entsprechenden Schlüssel gelöst werden. Manche Fahrräder sind mit einem Knopf oder Hebel ausgerüstet, mit dem die Kette entspannt werden kann.

**2** Während das Schaltwerk am Schaltzug hängt, wird das Hinterrad ausgebaut.

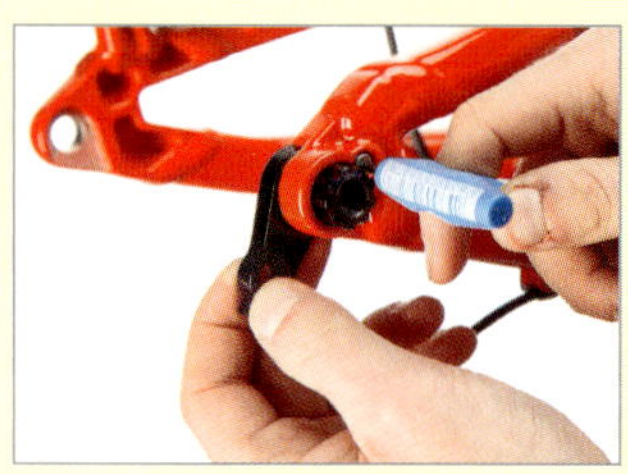

**3** Das Schaltauge wird mit einem Inbusschlüssel gelöst – die Maße reichen von 2 bis 6 mm. Auch wenn das neue Schaltauge mit einer Schraube ausgeliefert wird, sollte die alte aufgehoben werden.

**4** Das neue Schaltauge muss exakt die gleiche Form haben wie das alte, um korrekt zu sitzen. Der Zusammenbau entspricht der umgekehrten Zerlegungsreihenfolge.

## Rahmenrohre

Die Bezeichnungen »Stahlrahmen« oder »Alu-Rahmen« sind nur sehr allgemeine Klassifikationen. Stahl besagt lediglich, dass die Legierung zum größten Teil aus Eisen besteht. Fahrradrahmen bestehen zumeist aus hochfesten und sehr zähen Chrom-Molybdän-Legierungen (»Cromoly-Stahl«), oft sind auch Nickel, Mangan und Vanadium enthalten. Bei Aluminiumrahmen mit der Typenbezeichnung 7005 sind ebenfalls andere Metalle wie Zink und Magnesium enthalten, um dem Metall die nötige Festigkeit zu geben.

Im Folgenden sind die Rohrtypen bekannter Hersteller aufgeführt.

### *Columbus Tubi*

Niobium – Spezialstahl mit Magnesium, Chrom, Nickel, Mobybdän und Niob (das früher auch Columbium genannt wurde).
XCR – dreifach konifizierte Rohre aus rostfreiem Stahl, das derzeitige Spitzenprodukt des italienischen Herstellers.
Nemo – leichtes Stahlrohr, das in den 1990er-Jahren geringes Gewicht mit Stabilität verband.

### *Reynolds*

525 (sprich: fünf-zwei-fünf) – einfaches konifiziertes Stahlrohr zum Schweißen oder Löten.
725 – doppelt konifizierter Cromoly-Stahl mit geringem Kohlenstoffanteil.
853 – Nahtloses Highend-Stahlrohr, enthält Mangan, Silicium und Kupfer.
953 – Maraging-Edelstahl, enthält Chrom, Nickel, Mangan und Titan.

### *Dedacciai*

Serie Zero – eine kohlenstoffarme, wärmebehandelte Schmiedestahl-Legierung mit hohem Chromanteil.
D7.9 – Durch Innenhochdruckumformung und Wärmebehandlung behandeltes Leichtmetallrohr höchster Güte.

## Kohlefaser (CFK)

Im Highend-Bereich kommen sowohl bei Rennrädern als auch bei MTBs immer mehr Carbon-Rahmen zum Einsatz. Das Material ist unter normalen Bedingungen fest und steif, kann aber bereits bei kleinen Unfällen große Schäden davontragen, sodass es auf jeden Fall professionell untersucht werden muss. Die Fasern sind bei der Herstellung auf die Hauptbelastung hin ausgerichtet, sodass sie ungewohnten seitlichen Schlägen nicht gut standhalten. Bereits kleinste Risse können zu plötzlichen Brüchen führen. Bei Carbon-Gabeln raten manche Hersteller, sie pauschal nach einer gewissen Laufleistung zu ersetzen.

## Titan

Die aus diesem im Fahrradbau eher selten anzutreffendem Metall gebauten Rahmen sind bekannt für ihre Haltbarkeit und Ermüdungsfestigkeit. Auch hier kommt eine Legierung zum Einsatz (meistens 3AL-2.5v), die 3% Aluminium und 2,5% Vanadium enthält. Die Verarbeitung ist kompliziert, entsprechend teuer der Rahmen. Weil Titanrahmen nicht rosten, werden die meisten unlackiert oder nur mit einer Klarlackschicht ausgeliefert.

# Unfallschaden-Kontrolle

**1** Vor dem Fahrrad sitzend wird am Rahmen entlang geschaut – Ober- und Unterrohr müssen gerade sein und das Steuerrohr parallel zum Sitzrohr stehen.

**2** Über dem Fahrrad stehend wird beim Blick nach unten festgestellt, ob das Oberrohr parallel zum Unterrohr verläuft. Auch ist zu erkennen, ob die Gabelholme sich um gleiche Winkel auseinanderspreizen.

**3** Beim Blick von hinten muss das Schaltauge senkrecht nach unten stehen. Auch von hier betrachtet muss das Steuerrohr parallel zum Sitzrohr stehen.

**4** Wenn mit den Fingern vorn und hinten über die Gabelholme gestrichen wird, lässt sich fühlen, ob das Rohr durch einen Verzug wellig geworden ist. Beide Holme müssen gleiche Bögen aufweisen. Ob die Ausfallenden parallel stehen, erkennt man daran, dass sich das ausgebaute Vorderrad einfach wieder installieren lässt.

# Lenkkopflager – Austausch und Einstellung

Um ein Fahrrad überhaupt fahren zu können, muss es gelenkt werden. Und dazu wird die Gabel oben und unten im Steuerrohr in Lagern geführt, die ursprünglich ein Zoll (25,4 mm) Durchmesser hatten und heute bis zu 1 1/2 Zoll (38,1 mm) breit sind. Traditionell war der Gabelschaft mit einem Gewinde versehen, damit die Lager mit einer Mutter spielfrei eingestellt und diese mit einer zweiten Mutter gekontert werden konnten. Dieses System findet sich immer noch an manchen klassischen oder preiswerten Fahrrädern. Moderne Räder sind jedoch mit sogenannten *Aheadsets* ausgerüstet, bei denen der Vorbau an einen gewindelosen Gabelschaft geklemmt wird und die Lager mit einer von oben zugänglichen Schraube eingestellt werden, die in eine im Schaft sitzende Kralle greift. Der etwas seltsame Name stammt von der Firma Dia Compe, die das System entwickelte und sich patentieren ließ, und steht heute für alle auf diese Weise geführten Gabeln.

Das Aheadset-System hat viele Vorteile – der wichtigste ist die einfache Einstellung der Lager. Zudem werden Herstellungskosten gespart und der leichte Austausch von Vorbauten ermöglicht eine rasche Anpassung des Lenkers an den persönlichen Geschmack. Der einzige Nachteil liegt darin, dass Aheadsets üblicherweise nicht in der Höhe verstellbar sind.

Die meisten auch »Steuersätze« genannten Lenkkopflager sind mit traditionellen außenliegenden Lagerschalen ausgerüstet, in denen die Kugeln entweder lose oder im Käfig geführt laufen, manchmal sind auch gekapselte Lager montiert. In jüngerer Zeit kamen auch im Steuerrohr sitzende, integrierte Übermaß- und konische Steuersätze auf den Markt. Bei den integrierten Lagern können sowohl traditionelle Lagerschalen als auch geschlossene Lager direkt in einem größer dimensionierten Steuerrohr sitzen. Bei konischen Steuersätzen (Tapered Headsets) ist unten ein größeres Lager montiert und oben ein normales 1 1/8-Zoll-Lager. Das untere Lager wird oft als 1,5-Zoll-Übermaßlager bezeichnet und kann nur bei einer Gabel mit konischem Schaft oder einem entsprechenden Adapter eingesetzt werden. Bisher haben erst wenige Hersteller eine Gabel mit durchgehendem 1,5-Zoll-Schaft auf den Markt gebracht, der zwar auch oben in einem großen Lager geführt werden kann, aber auch neue Vorbauten benötigt.

Außer bei den direkt im Steuerrohr sitzenden integrierten Lagern ist der Ausbau bei allen Modellen gleich – die alten Lagerschalen müssen aus dem Rahmen herausgetrieben und die neuen hineingepresst werden.

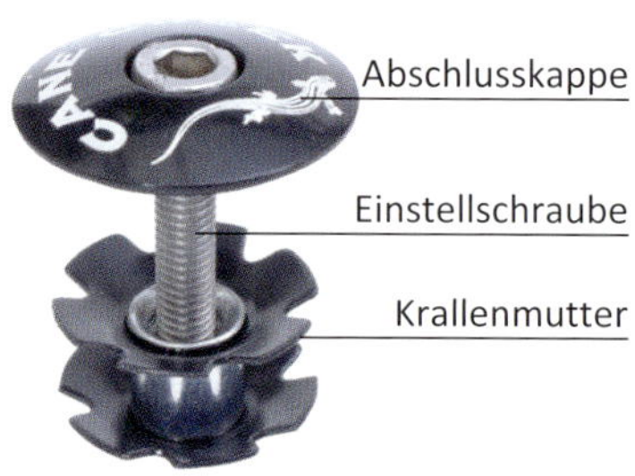

**Diese Arbeit wird fällig:**
- Wenn eine Generalüberholung ansteht.
- Wenn die Lenkung nicht mehr spielfrei eingestellt werden kann.

**Zeit:**
- Etwa eine Stunde für den Austausch von Lenkkopflagern.

**Schwierigkeitsgrad:**
- Nicht sehr schwierig, aber das Einstellen traditioneller Gewinde-Steuersätze kann zeitaufwendig sein.

# Lenkkopf-Lagerschalen – Austausch

**1** Nachdem die Gabel mit einem Kabelbinder am Rahmen gesichert ist, wird der Vorbau demontiert. Der Lenker kann samt Vorbau mit einem weiteren Kabelbinder am Rahmen gesichert werden. Bei Felgenbremsen muss der Vorderrad-Bremszug am Bremshebel gelöst, bei einer Scheibenbremse der Bremssattel von der Gabel demontiert werden.

**2** Die Konus-Scheibe wird nach der Entnahme aller Distanzscheiben zugänglich. Nötigenfalls muss sie im Lager belassen werden, bis die Gabel entfernt ist.

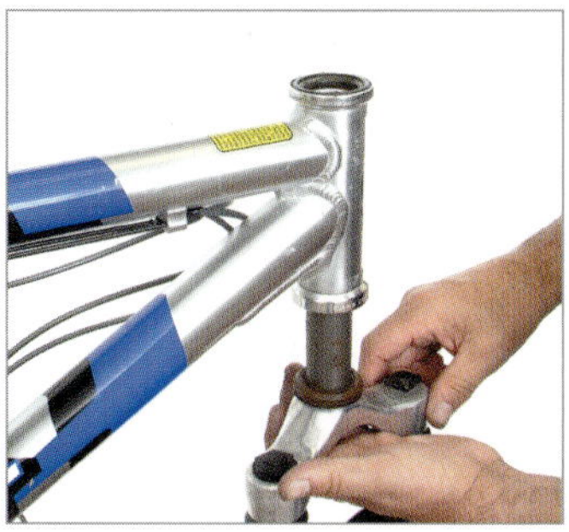

**3** Jetzt wird der Kabelbinder aufgeschnitten und die Gabel abgesenkt. Das untere Lager kann vom Gabelschaft gezogen und begutachtet werden. Die Lagerschalen dürfen nur ausgebaut werden, wenn sie ersetzt werden sollen.

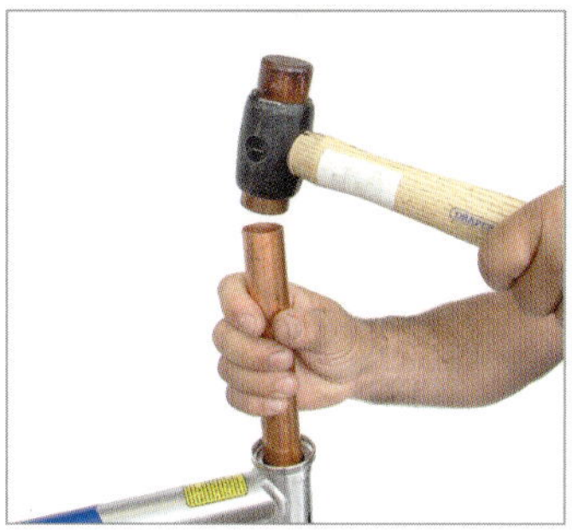

**4** Hier ist die auf Seite 115 gezeigte Lenkkopflager-Presse eine gute Option. Falls diese nicht vorhanden ist, wird mithilfe eines Kupferrohrs die untere Lagerschale rundherum herausgetrieben, damit sie nicht verkantet. Anschließend wird die obere Lagerschale von unten auf die gleiche Weise entfernt.

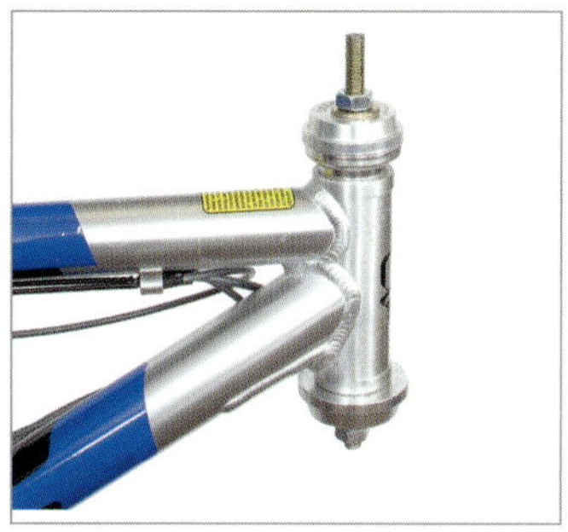

**5** Nachdem die Lagersitze im Steuerrohr gereinigt wurden, können die neuen Lagerschalen installiert werden – hier werden sie mithilfe einer Gewindestange samt Muttern und ausreichend dimensionierten Alu-Scheiben eingepresst.

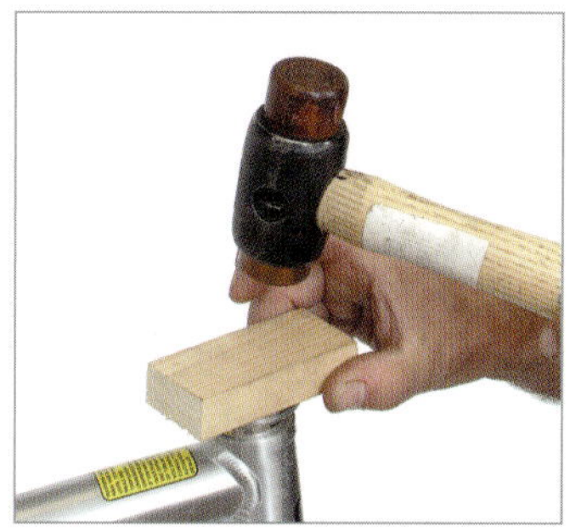

**6** Falls keine Einzugvorrichtung vorhanden ist, können die Lagerschalen nötigenfalls auch vorsichtig mit einem Hammer samt Holzstück in Position gebracht werden.

**7** Um den unteren Lagerring vom Gabelschaft zu befreien, muss eventuell ein spezieller Abzieher verwendet werden. Viele moderne Steuersätze sind jedoch mit einem geteilten Lagerring ausgerüstet, der einfach abgenommen werden kann.

**8** Falls kein Abzieher zur Hand ist, wird unter dem unteren Lagerring mithilfe einer Messerklinge und eines kleinen Hammers ein Spalt erzeugt, dann kann er vorsichtig mit einem stumpfen Meißel gelöst werden. Hierbei empfiehlt es sich, die Gabelbrücke mit reichlich Abdeckband zu schützen. Diese Methode nicht bei Carbon-Gabeln anwenden!

### Käfighaltung

**In einem Käfig geführte Lagerkugeln können nicht verloren gehen, sodass die Montage erleichtert wird. Falls ein solches recht preiswertes Lager wiederverwendet werden soll, muss es sorgfältig gereinigt werden, anschließend wird frisches Fett sorgfältig eingearbeitet. Bei jedem Zweifel über den Zustand einzelner Kugeln muss das gesamte Lager ersetzt werden.**

# Gewindelose (Aheadset-)Steuersätze – Austausch und Einstellung

**1** Zuerst wird die Einstellschraube samt Abschlusskappe entfernt, dann die Vorbau-Klemmschrauben gelockert.

**2** Nachdem der Vorbau (ggf. samt Lenker) abgezogen wurde, werden die Distanzringe entnommen. Der Kompressionsring hält die Gabel normalerweise in Position.

**3** Die Gabel wird etwas heruntergedrückt und dann wieder hochgezogen, um den Kompressionsring zu befreien. Alternativ kann er auch mit einem geeigneten Werkzeug herausgehebelt werden.

**4** Nun kann die obere Lagerabdeckung entnommen werden. Manchmal liegen über dem Lager noch weitere Scheiben.

**5** Die Gabel kann jetzt aus dem Rahmen befreit werden. Der Gabelschaft, die Lager und das Steuerrohr müssen sorgfältig gereinigt werden.

**6** Haben sich die Lager nach dem Reinigen als wiederverwendbar erwiesen, können sie mit frischem Fett versehen werden. Das untere Lager wird in die Lagerschale gesetzt und die Gabel vorsichtig eingeschoben.

**7** Oben werden das Lager, die Abdeckung und alle entfernten Scheiben sowie der Kompressionsring aufgelegt.

**8** Nachdem alle Distanzringe und der Vorbau aufgeschoben sind, wird die Einstellschraube samt Abschlusskappe installiert. Der Vorbau muss etwas über den Gabelschaft hinaus ragen, darf aber noch nicht geklemmt werden.

**9** Die Einstellschraube wird soweit angezogen, bis die Lenkkopflager kein Spiel mehr aufweisen. Kontrolle: Vorderbremse anziehen, Fahrrad vor- und zurückschieben. Das Spiel (mit einer Hand) zwischen Gabel und Rahmen ertasten.

**10** Während der Vorbau parallel zum Vorderrad ausgerichtet ist, werden nun seine Klemmschrauben angezogen. Nach einer Probefahrt muss die Einstellung und Festigkeit aller Schrauben kontrolliert werden.

## Gekapselte Lager

**1** Manchmal lässt sich die Lebensdauer gekapselter Lager verlängern, obwohl sie bereits etwas rau laufen. Mit einer scharfen Klinge lässt sich die Dichtung abhebeln und das Lager mit Lösungsmittel reinigen.

**2** Nachdem frisches Fett sorgfältig in das Lager eingearbeitet wurde, kann die Dichtung vorsichtig wieder eingesetzt werden.

# Gewinde-Steuersätze – Austausch und Einstellung

**1** Bei manchen Fahrrädern kann es nötig werden, die Bremszüge zu trennen. Üblicherweise kann jedoch der Lenker samt Vorbau mit angeschlossenen Zügen demontiert und mit einem Kabelbinder am Rahmen gesichert werden.

**2** Zunächst wird der Konterring abgeschraubt. Die obere Mutter kann mit einem Rollgabelschlüssel gelöst werden (für die Einstellmutter wird jedoch ein passender Maulschlüssel benötigt).

**3** Viele Fahrräder sind mit einer Sicherungsscheibe versehen, die mit einer Innenlasche in eine Nut des Gabelschafts greift. Nötigenfalls muss sie mit einem kleinen Schraubendreher abgehebelt werden.

**4** Nachdem die Gabel mit einem Kabelbinder am Rahmen gesichert oder von einem Assistenten gehalten wird, kann die Einstellmutter abgeschraubt werden.

**5** Während die Gabel nach unten herausgezogen wird, werden die Lager sichergestellt. Die meisten Fahrräder sind mit Käfigkugellagern oder sogar vollständig gekapselten Lagern ausgerüstet, doch bei manchen können einzelne Kugeln herausfallen.

**6** Nachdem die Gabel ausgebaut ist, werden die Lagerschalen und der untere Lagerring kontrolliert. Beschädigte Teile müssen ersetzt werden. Anschließend wird die Gabel wieder eingeschoben.

**7** Alle Lager-Bauteile werden in der umgekehrten Ausbaureihenfolge installiert. Nachdem die Lager mit der Einstellmutter spielfrei justiert wurden, wird diese mit einem Schlüssel gehalten und mit dem anderen die Kontermutter angezogen. Bis alles korrekt justiert ist, kann es einige Versuche erfordern.

# Federgabeln – Zerlegen und Überholen

Obwohl keine ganz neue Idee, haben sich Federgabeln erst in jüngerer Zeit wirklich durchgesetzt. Frühere Modelle waren oft mit verschiedenen flexiblen Materialien ausgerüstet – meistens als »Elastomer« bezeichnet. Diese gummiartigen Blöcke übernahmen sowohl die Federung als auch die Dämpfung, allerdings führte die dauerhafte Belastung schnell zu Ermüdungen. Billige Gabeln sind noch heute mit Elastomeren aller Arten ausgerüstet, doch in etwas besseren Modellen finden sich meistens eine Stahlfeder und eine Öldämpfung.

Bei höherwertigen Federgabeln gibt es Einstellmöglichkeiten für die Dämpfung, also die Geschwindigkeit, mit der die Gabel zusammengedrückt wird (Druckdämpfung) und sich wieder ausdehnt (Zugdämpfung), indem das Dämpferöl durch verstellbare Öffnungen fließt. Bei hochwertigen Gabeln ist es zudem möglich, die Dämpfung vollständig zu blockieren und die Gabel damit zu blockieren, damit besonders an Anstiegen keine Tretenergie in die Federung geht.

Zwar sind Gabeln mit Schraubenfedern aus Stahl in allen Preislagen zu finden, doch gibt es im Hochpreissegment auch besonders leichte Gabeln mit Luftfederung, die durch Änderungen des Luftdrucks angepasst werden können.

Alle Federgabeln müssen gelegentlich gewartet werden, Art und Intervall hängen jedoch stark vom Hersteller ab. Zumindest sollten die Gleitrohre nach jeder Fahrt gereinigt werden. Als Faustregel gilt, dass die Tauchrohre etwa alle sechs Monate demontiert, gereinigt und geschmiert werden sollten – natürlich hängt dies stark vom Gabeltyp und vor allem vom Einsatzgebiet des Fahrrades ab. Eine einfache Trekkingrad-Gabel mit wenig Federweg muss wahrscheinlich nur einmal jährlich gewartet werden, während eine komplizierte Downhill-Gabel mit viel Federweg mindestens einmal im Monat genau inspiziert werden sollte. Der vom Gabel-Hersteller erstellte Wartungsplan enthält Intervalle, die als Richtlinie genutzt werden sollten.

## Gabelöl

**Die Viskosität – also die Zähigkeit – wird nach der SAE-Norm festgelegt. Somit sollte ein Öl der SAE-5 unabhängig vom Hersteller immer die gleiche Viskosität haben. Allerdings ist dies nicht immer der Fall, sodass man besser bei dem vom Gabel-Hersteller empfohlenen Gabelöl bleiben sollte, wenn sich die Dämpfung nicht ändern soll. Wenn an der Gabel keine Verstellmöglichkeiten für die Dämpfung vorhanden sind, kann man mit verschiedenen Viskositäten experimentieren. Im Fahrradbereich sind Bereiche von SAE 0,25 bis 7,5 üblich.**

**Diese Arbeit wird fällig:**

- Wenn der Wartungsplan dies vorgibt.
- Wenn die Gabel zum Klemmen neigt oder die Dämpfung nachlässt.

**Zeit:**

- Beim ersten Mal etwa eine Stunde für die Wartung der Gabel.

**Schwierigkeitsgrad:**

- Anfangs eine sehr beängstigende Arbeit, doch mit etwas Übung wird die Sache deutlich einfacher.

## Luftfeder-Gabeln

**Auch wenn mit Luftdruck arbeitende Gabeln immer mehr die Stahlfeder-Modelle ersetzen, bleibt ihre Zerlegung und Überholung deutlich komplizierter. Daher bleibt bei diesem Thema die Fahrradwerkstatt des Vertrauens der erste Ansprechpartner. Wer den Luftdruck auf das Gewicht des Fahrers abstimmen möchte, braucht eine spezielle Pumpe, wie sie auf Seite 171 gezeigt ist. Entsprechende Luftdruck-Werte sollten in der Anleitung zur Gabel zu finden sein.**

*Die Einzelteile einer preiswerten Federgabel. Nur im rechten Standrohr sitzen Federn, sodass auch nur hier eine Vorspannungs-Einrichtung vorhanden ist. Der linke Gabelholm dient nur der Führung.*

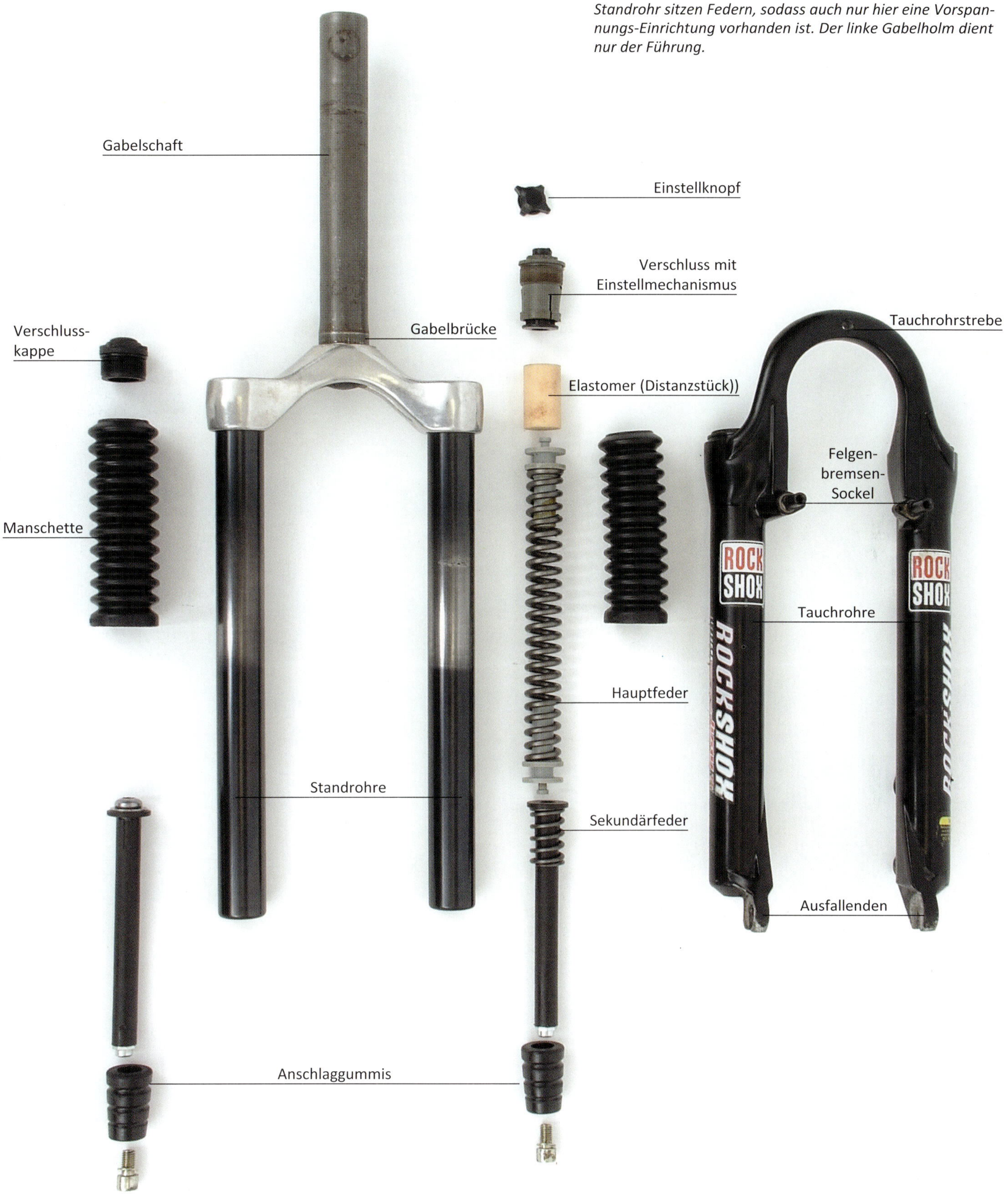

# Zerlegen und Reinigen einer typischen Federgabel

**1** Die ausgebaute Gabel wird fest in eine geeignete Vorrichtung – z. B. einen Spanntisch – geklemmt. Zum Schutz sollten lackierte Teile mit Lappen umwickelt werden. Jetzt werden die unteren Schrauben gelockert, aber noch nicht herausgeschraubt.

**2** Mit einem weichen Hammer werden nun die Schrauben heruntergeklopft, um die Standrohre zu befreien. Anschließend können die Schrauben herausgedreht werden.

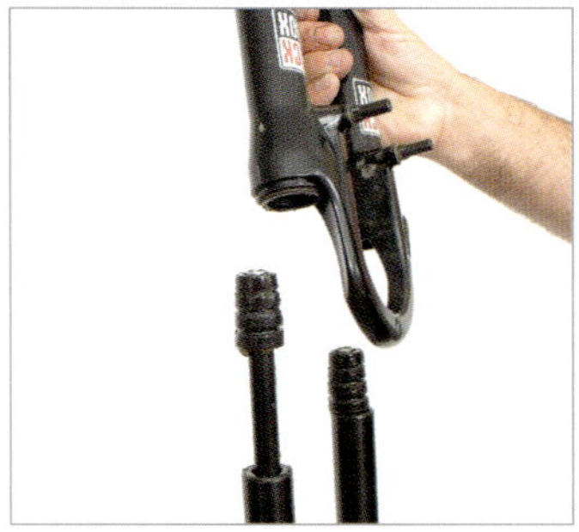

**3** Die Tauchrohr-Baugruppe wird vorsichtig von den Standrohren gezogen und beiseitegelegt.

**4** Nun werden die Standrohre eingeklemmt und sowohl der/die Federvorspannungs-Einsteller als auch beide Verschlüsse entfernt.

**5** Jetzt werden die Gummimanschetten abgezogen und die Anschlaggummis entfernt. Anschließend wird die Gabel umgedreht und die Feder sowie das Elastomer entfernt (bei dieser Gabel ist nur ein Standrohr mit einer Gabelfeder ausgerüstet).

**6** Nachdem die Staubdichtungen und die Dichtringe aus den Tauchrohren entfernt sind, werden diese sorgfältig mit Lösungsmittel gereinigt. Auch die Standrohre müssen gereinigt werden.

**7** Der bei diesem Modell kombinierte neue Dichtring wird im Idealfall mit einem Dichtring-Eintreiber aus Nylon eingepresst, vorsichtig eingesetzt tut es auch ein passender Steckschlüssel.

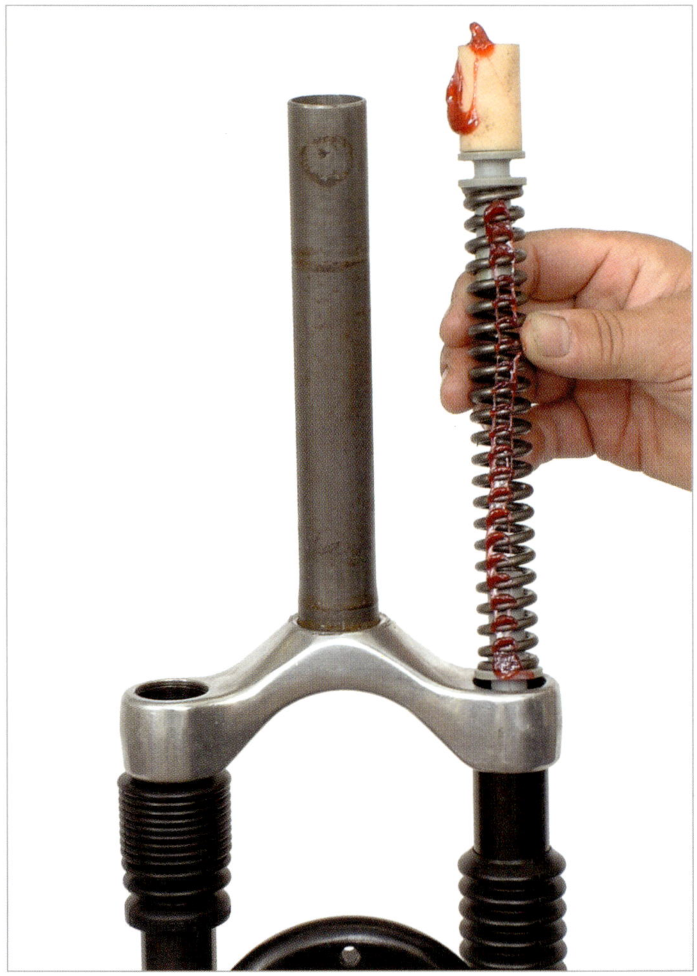

**8** Die Feder und das Elastomer werden vor dem Einbau mit speziellem Gabelfett geschmiert. Alle Teile müssen in der richtigen Reihenfolge installiert werden.

## Dichtringe bei einer ölgedämpften Gabel wechseln

**1** Die ausgebaute Gabel wird fest in eine geeignete Vorrichtung geklemmt. Zum Schutz sollten lackierte Teile umwickelt werden. Jetzt werden die unteren Muttern gelöst und entfernt.

**2** Mit einem weichen Hammer oder einem zwischengelegten Holzstück werden nun die Gewinde heruntergeklopft, um die Standrohre zu befreien.

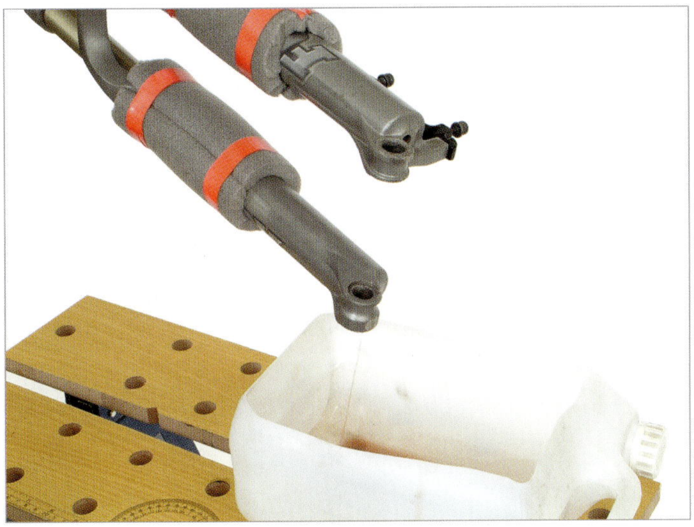

**3** Nun wird die Gabel umgedreht und das Öl in einen geeigneten Behälter ausgegossen.

**4** Nachdem die Standrohre herausgezogen sind, können die Dichtringe mit geeignetem Werkzeug herausgehebelt werden. Bei dieser Gabel sitzen unter den kombinierten Staubdichtungen/Dichtringen weitere Dichtungen, die ebenfalls entfernt werden müssen.

**5** Die Standrohre und Tauchrohre werden gereinigt und inspiziert. Hier wurde eine alte Speiche mit lösungsmittelgetränkten Lappen umwickelt, um die Tauchrohre zu reinigen.

**6** Die neuen Schaumstoff-Dichtungen werden mit Öl getränkt und installiert. Der kombinierte neue Dichtring wird im Idealfall mit einem Dichtring-Eintreiber aus Nylon eingepresst, vorsichtig eingesetzt tut es auch ein passender Steckschlüssel.

**7** Die leicht geschmierten Standrohre werden nun vorsichtig in die Tauchrohre geschoben, sodass die neuen Dichtungen nicht beschädigt werden.

**8** Die vorgeschriebene Menge Gabelöl durch die unteren Bohrungen einfüllen. Dann Tauchrohre aufschieben, Scheiben und Muttern montieren. Drehmoment beachten.

# Hinterradfederungen

Damit sich die Hinterrad-Aufhängung gegen einen Stoßdämpfer abstoßen kann, werden Lager oder Buchsen benötigt. Bei früheren Konstruktionen war das Tretlagergehäuse oft in die Hinterradschwinge integriert. Dies findet sich heute nur noch an sehr preiswerten Rädern. Bei den meisten aktuellen »Fullies« sitzt das Tretlager heute im gefederten Teil – also dem Hauptrahmen, während das hintere Rahmendreieck als Hinterradschwinge eine eigene Einheit bildet.

Hinterradschwingen können über ein einziges Gelenk verfügen, oder aber komplizierte Konstruktionen mit mehreren Anlenkungen sein und zahlreiche Drehpunkte haben. Bei einfachen Schwingen bildet der Federweg der Achse ungeachtet der Kompression des Stoßdämpfers einen konstanten Bogen. Bei mehrfach aufgehängten Hinterradaufnahmen ist der Weg der Achse nicht konstant, da sich die Schwinge nicht um einen festen Punkt dreht. Manche Konstruktionen jedoch, die nach Mehrgelenker aussehen, sind tatsächlich Eingelenker, die nur über progressive Anlenkungen den Stoßdämpfer komprimieren.

Alle vollgefederten Fahrräder benötigen eine Feder und irgendeine Form der Dämpfung. Diese Funktionen sind üblicherweise in einem Stoßdämpfer vereinigt, bei dem die Feder um den Dämpfer herum sitzt. Lediglich sehr billige Fahrräder sind tatsächlich nur mit einer Feder ausgerüstet – ihr Fahrverhalten ist aber auch entsprechend schlecht.

Die Feder besteht entweder aus Stahl – oder aus Luft. Stahlfedern werden passend zum Gewicht des Fahrers in verschiedenen Stärken angeboten. Eine Luftfeder wird mit dem Luftdruck an das Fahrergewicht angepasst. Je nach Qualität und Preis des Stoßdämpfers gibt es unterschiedliche Einstellmöglichkeiten, darunter Druck- und Zugdämpfung sowie ggf. die Möglichkeit, den Dämpfer komplett zu blockieren, damit besonders an Anstiegen keine Tretnergie in der Federung verpufft.

Weil es so viele bewegliche Teile gibt, muss bei einer Kontrolle genau auf Spiel oder seitliche Bewegung in den Gelenken geachtet werden. Bei den meisten Fahrrädern kommen in den Drehpunkten geschlossene Rillenkugellager zum Einsatz, die relativ verschleißfest sind. Ungewöhnliche Geräusche aus der Hinterradfederung sollten unverzüglich untersucht werden, da sich Befestigungen gelockert haben könnten, die beim vollständigen Herausfallen zu schweren Stürzen führen können.

*Bei den meisten vollgefederten Fahrrädern werden abgedichtete Rillenkugellager verwendet. Zwar verwendet jeder Hersteller andere Größen, doch handelt es sich bei den meisten Lagern um Normteile, die auch im Industriebedarf leicht zu bekommen sind. Verschlissene Lager können normalerweise mit einem passenden Steckschlüssel aus dem Rahmen oder dem Gelenkstück getrieben werden. Die am schwierigsten zu demontierenden Lager sitzen in Sacklöchern. Falls bei einem Lager der Käfig beschädigt wurde und Kugeln verschoben wurden oder herausgefallen sind, kann sich auch der Innenring lösen. Wenn dann der Außenring fest eingepresst ist, kann der Ausbau sehr schwierig werden, sodass ein spezielles Ausziehwerkzeug beschafft werden muss.*

## Stoßdämpfer-Buchsen ersetzen

**1** Für den Ausbau und Einbau der in vielen Stoßdämpferaugen sitzenden Gummibuchsen wird ein einfaches Ausziehwerkzeug benötigt.

**2** Das Werkzeug wird angesetzt und die alte Buchse aus dem Dämpferauge in das Werkzeuggehäuse gezogen. Anschließend kann das Auge gereinigt und auf Schäden untersucht werden.

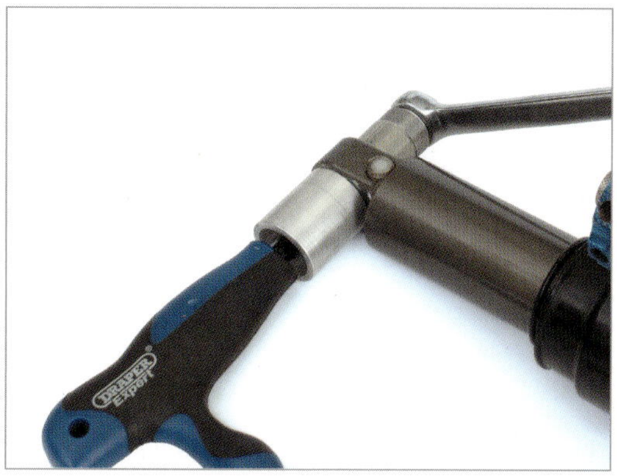

**3** Nachdem das Werkzeug umgedreht wurde, kann die neue Buchse in den Stoßdämpfer gezogen werden.

**Diese Arbeit wird fällig:**

- Wenn in den Lagern oder Buchsen der Stoßdämpferaufnahme Spiel auftritt.

**Zeit:**

- Zwei Stunden oder mehr, wenn alle Lager einer komplexen Hinterradfederung ersetzt werden sollen.

**Schwierigkeitsgrad:**

- Der Austausch von Lagern kann zu einer der schwierigsten Arbeiten am Fahrrad werden.

## Lager einer Hinterradfederung ersetzen

**1** Die meisten Lager sind in den Rahmen oder die Gelenkstücke eingepresst. Zunächst werden die Verbindungsschrauben gelöst.

**2** Hier wurde ein Brett mit verschieden großen Bohrungen vorbereitet. Das Gelenkstück wird hier über ein Loch mit passendem Durchmesser gelegt und das Lager mit einem geeigneten Steckschlüssel ausgetrieben.

**3** Für den Einbau eines neuen Lagers kann aus einer mit Scheiben, Steckschlüsseln und Muttern ausgerüsteten Gewindestange ein Einziehwerkzeug gebaut werden. Die Steckschlüssel dürfen nur auf die Außenringe der Lager drücken.

# Abstimmung eines vollgefederten Fahrrades

Bei allen vorn und hinten gefederten Fahrrädern muss eine korrekte Gesamtabstimmung gefunden werden, um das volle Potenzial des Fahrwerks zu erhalten. Zuerst muss der negative Federweg eingestellt werden, also der Bereich, um den das belastete Fahrrad bereits im Stand einsackt. Der Ausgangspunkt für die Einstellung liegt bei etwa 25 % negativem Federweg, doch darf dies nicht als feste Regel betrachtet werden. So können bei einem Fahrrad mit geringen Federwegen bereits 10 % ausreichen, dagegen mögen bei einem hochbeinigen Downhill-Racer über 30 % gerade richtig sein. Um die korrekte Einstellung zu finden, sind auf jeden Fall einige Experimente nötig. Auch der üblicherweise befahrene Untergrund ist für die Abstimmung wichtig. Ein Rad mit kurzen Federwegen, das höchstens auf Schotterwegen bewegt wird, lässt sich auch mit 30 % negativem Federweg gut fahren, da die Ausnutzung des gesamten Federwegs eher unwahrscheinlich ist.

Wenn der negative Federweg korrekt eingestellt ist, sollte die Aufmerksamkeit den verschiedenen Dämpfereinstellungen gelten. Bei hochwertigen Federelementen lassen sich Druck- und Zugstufe unabhängig voneinander einstellen. Als Ausgangspunkt sollten alle Einstellungen auf den Mittelwert gebracht werden. Wenn also beispielsweise die Zugdämpfung zehn Einstellungen hat, sollte man auf Stufe 5 oder 6 beginnen. Auch dies ist nur eine grobe Grundeinstellung und die beste Lösung erhält man nur nach ausgiebigen Probefahrten und Anpassungen. Manche Fahrer mögen es komfortabel und gleiten mit minimaler Dämpfung über Unebenheiten hinweg, andere lieben das direkte Gefühl für den Untergrund und fahren mit straffer eingestellten Dämpfungen.

Für die Gabel-Einstellung bei einem Hardtail, also einem Rad ohne Hinterradfederung, gelten die gleichen Regeln wie bei einem Fully.

Nachdem der negative Federweg und die Dämpfung eingestellt sind, wird es Zeit für eine ausgiebige Probefahrt in gewohntem Gelände. Danach kann kontrolliert werden, wie viel Federweg tatsächlich genutzt wurde. Im Idealfall ist die Federung ein- bis zweimal durchgeschlagen – hat also den gesamten Federweg aufgebraucht. Besonders gut lässt sich dies auf steinigem Untergrund kontrollieren, in der Stadt müssen stattdessen Bordsteine und Treppenstufen herhalten. Nötigenfalls müssen anschließend weitere Einstellungen vorgenommen werden.

**Diese Arbeit wird fällig:**
- Vor der ersten Fahrt mit einem neuen Fahrrad.
- Wenn die Gabel oder der Stoßdämpfer getauscht wurde.

**Zeit:**
- Zwanzig Minuten für das Abstimmen der Federung. Die Probefahrt mit weiteren Feinjustierungen sollte mindestens eine Stunde dauern.

**Schwierigkeitsgrad:** 🔧🔧🔧
- Die Grundeinstellung ist ziemlich unkompliziert; das perfekte Abstimmen an den persönlichen Fahrstil kann eine Weile dauern.

### Schraubenfedern

**Federn für Hinterradstoßdämpfer gibt es in verschiedenen Härten. Diese werden durch die zum Komprimieren um einen bestimmten Wert benötigte Kraft definiert. Bei Mountainbikes wird dies oft in Pfund (454 g) pro Zoll (25,4 mm) angegeben, außerdem ist die komprimierbare Länge in Zoll angegeben. Wenn man dann noch die Länge der alten Feder weiß, kann man beispielsweise eine Feder mit der Bezeichnung 400 x 3.0“ in 241 mm kaufen. Federraten gibt es üblicherweise zwischen 350 und 800 Pfund.**

**1** Trotz aller Behauptungen diverser Rahmenhersteller hängt der zur Verfügung stehende Federweg immer vom möglichen Hub des Stoßdämpfers ab. Durch die zumeist vorhandene Hebelwirkung hat das Hinterrad oft einen deutlich größeren Bewegungsspielraum.

**2** Viele Stoßdämpfer sind serienmäßig mit einem O-Ring ausgerüstet; andernfalls kann übergangsweise ein Kabelbinder um die Dämpferstange gebunden werden. Nachdem der Ring oder Kabelbinder gegen die Dämpfer-Dichtung geschoben wurde, setzt man sich vorsichtig auf das Fahrrad, hebt einmal kurz die Füße an und steigt langsam wieder ab. Jetzt wird geschaut, wie weit der Ring über die Dämpferstange geschoben wurde. Der gewünschte Durchhang kann nun durch Ändern des Luftdrucks oder der Federvorspannung bzw. den Austausch der Feder eingestellt werden.

**3** Die meisten Schraubenfeder-Stoßdämpfer sind mit einem Anschlaggummi ausgerüstet, das als Federweg-Indikator genutzt werden kann. Die Federvorspannung kann mit einem oberhalb der Feder sitzenden Ring eingestellt werden. Falls die Feder allerdings um mehr als drei Umdrehungen vorkomprimiert werden muss, um nicht ständig durchzuschlagen, sollte besser eine Feder mit einer höheren Federrate installiert werden.

**4** Bei Luftdruck-Stoßdämpfern kann mit einer speziellen Luftpumpe der Druck angepasst werden. Bei manchen Highend-Stoßdämpfern mit separaten Luftkammern muss diese gesondert eingestellt werden, wenn der Stoßdämpfer zu leicht durchschlägt.

**5** Nachdem der negative Federweg korrekt eingestellt ist, wird die Dämpfung angepasst. Bei den meisten Gabeln und Hinterradstoßdämpfern muss in der Mitte des Einstellbereichs begonnen werden. Wenn man diese nicht genau kennt, muss der Einstellknopf erst vollständig hinein- und dann ganz herausgedreht und dabei die Anzahl der Klicks oder Umdrehungen gezählt werden; anschließend kann der Mittelpunkt leicht abgezählt werden.

**6** Die gleiche Prozedur kann beim Abstimmen der Federgabel durchgeführt werden. Bei Schraubenfeder-Gabeln hat man jedoch nur eine begrenzte Auswahl an Ersatzfedern – wer ungewöhnlich leicht oder schwer ist, sollte über die Montage einer Luftdruck-Gabel nachdenken. Sobald die gewünschte Einstellung erreicht ist, werden alle Werte notiert und an einem sicheren Ort aufbewahrt.

bikehut

ABUS

Alpecin
GIANT

# 8

# Schutz, Sicherheit und Zubehör

# Helme

Auf dem Fahrrad sollte immer ein gut sitzender Helm getragen werden. Bei dem heute erhältlichen riesigen Angebot an Ausführungen und Stilrichtungen gilt gegen einen Kopfschutz keine Ausrede mehr. Allerdings muss man sich Zeit lassen, um möglichst viele Helme unterschiedlicher Hersteller auszuprobieren. Ein gut aussehender und gut sitzender Helm wird wahrscheinlich öfter getragen als ein schlecht passender hässlicher Hut. Gleichwohl ist die Passform immer wichtiger als die Optik.

Die erste Generation moderner Fahrradhelme wurde aus Polystyren (»Styropor«) gefertigt und mit einer einfachen elastischen Abdeckung überzogen. Die meisten modernen Helme bestehen immer noch aus einem Polystyren-Kern, doch er ist jetzt mit einer dünnen Kunststoffschale beklebt. BMX-Helme bestehen immer häufiger aus einer stabilen Plastik-Außenschale mit einem dünnen Polystyren-Einsatz. Integralhelme für Downhillfahrer unterscheiden sich kaum noch von Motocross-Helmen und basieren oft auf einer Carbon-Außenschale.

Ungeachtet ihres Aufbaus müssen alle Helme bestimmten Sicherheitsstandards genügen. Alle in der EU verkauften Fahrradhelme müssen derzeit der Europa-Norm 1078 entsprechen. Sollte in einem älteren Helm kein Aufkleber oder Einnäher mit dieser Norm zu finden sein, wird er wahrscheinlich schon über zehn Jahre alt sein und sollte sowieso ersetzt werden, da die verschiedenen Kunststoffe irgendwann ihre Weichmacher verlieren, dadurch spröde werden und schnell zerbrechen. Die meisten Hersteller empfehlen, einen Helm nach fünf Jahren auszutauschen, manche schreiben dies bereits nach drei Jahren vor. Wer nur gelegentlich mit dem Fahrrad unterwegs ist und seinen Helm nicht ständig im direkten Sonnenlicht liegen lässt, kann solche Empfehlungen jedoch entspannt betrachten.

1 Alle Helme sollten mit verschieden starken Schaumstoff-Einsätzen ausgerüstet sein, um an verschiedene Kopfformen angepasst werden zu können. Diese Einsätze können aber keinen schlecht sitzenden Helm ausgleichen.

2 Die meisten Helme sind heute mit einem Haltebügel ausgerüstet, der mit einem Stellrad leicht an die Kopfform angepasst werden kann und dafür sorgt, dass der Helm nicht nach vorn oder hinten kippt.

3 Der Helm muss immer korrekt aufgesetzt werden. Dieser Helm sitzt zu weit hinten und schützt nicht die Stirn. Er hat die richtige Größe, aber er sitzt falsch.

4 Wenn der Helm richtig sitzt, ist auch die Stirn geschützt. Die Riemen müssen so eingestellt sein, dass die einstellbaren Schnallen unter den Ohren sitzen und der Kinnriemen den Helm sicher hält.

# Diebstahlschutz

**1** In Deutschland werden jedes Jahr über 300 000 Fahrraddiebstähle gemeldet (hinzu kommt eine hohe Dunkelziffer). Die Aufklärungsquote liegt seit Jahren bei kaum über 10 %.
Ein einfaches Drahtseilschloss schreckt zumindest den Gelegenheitsdieb ab, hochwertige Bügelschlösser sind jedoch immer die bessere Wahl. In bestimmten Gegenden kann es auch nicht schaden, mehrere Schlösser mit unterschiedlichen Schließsystemen einzusetzen.
Der beste Diebstahlschutz besteht immer darin, sein Rad neben ein besseres Modell zu stellen und es gleichzeitig besser als dies zu sichern.

**2** Das Fahrrad sollte immer an einem festen Gegenstand angeschlossen werden, über den das Schloss auch nicht hinweggehoben werden kann. Falls die Laufräder mit Schnellspannern gesichert sind, sollte das Vorderrad ausgebaut und zusammen mit dem Hinterrad und dem Rahmen angeschlossen werden. Ein per Schnellspanner gesicherter Sattel sollte möglichst mitgenommen werden.

**3** Wichtig ist, das Schloss so anzubringen, dass es möglichst schlecht zugänglich ist und nicht auf den Boden gelegt werden kann. So haben Diebe Schwierigkeiten beim Knacken und können es auch nicht mit einem Hammer zertrümmern.

# Sicherheitsbekleidung

**1** Spezielle Fahrradbekleidung ist meistens mit Reflektoren ausgerüstet. Diese Jacken reflektieren auf der gesamten Fläche. Manche Modelle haben neben Streifen im Schulterbereich einen reflektierenden Schriftzug und eine Schlaufe zum Anbringen eines Rücklichts.

**2** Viele Radfahrer sehen Handschuhe als wichtige Sicherheitsbekleidung an. Von den klassischen Rennradhandschuhen ohne Fingerspitzen bis zum wasserdichten Winterhandschuh gibt es eine riesige Auswahl.

**3** Wer lieber Jacken ohne Reflektoren trägt, sollte beim Radfahren solche reflektierenden Schultergurte anlegen, die einen nachts sehr gut sichtbar machen.

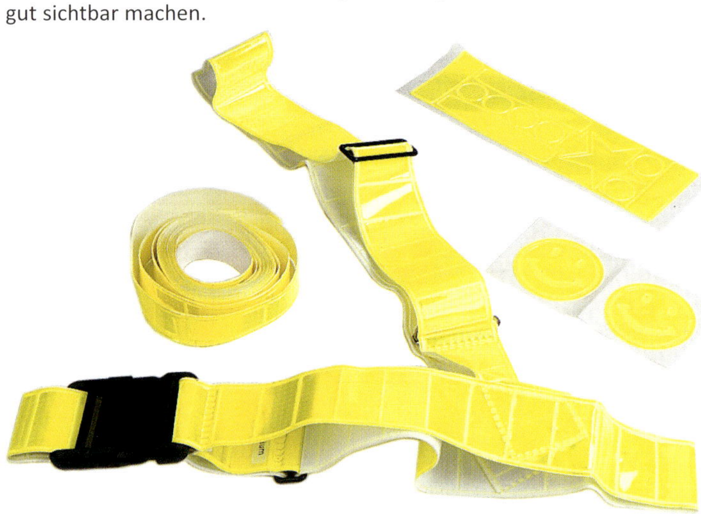

# Beleuchtung

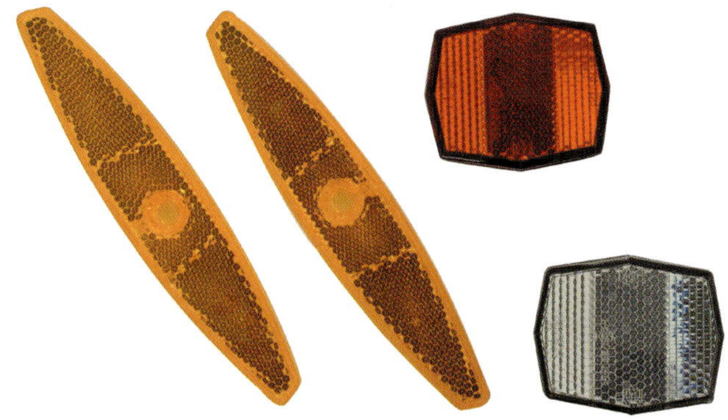

**1** Die Zeiten mühsamer Befestigungen und rasch schwächelnder Batterien sind längst vorbei. Moderne LED-Rücklichter leuchten im Blinkmodus zum einen sehr lange und sind so noch besser zu erkennen als bei Dauerlicht.

**2** Jedes Fahrrad sollte mit Reflektoren ausgerüstet sein. Dabei sind Speichenreflektoren besonders wichtig, wenn es um die seitliche Erkennung geht. Diese sind zusammen mit einem weißen Reflektor nach vorn, einem roten nach hinten und gelben Reflektoren an den Pedalen gesetzlich vorgeschrieben.

**3** Ein Scheinwerfer dient sowohl der eigenen Sicht als auch der guten Erkennbarkeit. Auch hier bietet die LED-Technologie gegenüber herkömmlichen Glüh- und Halogenlampen deutliche Verbrauchsvorteile. Viele Lampen können mit Schnellverschlüssen rasch demontiert und als Taschenlampe genutzt werden.

**4** Sowohl für den Einsatz in dunklen Wäldern als auch im nächtlichen Berufsverkehr eignen sich wiederaufladbare Hochleistungslampen. Diese mit modernster LED-Technik ausgerüstete Helmlampe leuchtet mit über 1000 Lumen (was etwa einer 75 Watt-Glühlampe entspricht).

## Gesetzliche Vorschriften

Jedes für den Betrieb auf öffentlichen Straßen vorgesehene Fahrrad muss die in § 67 StVZO vorgeschriebene Beleuchtungs- und Sicherheitseinrichtungen aufweisen:

- Ein Generator (Dynamo) mit mindestens 3 W Leistung
- Ein Scheinwerfer
- Ein Rücklicht
- Ein roter Rückstrahler
- Ein weißer Reflektor nach vorn
- Gelbe Reflektoren vorn und hinten an den Pedalen
- Mindestens zwei gelbe oder weiße seitliche Reflektoren in den Speichen oder Reflektorstreifen an den Reifen
- Eine Klingel
- Zwei unabhängig auf beide Räder wirkende Bremsen

Alle Lampen und Reflektoren müssen mit einem Prüfzeichen versehen und fest angebracht sein.

Seit August 2013 dürfen Fahrradbeleuchtungen in Deutschland alternativ zum Dynamo auch mit Strom aus Batterien bzw. Akkus betrieben werden.

Ungeachtet aller Vorschriften und weil Radfahrer mit jährlich 400 Toten zu den stark gefährdeten Verkehrsteilnehmern gehören, ist es immer ratsam, im Straßenverkehr gut sichtbar unterwegs zu sein.

# Bekleidung und Zubehör

Neben den wichtigen Punkten Schutz und Sicherheit gibt es eine ganze Menge Material, welches das Radfahren angenehmer machen soll – egal, ob man sich für den Weg zur Arbeit optimieren oder klug auf sein erstes Jedermann-Rennen vorbereiten will.

Beim Thema Kleidung fallen drei regelmäßig benutzte Schlüsselbegriffe auf: Saugfähigkeit, Atmungsaktivität und Isolierung. Zuerst geht es darum, Schweiß vom Körper weg nach außen zu übertragen, damit man nicht überhitzt. Der richtige Stoff hilft hierbei – genauso wie bei der guten Belüftung. Auch wenn es draußen kalt ist, wird man auf dem Fahrrad bald gewaltig Wärme erzeugen. Gute Kleidung sorgt dafür, dass zwischen dem Körper und der Oberfläche des Stoffs Luft zirkulieren kann, damit man nicht im eigenen Saft gart. Der Bereich Isolierung wird an wirklich kalten Tagen interessant, an denen man sich gegen niedrige Temperaturen zur Wehr setzen muss.

Neben der Kleidung gibt es zahllose andere Dinge, die das Radfahren effizienter machen können, darunter auch Messgeräte, die vom einfachen Tacho bis hin zum teuren Leistungsmessgerät reichen.

**◀ Herzfrequenzkontrolle**
Anders als sein hochpreisiger Verwandter – das Wattmesssystem – ist ein Herzfrequenzmessgerät ein erschwingliches Hilfsmittel, um das Training zu verbessern. Zunächst fährt man 20 Minuten Vollgas, um seine maximale Herzfrequenz zu finden, und notiert sich diesen Wert. Dann können entsprechend der eigenen physiologischen Ziele Trainingsfahrten unternommen werden. So verbessert das Fahren mit 70% der maximalen Herzfrequenz die Fettverbrennung, während das Fahren mit 90% die Geschwindigkeit erhöht.

**▲ Sonnenbrille**
Eine Fahrradbrille hilft nicht nur gegen Sonnenlicht, sondern schützt auch vor Insekten, Wind und sogar Schnee. Je nach Bedarf müssen nur entsprechende Gläser verwendet werden, die sich bei einigen Modellen austauschen lassen. Getönte Gläser helfen gegen die Sonne, gelbe Gläser gegen diesiges Wetter und klare Gläser sollten bei Fahrten in der Dunkelheit getragen werden

**◀ Packtaschen**
Wer auf Reisen geht oder täglich zur Arbeit radelt, braucht einen Gepäckträger und Packtaschen, um Ausrüstung, Kleidung, Zahnbürste und Zelt oder aber Laptop und Ordner zu transportieren. Die meisten Gepäckträger erfordern entsprechende Aufnahmen am Rahmen und/oder der Gabel.

**▲ Schlauchschal**
Diese auch als »Snood« (Scarf + Hood = Schal + Kapuze) bekannten vielseitigen Kleidungsstücke werden von Radfahrern vor allem benutzt, um ihren Hals vor Wind und Kälte zu schützen. Sie können aber auch als Schal, Sturmhaube, Stirnband oder sogar Armband genutzt werden. Sie bestehen oft aus Polyester, um gleichzeitig Schweiß abzutragen und atmungsaktiv zu bleiben.

### ◀ Weste
Diese einfachen ärmellosen Oberteile sind bei Rennradfahrern beliebt, weil sie den Körper warm halten, ihn aber nicht überhitzen lassen. Es gibt sie in zwei Varianten: als leichte und einfach zu verstauende Weste für Fahrten im Frühjahr und im Herbst; und als dickere isolierende Alternative für kälteres Wetter. Die dünne Version ist weit verbreitet, denn obwohl sie kaum isoliert, hält sie den Wind ab. Statt dicker Westen tragen viele Fahrer lieber Windjacken.

### ▶ Fahrradjacke
Der Oberkörper reagiert auf Kälte deutlich empfindlicher als der untere Bereich, da er beim Radfahren relativ wenig Bewegung vollziehen muss. Zum Ausgleich wird er mit Highend-Windjacken geschützt, die trotz ihrer Winddichtigkeit kein unangenehmes Kochbeutel-Gefühl erzeugen. »Windstopper« ist eine vom Hersteller Gore patentierte Membran, die zwischen dem Innenfutter und dem Außenmaterial dafür sorgt, dass das Gewebe atmungsaktiv bleibt, aber kein Wind eindringt.

### ▶ Gesäßcreme
Die auch unter dem Namen Chamois Creme bekannte zähflüssige Substanz ist antibakteriell und wirkt wie Feuchtigkeitscreme. Doch statt Falten zu glätten, soll sie den Sitzkontaktbereich und den Damm vor zu starker Reibung mit der Kleidung schützen. Hierdurch werden Scheuerstellen verhindert, die zu Sattelwunden bis hin zum Abszess führen können.

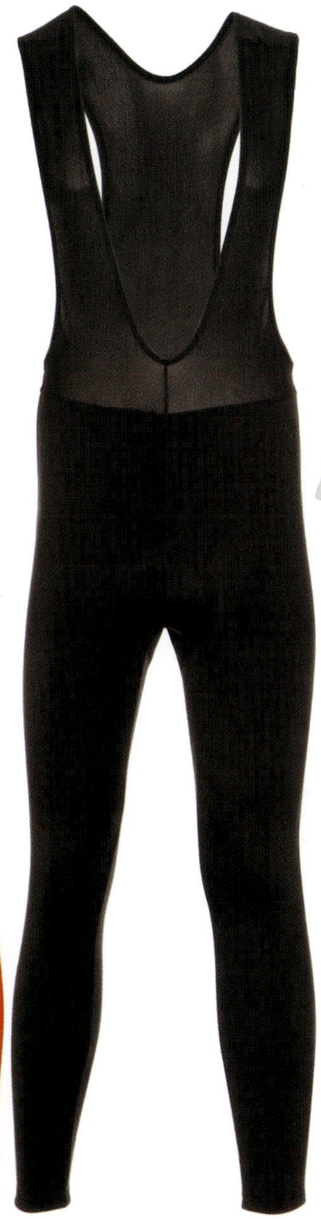

### ▲ Trägerhose
Wer im Winter Fahrrad fährt, braucht Wärme. Diese vorwiegend aus Lycra hergestellten Trägerhosen bieten beim Sport ausreichende Bewegungsfreiheit. Generell sollte ein Sitzpolster eingenäht sein, um den Komfort zu erhöhen. Für wärmere Tage sind auch kürzere Versionen erhältlich.

### ▲ Unterwäsche
Sogenannte Funktionsunterwäsche soll gleichzeitig isolieren und atmungsaktiv sein. Hierzu werden häufig Kunstfasern wie Polyester verwendet, da die Struktur der Fasern schneller als Baumwolle Schweiß vom Körper abtransportieren kann und sich nicht vollsaugt; Merino-Wolle hat ähnliche Eigenschaften. Gut sitzende Unterwäsche passt sich dem Körper an, engt ihn aber nicht ein, da dies den Erwärmungseffekt beeinträchtigt. Umgekehrt sitzt zu groß gewählte Bekleidung zu locker und kann keinen Schweiß aufnehmen.

### ▲ Energie-Gel
Während sich Radprofis früher bei der Tour de France vorwiegend von Baguette und Wein ernährten, setzen sie – und nicht nur sie – heute auf Energie-Gel. Die praktischen Beutel passen in die Trikottasche und Reserven können im Werkzeugfach oder der Satteltasche mitgeführt werden. Manche Gels sollen isotonisch sein, sodass sie durstlöschend wirken; andere sind dagegen etwas süßlich oder auch zähflüssig. Als Ergänzung können Energy-Drinks und -Riegel dienen.

**◀ Watt-Messgerät**
Für Profis wie Peter Sagan, Mark Cavendish und Chris Froome hatte die Erfindung des direkt am Fahrrad sitzenden Watt-Messgeräts direkten Einfluss auf das Training. Wie der Name suggeriert, misst das Gerät die Leistung (Watt), die man beim Pedalieren erzeugt – dazu wird reichlich Elektronik und ein guter Algorithmus benötigt. Es sind zahlreiche Systeme auf dem Markt – vom Garmin Vector, das seine Daten aus den Pedalen erhält, über das Stages-System an den Kurbeln bis zum Powertrap G3, bei dem die Leistung an der hinteren Radnabe ermittelt wird. Die Daten werden jeweils zu einer Anzeige am Lenker übertragen. Ein schönes Spielzeug für den engagierten Radsportler.

**▲ Aerobars**
Aerobar-Lenker sorgen für eine möglichst flache – und damit aerodynamische – Sitzhaltung. Sie eignen sich nicht für Ausfahrten in Gruppen, sind aber beliebt beim Zeitfahren. Wer viel allein fährt, kann sein Rennrad mit einem entsprechenden Klemm-Set ausrüsten.

**▶ Freizeitkleidung**
Bei Fahrrad-Bekleidung geht es nicht immer nur um Leistungssport, sondern es werden auch immer mehr Produkte mit lässiger Optik für den Freizeitfahrer oder Pendler angeboten, die dennoch fahrradspezifische Merkmale aufweisen. Marken wie Alberto, Rapha, Shimano und Vaude haben ein ästhetisch ansprechendes Sortiment von Jacken, Hosen und Shirts im Programm, bei denen auch nützliche Ergänzungen wie Rücken-Taschen, verstärkte Gesäßbereiche und Reflektoren nicht fehlen.

**◀ Fahrrad-Computer**
Aus dem reinen Tacho mit Uhr und Kilometerzähler ist heute ein Multifunktionsgerät geworden, das mit seinen Daten und Informationen jeden Technikfreak begeistert. Es geht um GPS-Positionen, Streckenspeicherung, Höhenmeter und Leistungsdaten. Manche Geräte messen die Trittfrequenz und die verbrauchten Kalorien.

**▶ Rollentrainer**
Dieses Gerät wird an der Hinterachse des Fahrrades angeklemmt und das Hinterrad wird durch den vorgegebenen Widerstand der Rolle gebremst. Die Bremse arbeitet entweder mit Magnetismus oder hydraulisch. Beide Systeme funktionieren problemlos, die Flüssigbremse ist generell etwas teurer, aber auch etwas leiser. Manche Geräte werden nach dem Ausbau des Hinterrades direkt über die Kette angetrieben. Computerprogramme generieren zusammen mit einem Monitor jede gewünschte Tour- oder Giro-Etappe anhand der Bremswirkung.

# Fahrradhalter fürs Auto

Der Markt bietet eine Vielzahl an Trägern an, mit denen man sein Rad sicher von A nach B transportieren kann. Es kann zunächst etwas verwirrend sein, aber jedes System wurde für spezifische Anforderungen entwickelt. Wie weit und wie oft sollen Fahrräder transportiert werden? Wie viele Räder müssen mit? Verzichtet man lieber auf Fahrten in Garagen aller Art oder auf den einfachen Zugang zum Kofferraum? Auch wichtig: Wie viel darf das Ganze kosten? Wer ein nagelneues Carbon-Fahrrad spazieren fährt, das den Wert eines Neuwagens hat, wird es vielleicht nicht gerne an einem wackeligen Halter aus dem Baumarkt befestigen. Sobald der Preis feststeht, muss entschieden werden, wo der Träger befestigt wird: auf dem Dach, auf der Anhängerkupplung oder an der Heckklappe....

**◄ Heckklappen-Träger**
Die letzte populäre Variante ist die Montage des Fahrradhalters an die Heckklappe eines Kombis. Dies ist nicht nur die billigste Option, sondern auch die unsicherste, denn die Halterung wird im Wesentlichen von einer Ansammlung Gurten gehalten, die an den Kanten der Heckklappe eingehängt sind. »Füße« aus Gummi oder Schaumstoff stützen den Halter gegen die Spannung dieser Gurte ab. Die Oberrohre der Fahrräder werden mit Klemmen an Auslegern befestigt, während sie unten auf Schienen stehen. Solche Träger sind vielseitig einsetzbar, müssen aber sehr sorgfältig montiert werden, damit sie kein Sicherheits-Risiko darstellen. Billige Haken können den Lack am Auto beschädigen. Der Zugang zum Kofferraum ist zumeist erst nach der Demontage des Trägers möglich.

**▲ Dachträger**
Die meisten auf dem Dach des Autos montierten Halterungen bestehen aus Querträgern, deren Füße irgendwie an einer vorhandenen Reling oder an der Regenrinne befestigt werden müssen. Je nach Auto müssen hierfür spezifische Befestigungen beschafft werden. Es gibt sogar Systeme mit Saugnäpfen. Kompromisse bei der Sicherheit dürfen jedoch nicht eingegangen werden.

Auf den Dachträger selbst wird dann entweder das Fahrrad komplett oder mit ausgebautem Vorderrad montiert. Durch den Ausbau des Vorderrades wird der gesamte Aufbau etwas niedriger (gut bei hohen Autos) und deutlich stabiler. Dafür muss hier das Vorderrad im Kofferraum mitgeführt werden. Komplette Fahrrad lassen sich schneller auf Dachträgern befestigen und wieder herunternehmen. Generell muss ein Schließsystem sicherstellen, dass die Fahrräder nicht einfach vom Träger gestohlen werden können. Dachträger eignen sich auch für den Transport sperriger, aber nicht allzu schwerer Dinge wie Leitern oder Kajaks. Ein Dachträger darf niemals vergessen werden: Parkhäuser, Tiefgaragen, das Carport zu Hause (besonders gefährlich, weil Routine!) und auch die Höhenbegrenzung gegen Wohnmobile können an den Fahrrädern, aber auch an der Karosserie des Autos bleibende Eindrücke hinterlassen.

Tankstellen müssen dagegen häufiger angefahren werden, weil die schlechte Aerodynamik – selbst ohne Fahrräder – einen erhöhten Kraftstoffverbrauch zur Folge hat.

**▼ Anhängerkupplungs-Fahrradhalter**
Diese Systeme werden einfach auf den Kugelkopf der Anhängerkupplung geklemmt. Sie sind teurer als die anderen beiden, doch dafür ist das Be- und Entladen deutlich einfacher als bei Dachträgern. Bis zu fünf Fahrräder werden zumeist auf Schienen gestellt und über einen oder mehrere Bügel am Oberrohr gesichert. Die meisten Systeme sind mit einem Scharnier ausgerüstet, sodass die Fahrräder heruntergeschwenkt werden können, damit man den Kofferraum erreichen kann. Falls das Auto keine Anhängerkupplung hat, kommt natürlich noch deren Preis hinzu, ansonsten muss nur noch ein zusätzliches Kennzeichen des Autos beschafft werden, das zwischen den Zusatzleuchten des Trägers montiert werden muss.

SUPERSTAR

# 9

# Anhänge

# Fehlersuche

## Allgemeines

**Schlechter Fahrkomfort**
- □ Lenkerposition einstellen.
- □ Sattel vor- oder zurückschieben.

**Holpriges Fahren**
- □ Reifendruck anpassen.
- □ Dickere Reifen montieren.

**Schlechter Sitzkomfort**
- □ Sattelposition oder Neigungswinkel ändern.
- □ Gepolsterte Fahrradhosen tragen.
- □ Besseren Sattel montieren.

**Schlechter Griffkomfort**
- □ Lenkerwinkel verstellen.
- □ Andere Griffe bzw. gepolstertes Lenkerband verwenden.

**Schlechter Fußkomfort**
- □ Schuhe mit festeren Sohlen probieren.
- □ Auf Klickpedale umsteigen.
- □ Fußposition überprüfen.

**Fahrrad anstrengend zu fahren**
- □ Zu geringer Reifendruck.
- □ Sattel zu niedrig.
- □ Schleifende Bremsen.
- □ Reifen schleift am Rahmen oder Schutzblech.
- □ Kette schlecht gewartet.
- □ Schlechte Gangwahl.
- □ Reifen zu grobstollig oder zu breit.

**Fahrrad instabil, besonders bei höherem Tempo**
- □ Zu geringer Reifendruck.
- □ Steuersatz/Radlager locker.
- □ Rahmen/Gabel verzogen.
- □ Laufrad unrund.

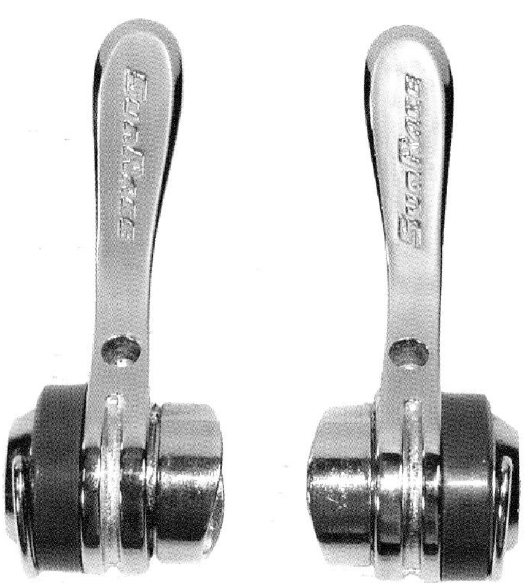

**Fahrrad klappert**
- □ Schutzblech/Gepäckträger etc. locker.
- □ Gepäck zu schwer / zu hoch / zu weit hinten.
- □ Gepäckträger unterdimensioniert.

**Schabende Geräusche**
- □ Reifen schleift am Rahmen oder Schutzblech.
- □ Schmutz zwischen Reifen und Schutzblech verklemmt.
- □ Kette schleift in Kettenschutz.

**Schrauben lockern sich regelmäßig**
- □ Mit Sicherungspaste (Loctite) einsetzen.

## Schaltung

### Schaltwerk

**Unpräzise Indexierung**
- □ Schaltzug muss eingestellt werden.
- □ Schaltzug muss geschmiert werden.
- □ Schaltwerk oder Schaltauge verbogen.
- □ Inkompatible Komponenten.
- □ Schaltzug falsch oder falsch montiert.

**Kette lässt sich nicht auf größtes Ritzel legen**
- □ L-Schraube muss justiert werden.
- □ Schaltzug muss eingestellt werden.

**Kette/Schaltwerk verhakt sich im Rad**
- □ L-Schraube muss justiert werden.
- □ Schaltwerk oder Schaltauge verbogen.
- □ Defekte Speichen oder Rad falsch zentriert.

**Kette lässt sich nicht auf kleinstes Ritzel legen**
- □ H-Schraube muss justiert werden.
- □ Schaltzug muss eingestellt werden.

**Kette springt vom kleinsten Ritzel herunter**
- □ H-Schraube muss justiert werden.

### Umwerfer

**Kette verklemmt sich beim Schalten**
- □ Umwerfer zu niedrig.
- □ Kette zu kurz.

**Kette wechselt nicht auf kleinstes Kettenblatt/bleibt nicht dort**
- □ L-Schraube muss justiert werden.

**Kette wechselt nicht auf größtes Kettenblatt /bleibt nicht dort**
- □ H-Schraube muss justiert werden.

**Kette lässt sich nur langsam oder gar nicht schalten**
- □ Umwerfer zu hoch.
- □ Umwerfer steht nicht parallel zu Kettenblättern.
- □ Umwerfer-Käfig muss etwas nach innen gebogen werden.

### Schaltwerk und Umwerfer

**Gänge wechseln selbstständig oder Einstellung wird schlechter**
- □ Reibscheiben an nicht indexierten Hebeln müssen nachgezogen werden.
- □ Reibscheiben sind mit Öl in Kontakt gekommen.
- □ Schaltzug-Klemmschraube locker.
- □ Schaltzug oder Nippel beginnt zu reißen.

**Schalten erfordert viel Kraft**
- □ Schaltzug unkorrekt verlegt.
- □ Schaltzug muss geschmiert oder ersetzt werden.

### Nabenschaltung

**Gänge springen über (alle Modelle)**
- □ Schaltzug muss eingestellt werden.
- □ Schaltzug-Klemmung/Führung locker.
- □ Kette zu locker (springt über).
- □ Getriebeteile verschlissen.
- □ Kette/Ritzel stark verschlissen.

## Kette, Pedale, Kurbeln

**Kette gerissen**
- □ Kette falsch verbunden.
- □ Kette verschlissen.

**Kette springt unter Last über**
- □ Kette und/oder Ritzel stark verschlissen.
- □ Kettenglieder klemmen.

**Kette macht Geräusche**
- □ Kette muss geschmiert werden.
- □ Kette verschlissen.

**Regelmäßiges Klicken oder Überspringen**
- □ Kettenglieder klemmen.
- □ Kurbelbefestigung locker.
- □ Ritzel/Kettenblatt verbogen.
- □ Kette verschlissen.

**Unregelmäßiges Klicken oder Knarzen beim Treten**
- □ Pedalgehäuse oder Lager lösen sich auf.
- □ Tretlager benötigt Aufmerksamkeit.
- □ Lockere Speichen.
- □ Kettenblatt-Schrauben müssen geschmiert werden.
- □ Kurbelbefestigung locker.
- □ Letzte Option: Kurbel-Konus schmieren.

**Pedale fühlen sich seltsam an**
- □ Kurbel oder Pedal verbogen oder locker.

**Rückwärtstreten schwergängig**
- □ Nabenschaltung oder Eingangrad: Kette zu stramm gespannt.
- □ Nabenschaltungslager zu fest.

**Unregelmäßige Klopfgeräusche**
- □ Tretlager benötigt Aufmerksamkeit.

## Freilauf

**Freilauf knackt beim Treten**
□ Lager haben sich gelöst.

**Freilauf läuft laut**
□ Lager verschlissen/verschmutzt/laufen trocken.

**Freilauf rutscht oder klemmt**
□ Freilauf muss gewartet/ersetzt werden.

## Freilaufnaben

**Freilauf rutscht oder klemmt**
□ Shimano: ersetzen.
□ Alle anderen: überholen.

**Kassette knackt beim Treten**
□ Sicherungsring locker.

## Bremsen

**Schwache Bremswirkung**
□ Bremszug muss geschmiert/ersetzt werden.
□ Bremszug/Schnellverschluss muss eingestellt werden.
□ Bremsbeläge verschlissen.
□ Felgenbremsenbeläge sind falsch eingestellt.
□ Felge verölt.
□ Bremshebel muss geschmiert werden.
□ Inkompatible Bremshebel/Bremsen-Kombination.

**Bremse verliert plötzlich an Wirkung**
□ Bremszug-Klemmung locker.
□ Bremsklotz locker.
□ Bremszug oder Nippel beginnt zu reißen.

**Bremse löst nicht richtig**
□ Bremsenlagerung zu fest.
□ Bremszug muss geschmiert/ersetzt werden.
□ Felgenbremsenbeläge sind falsch eingestellt.
□ Rückholfeder ermüdet oder falsch eingestellt.

**Bremse quietscht oder knarzt**
□ Felgenbremsenbeläge sind falsch eingestellt.
□ Bremsbeläge verhärtet – austauschen.
□ Felge muss gereinigt werden.

**Bremse vibriert oder blockiert**
□ Felgenbremsenbeläge sind falsch eingestellt.
□ Felge verbogen oder riefig.
□ Bremsenlagerung zu locker.
□ Lenkkopflager locker.

**Bremse schwergängig zu betätigen**
□ Bremszug muss geschmiert/ersetzt werden.
□ Bremszug zu kurz oder zu lang oder falsch verlegt.
□ Rückholfeder falsch eingestellt.

**Bremshebel knarzen**
□ Lagerung muss geschmiert werden.

**Bremswirkung bei Nässe schlecht**
□ Bremsbeläge passen nicht zur Felge.

## Räder und Reifen

**Reifen verliert langsam Luft**
□ Sehr kleines Loch.
□ Ventil locker oder defekt.

**Reifen verliert rasch Luft**
□ Großes Loch oder Riss.

**Wiederholter Plattfuß**
□ Fremdkörper verblieb im Reifen.
□ Felgenband fehlt.
□ Zu weit in die Felge ragende Speiche.
□ Schlauch/Reifen spröde/verschlissen.
□ Zu geringer Luftdruck.
□ Schlauch mit Montagewerkzeug beschädigt.

**Reifen ragt ungleichmäßig aus der Felge heraus**
□ Falsch montiert.
□ Ventilsitz nicht in den Reifen gedrückt.

**Felge läuft unrund**
□ Speiche gebrochen.
□ Speichen ungleichmäßig gespannt.

**Radnabe macht klickende Geräusche**
□ Radlager müssen gewartet werden.
□ Radlager haben zu viel Spiel.
□ Radmuttern locker.
□ Achse gebrochen.

## Lenker und Sattel

**Lenker fühlt sich nicht gut an**
□ Vorbau nicht korrekt ausgerichtet.
□ Lenker verbogen.

**Lenker knarzt**
□ Lenker/Vorbau-Kontaktflächen müssen geschmiert werden.
□ Vorbau/Gabelschaft-Kontaktflächen müssen geschmiert werden.
□ In Lenker oder Vorbau bildet sich ein Riss.

**Lenker dreht sich in Vorbau**
□ Klemmschraube zu locker.
□ Lenker passt nicht zum Vorbau.
□ In Vorbau-Klemmung bildet sich ein Riss.

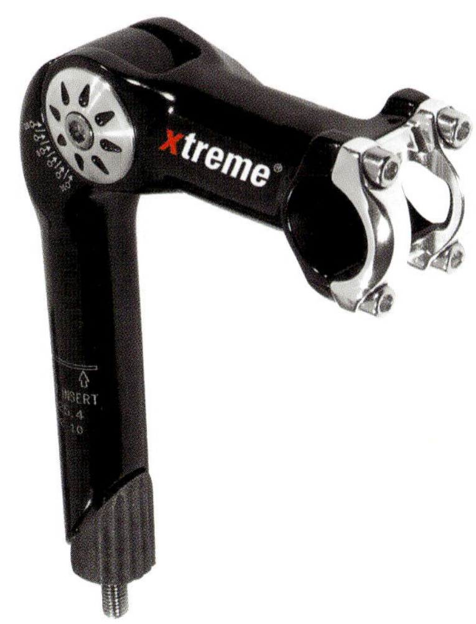

**Vorbau bewegt sich in Gabelschaft**
□ Klemmschraube zu locker.

**Vorbau klemmt in Gabelschaft**
□ Korrosion – reichlich Sprühöl einbringen.

**Sattel kippt oder verschiebt sich**
□ Sattelklobenschraube zu locker.
□ Sattelklemmschraube(n) zu locker.
□ Sattel zu hoch an Sattelkerze geklemmt.

**Sattel macht Geräusche**
□ Sattelklemmung, -federn usw. müssen geschmiert werden.

**Sattelstütze klemmt im Rahmen**
□ Sattelstütze war nicht geschmiert – reichlich Sprühöl einbringen.
□ Sattelstützen-Durchmesser zu groß.

**Sattelstütze bewegt sich im Rahmen**
□ Sattelstützen-Klemmung zu locker.
□ Sattelstützen-Durchmesser zu klein.

## Rahmen und Gabel

**Gabel vibriert**
□ Lenkkopflager locker.
□ Bremse schleift stark an verzogener Felge.

**Fahrrad zieht zu einer Seite**
□ Laufräder nicht zentriert – besonders vorn.
□ Rahmen oder Gabel verbogen.

**Seltsames Lenkgefühl**
□ Reifendruck zu gering.
□ Lenkkopflager zu fest angezogen.
□ Steuersatz verschlissen.
□ Rahmen oder Gabel verbogen.

**Lenkkopflager immer wieder locker**
□ Kontermutter locker.
□ Steuersatz verschlissen.
□ Gabelschaft/Einstellmutter-Gewinde beschädigt.
□ Zu viele Lagerkugeln installiert.

# Reifengrößen

Die Beschaffung von Ersatzreifen kann etwas verwirrend sein. Oft werden Reifengrößen in Zollmaßen angegeben, doch anders als bei Autos und Motorrädern bezieht sich beispielsweise die 26 oder 28 der gängigsten Reifen nicht auf den Felgendurchmesser, sondern auf den Außendurchmesser des Reifens. Heute ist dies gut daran zu erkennen, dass die neuen 29er-MTB-Reifen auf die gleichen Felgen aufgezogen werden wie die klassischen 28er-Straßenreifen. 26er-MTB-Reifen können auf zwei verschieden große Felgen aufgezogen sein. Die Zahl hinter dem Reifendurchmesser steht für die Reifenbreite (z. B. 1,75 Zoll). Abgesehen davon, dass man sich größere Zahlen merken muss, hat das metrische System der Europäischen Norm für Reifen und Felgen (ETRTO) den Vorteil, dass z. B. die Zahl 622 für den exakten Nenndurchmesser der Felge steht – und dieser ein entscheidender Faktor für die Montierbarkeit des Reifens ist. Die Reifenbreite steht hier vorn (z. B. 47) und ist natürlich auch wichtig, wenn es darum geht, ob ein Reifen überhaupt in den Rahmen oder in die Schutzbleche passt. Generell darf man bei der Breite aber etwas nach dem persönlichen Geschmack variieren.

| Zoll-Reifenmaße | Felgendurchmesser in mm (nach ETRTO) | Anwendungen |
|---|---|---|
| 29 | 622 | Groß-MTBs der neuen Generation |
| 28 | 622 | Alle großen Räder inkl. Rennräder |
| 27,5 | 584 | MTBs der neuen Generation |
| 27 | 630 | Alte französische Rennradgröße (»700«) |
| 26 | 559 oder 571 | Klassische Mountainbikes und Cityräder |
| 24 | 507 (auch 540 und 541) | Kleine Mountainbikes, Falträder |
| 20 | 406 und 451 (auch 390, 438, 440 und 560) | BMX-, Falt- und Kinderräder |
| 18 | 355 (auch 340 und 349) | Kinderräder |
| 16 | 349 (auch 305, 330 und 340) | Falt- und Kinderräder |
| 14 | 288 und 289 | Falt- und Kinderräder |
| 12 | 203 | Falt- und Kinderräder |
| 10 | 152 | Kleinkinderräder |

# Anzugsdrehmomente

Die hier angegebenen Anzugsdrehmomente sind nur grobe Richtwerte. Der korrekte Wert hängt stark vom Gewindetyp und vor allem vom Material (sowohl der Schraube) als auch der Mutter bzw. des Bauteils ab. Heute sind bei vielen Fahrradteilen und Schrauben die maximalen Anzugswerte eingeschlagen oder aufgedruckt. Im Zweifelsfall sollte immer der Hersteller kontaktiert werden.

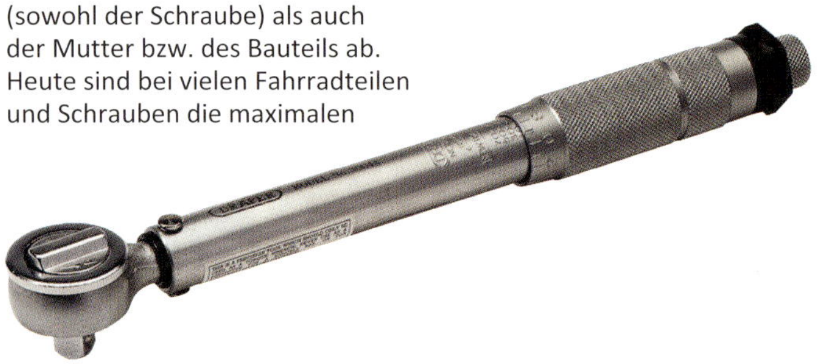

| Bauteil | | Anzugsdrehmomente (Nm) |
|---|---|---|
| M5-Schraube | | 4–6 |
| M6-Schraube | | 7–10 |
| M8-Schraube | | 16–24 |
| M10-Schraube | | 35–50 |
| Radmuttern | | 20–30 |
| Tretlager | Shimano Hollowech II | 35–49 |
| | Campagnolo Ultra-Torque | 35 |
| | FSA | 39–49 |
| | Race Face | 48 |
| | Truvatis | 34–40 |
| | White Industries | 27 |
| Bremshebel-Befestigungsschrauben | | 4–8 |
| Bowdenzug-Klemmschraube | | 3–4 |
| Patronen- und außenliegende Tretlager | | 35–50 |
| Kassetten-Konterring | | 35–50 |
| Kettenblatt-Schrauben | | 5–7 |
| Kurbel-Schrauben (Vierkant und Vielzahn) | | 25–50 |
| Bremsscheibe | | 2,5–5 |
| Bremssattel | | 5–7 |
| Schaltwerk-Befestigung | | 8–10 |
| Freilauf an Nabe | | 35–50 |
| Steuersatz | | 15–25 |
| Aheadset-Vorbau-Klemmschraube | | 5–9 |
| Hollowtech II-Kurbel-Klemmschrauben | | 12–15 |
| Pedale | | 29–40 |
| Lenkerklemmung an Vorbau | Eine oder zwei Schrauben | 18–30 |
| | Vier Schrauben | 4–8 |
| Sattelklemmung an Patentstütze | Einzelschraube | 16–25 |
| | Zwei Schrauben | 5–8 |
| Sattelstützen-Klemmschraube | | 4–7 |
| Vorbau-Klemmkeil (Gewinde-Gabelschaft) | | 20–35 |

# Tretlager-Standards

Die oft als »Englisch« bezeichneten BSA-Gewinde-Tretlager sind heute noch stark verbreitet, doch sie werden wohl bald durch neue Standards mit Einpress-Lagern ersetzt. Bei BB 30 werden die Lager z. B. direkt ins Tretlagergehäuse gepresst.
Zur allgemeinen Verwirrung haben viele Fahrradhersteller ihre eigenen Standards entwickelt. So wurde kürzlich die neue Norm BB386EVO angekündigt, die ein größeres Tretlagergehäuse erforderlich macht.
Die gute Nachricht lautet: Weil alle neuen Standards im Vergleich mit den alten auf »Übermaß« basieren, bieten in den meisten Fällen verschiedene Hersteller Adapter an, damit vorhandene Kurbelgarnituren montiert werden können.

| Typ | Außendurchmesser | Innendurchmesser | Gehäusebreite |
|---|---|---|---|
| BSA (»Englisch«) 1,37 x 24 TPI | 34,6 – 34,9 mm | 33,6 – 33,9 mm | 68/73 mm, bei Downhill auch 83 oder 100 mm |
| ITA (»Italienisch«) 36 x 24 TPI (1,058) | 35,6 – 35,9 mm | 34,6 – 34,9 mm | 70 mm |
| BB30 | 30 mm Welle | 42 mm | 68 mm (Rennräder), 73 mm (MTB) |
| PF30 | 30 mm Welle | 46 mm | 68 mm (Rennräder), 73 mm (MTB) |
| BB86 (für Rennräder) | 24 mm Welle | 41 mm | 86,5 mm |
| BB92 (für MTB) | 24 mm Welle | 41 mm | 92 mm |
| BB121 | 24 mm Welle | 41 mm | 121 mm |
| BB90 und BB95 (Trek-Standard | 24 mm Welle | 37 mm | 90 mm (Rennräder), 95 mm (MTB) |
| Bright Direct Fit (Cervélo-Standard) | 30 mm Welle | 42 mm | 79 mm |
| Bright Press Fit (Cervélo-Standard) | 30 mm Welle | 46 mm | 79 mm |
| 386 Evo | 30 mm Welle | 46 mm | 87 mm |

# Steuersatz-Standards

Wie bei den Tretlagern findet derzeit auch bei den Lenkkopflagern und Steuerköpfen ein Umbruch statt. Zum Glück haben sich die meisten größeren Hersteller auf einen universellen Identifikations-Standard namens SHIS (Standardised Headset Identification System) geeinigt. Die Abkürzungen bedeuten: EC = außenliegende Lagerschale (External Cup); ZS = semi-integriert (Zero Stack); IS = Voll integriert

| Alte Bezeichnung | SHIS | Lagerschalen-Außendurchmesser | Bohrung-Innendurchmesser |
|---|---|---|---|
| 1″ JIS Einpress-Lagerschale | EC29 | 30 mm | 29,8 – 29,9 mm |
| 1⅛″ Einpress-Lagerschale | EC34 | 34 mm | 33,8 – 33,95 mm |
| 1″ Semi-integriert | ZS41 | 41,5 mm | 41,35 – 41,4 mm |
| 1⅛″ Semi-integriert | ZS44 | 44,1 mm | 43,90 – 43,95 mm |
| 1½″ Semi-integriert | ZS56 | 56 mm | 55,90 – 55,95 mm |
| 1″ IS (Cane Creek) | IS38 | 38 mm | 38,15 – 38,25 mm |
| 1⅛″ IS (Cane Creek) | IS41 | 41 mm | 41,1 – 41,2 mm |
| 1⅛″ IS (Campagnolo) | IS42 | 41,8 mm | 41,95 – 42,05 mm |

# Fachbegriffe

Hier werden die wichtigsten unter Fahrradenthusiasten verwendeten Begriffe erläutert – darunter auch einige zusammen mit den Mountainbikes aus den USA zu uns gekommenen Wörter, die nicht aus dem Englischen übersetzt wurden.

**Achse** – Fest stehendes Mittelteil einer drehenden Komponente. Ein drehendes Mittelteil wird → Welle genannt.

**Aerobars** – Beim Triathlon oder Zeitfahren verwendeter weit nach vorne reichender Lenker, der die Aerodynamik verbessert, oft mit Auflagen für die Unterarme versehen. Kann als Aufsatz an den vorhandenen Lenker geklemmt oder separat montiert werden.

**Aheadset** – Lenkkopflager (Steuersatz), die mithilfe einer oben im Vorbau sitzenden Schraube eingestellt werden. Auch »A-Headset« oder »gewindeloser Steuersatz«. Eingetragene Marke der Firma Dia Compe.

**Aluminium-Felgen** – Oberbegriff für heute üblicherweise aus Leichtmetall gefertigte Fahrradfelgen. Highend-Felgen bestehen aus Carbon, Billig-Felgen aus Stahl.

**Ausfallenden** – Offene Aufnahmen für die Radachsen.

**Barends** – Rechtwinklig nach vorn gerichtete Lenker-Endstücke (»Lenkerhörnchen« ist auch nicht besser). Werden zum Umgreifen – besonders bei Steigungen – verwendet.

**Bike** – Englische Kurzform für Bicycle (Zweirad). Bezieht sich sowohl auf Fahrrad als auch auf Motorrad. Umgangssprachlich werden aber nur Motorradfahrer Biker genannt (→ Radfahrer).

**BMX** – Abk. für Bicycle Moto Cross. Seit den 1970er-Jahren in den USA verbreitete Sportart mit Spezialfahrrädern. Diese weisen spezielle Rahmen, Räder, Bremsen, Kurbeln, Tretlager, Pedale und andere Dinge auf, die mit anderen Fahrrädern nichts gemeinsam haben.

**Bowdenzug** – Für Bremsen und Schaltungen verwendete Seilzüge, die in flexiblen, aber in Verlaufsrichtung stabilen Hüllen verlaufen. Die Hüllen stützen sich gegen Widerlager ab, die sich am Hebel, an der Bremse bzw. am Schaltmechanismus und am Rahmen befinden.

**Butted** – Englisch für → Konifizierte Rohre.

**Cantileverbremse** – Felgenbremse, bei der zwei an den Gabelholmen gelagerte Hebel mithilfe des Bremszuges und eines dort eingehängten Querseils betätigt werden. Heute weitgehend durch die → V-Bremse abgelöst.

**Carbon** – eigentlich: Kohlefaserverstärkter Kunststoff (CFK), aus dem sehr leichte Rahmen, Gabeln, Lenker usw. gefertigt werden können. Das Material ist sehr stabil, reagiert aber empfindlich auf zu hohen Druck und Schläge.

**Chrommolybdänstahl (Cro-Mo)** – Stahl-Legierung, die sich gut für Rahmenrohre eignet.

**Columbus** – Hersteller hochwertiger Rahmenrohre aus Stahl und Leichtmetall sowie kompletter Carbonrahmen.

**Cyclocrosser** – Hieß früher Querfeldein-Rad. Ein Wettbewerbsfahrzeug, das nicht nur auf der Straße schnell sein muss.

**Dérailleur** – Französische und englische Bezeichnung sowohl für → Schaltwerk als auch → Umwerfer.

**Diamantrahmen** – Klassischer rautenförmiger Fahrradrahmen aus geraden Rohren. Hat mit Diamanten lediglich gemeinsam, dass Raute auf Englisch Diamond heißt.

**Downhill** – Englisch: bergab. Mangels eines Motors ist dies die einzige Möglichkeit, ein Fahrrad ohne Anstrengung auf Geschwindigkeit zu bringen.

**Dunlop-Ventil** – Dieses klassische Fahrradventil findet sich an modernen Rädern kaum noch. Zum Ablassen der Luft muss das Ventil gelöst werden.

**Eingangrad** – Fahrrad ohne Schaltung, aber mit → Freilauf. Früher etwas für arme Leute, heute für Minimalisten (→Fixie).

**Elektronische Schaltgruppe** – Kettenschaltung, bei der die Kette per Knopf, Kabel und Stellmotor auf andere Ritzel und Kettenblätter gelegt wird.

**Endurance-Bike** – das Rennrad für die Langstrecke (Endurance = Ausdauer) mit etwas komfortablerer Geometrie und Ausstattung.

**Fahrrad** – Vom Aussterben bedrohte Bezeichnung für motorloses Zweirad (engl. u. a. »Push-Bike«). Heute ersetzt durch »All-Terrain-Bike« oder »Trekkingrad«.

**Fatbike** – Tatsächlich ein dickes Fahrrad. Damit die bis zu 12 cm breiten Reifen zwischen die Gabelholme und Rahmenstreben passen, mussten auch andere Dinge umgestaltet werden, darunter die Radnaben und das Tretlager. Gefedert wird üblicherweise nur mit Luft, sodass beim Wechsel zwischen Straße und Gelände eine Luftpumpe unerlässlich ist.

**Federgabel** – Zumeist als Teleskopgabel ausgeführte Vorderradaufhängung, die Fahrbahn-Unebenheiten ausgleicht. Neben der Feder ist eine ausreichende Dämpfung wichtig – eine nur »gefederte« Gabel würde das Fahrrad springen lassen.

**Federweg** – Maximaler Bewegungsspielraum einer Gabel- oder Hinterradfederung. Wird hinten nicht am Stoßdämpfer, sondern an der Radachse ermittelt.

**Fixie** – Im Alltag eingesetztes →Eingangrad ohne → Freilauf, also mit festem Antrieb. Stammt aus dem Bahnradsport – und weil Bahnräder keine Bremsen haben, können echte Fixiefahrer auch auf der Straße nur durch verzögerte Trittfrequenz langsamer werden.

**Flip-Flop-Nabe** – Durch Umdrehen des Hinterrades kann das Fahrrad von → Fixie auf → Eingangrad umgebaut werden. Erkennbar an den zwei Ritzeln rechts und links.

**Freilauf** – Ratschenmechanismus, der das Drehen der Hinterradnabe mithilfe der Kette nur in eine Richtung erlaubt.

**Gabelbrücke** – Verbindung der beiden Gabelholme mit dem Gabelschaft. Die meisten Fahrräder sind mit nur einer G. ausgerüstet, manche → Downhill-MTBs mit zwei.

**Gabelschaft** – Das durch die im → Steuerrohr sitzenden → Lenkkopflager geführte obere Rohr der Gabel; oben mit dem → Vorbau, unten mit der → Gabelbrücke verbunden.

**Gesamtübersetzung** – der Unterschied zwischen dem kleinsten und dem größten Gang einer Schaltung.

**Gruppe** – Schaltungs- und Bremsen-Komponenten der gleichen Qualitätsstufe eines Herstellers. Bekannte Gruppen sind Dura Ace (Rennrad) oder Deore XT (MTB) von Shimano oder Record von Campagnolo.

**Hardtail** – Fahrrad ohne Hinterradfederung, meistens auf Mountainbikes bezogen.

**Hydroforming** – Durch Innenhochdruck-Umformung hergestellte Rahmen-Segmente. Hierdurch werden komplexe Formen möglich.

**Inbusschlüssel/-schraube** – eigentlich eine Marke: »Innensechskant-Schraube (der Firma) Bauer und Schaurte«.

**Indexschaltung** – Bei Kettenschaltungen werden die Gänge erst seit den 1980er-Jahren über einrastende Drehgriffe oder Druckschalter gewechselt. Diese Indexierung erfordert eine exakte Abstimmung des Schalthebels zum Schaltwerk.

**Industrielager** – Andere Bezeichnung für Rillenkugellager (→ Kugellager).

**Innenlager** – Lager im Tretlagergehäuse, in denen sich die Tretlagerwelle dreht. Spätestens mit dem Aufkommen außen liegender Tretlager sollte diese Bezeichnung überdacht werden.

**ISO** – Internationale Organisation für Normung. Die nach diesem Standard produzierten Vierkant-Konusse unterscheiden sich von denen nach → JIS-Norm.

**JIS** – Japanischer Industrie-Standard, der beim Fahrrad u. a. für Vierkant-Konusse interessant ist, da diese sich von Konussen nach → ISO-Norm unterscheiden.

**Kassette** – Ritzelpaket, das auf den Freilauf gesteckt ist (→ Schraub-Zahnkranz).

**Kettenblatt** – Vorderes Ritzel, das an die → Kurbelgarnitur geschraubt ist.

**Kettenlinie** – Bei →Eingangrädern oder Fahrrädern mit → Nabenschaltung sollten Kettenblatt und Ritzel perfekt zueinander fluchten, damit die Kette ohne seitliche Belastung darauf laufen kann. Bei → Kettenschaltungen sollte die jeweils auf den mittleren Ritzeln liegende Kette perfekt ausgerichtet sein.

**Kettenschaltung** – Modern ist an ihr hauptsächlich, dass sie erst Jahrzehnte nach der → Nabenschaltung erfunden wurde. Ihre Vorteile liegen im großen Übersetzungsbereich, geringem Gewicht und dem simplen Aufbau – und den günstigen Herstellungskosten.

**Kettenstreben** – Die dünnen Rohre zwischen dem → Tretlagergehäuse und dem hinteren → Ausfallende.

**Kevlar** – Hoch belastbare Kunstfaser zur Verstärkung von Reifen und Carbon-Rahmen.

**Klickpedale** – Mit speziellen Platten ausgerüstete Schuhe können hier einrasten. So ist eine sichere Verbindung gewährleistet und der Fahrer kann für einen besseren Rundtritt die Pedale hinten hochziehen.

**Komponente** – Bauteile der Schaltung und der Bremsen. Zusammengefasst werden sie zu → Gruppen.

**Konifizierte Rohre** – Zur Gewichtserleichterung werden Rohre nur an den stark belasteten Enden mit dickeren Wandstärken gefertigt, im mittleren Bereich sind sie dünn, dadurch erhalten sie eine konische Form. Zweifach konifziert: zwei verschiedene Wandstärken; dreifach konifiziert: drei verschiedene Wandstärken. Der Außendurchmesser der Rohre bleibt immer gleich.

**Konus** – Kegelförmig. Kommt beim Fahrrad in einer verwirrenden Vielfalt vor: Bei Konuslagern wird das Spiel der Kugeln durch Abstandsänderungen der seitlich versetzten Innen-und Außen-Lagerringe eingestellt. Bei Kurbeln mit Vierkant-Konussen sind sowohl der Vierkant der → Tretlagerwelle als auch der vierkantige Ausschnitt der Kurbeln nach außen verjüngend ausgeführt, um eine feste Verbindung sicherzustellen. Bei Konus-Steuersätzen ist das untere Lenkkopflager größer als das obere, sodass der Gabelschaft eine konische Form haben muss. Hinzu kommen → koni-fizierte Rahmenrohre.

**Krallenmutter** – bei → Aheadsets im Gabelschaft steckender »Stern«, der mit der Einstellschraube gegen die Abschlusskappe gezogen wird. Kann nur von oben eingeschoben werden.

**Kreuzschlitzschraube** – häufig anzutreffender Schraubentyp, der seinen schlechten Ruf dadurch erhielt, dass es zwei Ausführungen gibt, die kaum jemand unterscheiden kann. Die klassische K. wird Phillips genannt, das andere Profil Pozidriv. Letzteres kann durch das dünne versetzte Kreuz erkannt werden und findet sich häufig an Spaxschrauben. Nur hier dürfen Schraubendreher mit doppeltem Kreuz verwendet werden.

**Kugellager** – Wälzlager, bei dem sich zwischen dem Außen- und dem Innenring Kugeln drehen. Früher beim Fahrrad fast ausschließlich als einstellbare → Konus-K. eingesetzt, heute immer mehr als nicht einstellbare und teilweise abgedichtete Rillenkugellager, bei denen der Außen- und Innenring nicht getrennt werden können (→ Industriekugellager).

**Kupferpaste** – Häufig verwendetes Trenn- oder Gleitmittel mit Kupferpulver. Verhindert Korrosion. Nicht als Schmierstoff einsetzbar.

**Kurbeln** – Verbindungsstangen zwischen den Pedalen und der Tretlagerwelle.

**Kurbelgarnitur** – Baugruppe, bestehend aus den → Kurbeln, der Tretlagerwelle und den Kettenblättern.

**Lager** – Bauteil zur Minimierung der Reibung in drehenden oder gleitenden Komponenten. Die wichtigsten Lager beim Fahrrad sitzen im Steuerrohr (»Steuersatz«), im Tretlager, in den Pedalen und in den Laufrädern. → Kugellager.

**Laufrad** – Das aus dem Reifen, der Felge, den Speichen und der Nabe bestehende einzelne Rad eines Fahrrades.

**Legierung** – Metallischer Werkstoff aus mehreren Elementen. Legierungen mit Eisen als Hauptbestandteil werden Stahl genannt.

Alles, was beim Fahrrad aus »Aluminium« ist, besteht tatsächlich aus Aluminium-Legierungen, da reines Aluminium sehr weich und wenig zugfest ist.

**Lenkerenden-Schalter** – Hebel an den vorderen Enden von → Aerobars, mit denen die Gänge gewechselt werden können, ohne dabei die aerodynamische Sitzhaltung verlassen zu müssen.

**Lenkkopflager** – die oben und unten im Steuerrohr sitzenden Lager, in denen sich der Gabelschaft dreht.

**Maschine** – Irreführende Bezeichnung für → Rennrad – die eigentliche Maschine sitzt obendrauf.

**Mountainbike** – Die deutsche Übersetzung Bergrad wäre zwar kürzer, aber MTB ist es auch. Seit den späten 1980er-Jahren immer beliebter werdende Geländesport-Räder, die aber auch häufig in der Stadt gefahren werden.

**Muffe** – Verbindungsteil. Bei klassischen gemufften Stahlrahmen werden die Rohre in geschmiedete Muffen gesteckt und dort hartverlötet.

**Nabenschaltung** – Seit 1885 immer weiter entwickeltes, bewährtes und geschlossenes Getriebe in der Hinterradnabe. Berühmt ist die seit 1907 produzierte Torpedo-Nabe von Fichtel & Sachs (gehört heute zu SRAM). Seit 1999 produziert die Firma Rohloff eine Nabe mit 14 Gängen und einem Übersetzungsbereich, der mit dem einer 27-Gang-Kettenschaltung vergleichbar ist.

**Negativer Federweg** – Der Bereich der Federung, der durch einfaches Aufsitzen einsackt (oft mit dem englischen Begriff „sag“ bezeichnet).

**Nippel** – 1.) auf die Speiche geschraubte Bundmutter, um sie in der Felge zu fixieren und einstellen zu können. 2.) an das Ende eines → Bowdenzuges gelötete Verdickung, die in den Schaltmechanismus oder die Bremse eingehängt wird.

**Oberrohr** – Verbindung zwischen dem → Steuerrohr und dem → Sitzrohr. Obwohl bei der Rahmengröße nicht angegeben, sollte seine Länge an die → Rahmenhöhe angepasst sein.

**Patronen-Tretlager** – Komplette Tretlagereinheit mit → Rillenkugellagern, die in das → Tretlagergehäuse installiert wird.

**Q-Faktor** – Abstand zwischen den Pedalen bzw. den Kurbeln. Hat Einfluss auf die Sitzposition, die Kraftübertragung und die Schräglagenfreiheit.

**Rad** – Kurzbezeichnung für → Fahrrad. Dessen einzelne Räder heißen korrekt → Laufrad.

**Radfahrer** – Die ein Fahrrad bewegende Person. Weil ein R. zumindest auf einem → Rennrad nach oben buckelt und nach unten tritt, wird opportunistisches Verhalten auch als Radfahrer-Mentalität bezeichnet.

**Rahmenhöhe** – Wichtig für die Anpassung des Fahrrades an seinen Nutzer. Unterschiedliche Fahrradtypen haben auch unterschiedliche R. Diese werden meistens als Abstand zwischen dem Tretlager und dem Oberrohr oder dem Ende des Sitzrohrs angegeben.

**Rennrad** – Ein auf den ersten Blick seit Jahrzehnten unverändert gebautes Minimal-Fahrrad mit sehr schmalen Reifen.

**Reynolds** – Hersteller hochwertiger Rahmenrohre.

**Rücktrittbremse** – in die Nabe integrierte Bremse, die durch Rückwärtsdrehen der Pedale aktiviert wird. Funktioniert nur in Verbindung mit einem → Freilauf, manchmal auch mit einer → Naben-schaltung. Wird heute nur in wenigen Ländern und hauptsächlich bei Kinder- und Alltagsrädern eingesetzt.

**Sattelstütze** – Im → Sitzrohr verschiebbares Rohr, an dem oben der Sattel montiert ist.

**Schaltauge** – Aufhängung des (hinteren) Schaltwerks. Oft als separates Bauteil an den Rahmen geschraubt.

**Schalträdchen** – Die zwei kleinen Rollen im (hinteren) Schaltwerk, mit denen die Kette durch den Kettenspanner (unten) und auf das Ritzel (oben) geführt wird.

**Schaltwerk** – Vorrichtung einer → Kettenschaltung zum Umlegen der Kette auf dem → Zahnkranzpaket.

**Schlauchlose Reifen (Tubeless)** – Statt eines Schlauchs dichtet eine zähflüssige Masse die Luft ab; diese kann auch Schutz gegen kleine Löcher bieten. Zum Aufpumpen ist eine große Menge Luft in kürzester Zeit nötig, um die Reifenflanken gegen die Felge zu drücken.

**Schrader-Ventil** – bei Autos und Motorrädern verbreitete Reifenventile, die sich heute an vielen MTBs finden. Beim Aufpumpen an der Tankstelle muss aufgepasst werden, da deren Anlagen viel Luft abgeben.

**Schraub-Zahnkranz** – Ritzelpaket, auf die Hinterradnabe geschraubt.

**Sclaverand-Ventil** – Oft an Rennrädern zu findendes Reifenventil, das mit einer kleinen Rändelmutter gesichert wird (Lösen zum Aufpumpen erforderlich).

**Seitenzugbremse** – Klassische Felgenbremse mit bei schlechter Qualität geringer Bremswirkung. Zuletzt am → Rennrad eingesetzt und dort durch die → Zweigelenkbremse ersetzt.

**Single-Speed** – Englisch für → Eingangrad.

**Sitzpolster** – Radsport-Hosen sind im Sitzbereich mit Polstern ausgerüstet, die den Komfort verbessern sollen. Früher gab es Einsätze aus Gams- oder Ziegenleder.

**Sitzrohr** – Aufnahme der → Sattelstütze, verbindet oben das → Oberrohr mit den → Sitzstreben und ist unten mit dem → Tretlagergehäuse verbunden.

**Sitzstreben** – Die dünnen Rohre zwischen dem → Sitzrohr und dem hinteren → Ausfallende.

**Slicks** – Profillose Reifen. Oft als spezielle Straßenreifen für MTBs verwendet (→ Stollenreifen).

**Speiche** – Im Laufrad zwischen Felge und Nabe verlaufender Draht, der nur auf Zug belastet werden kann – die Nabe hängt also im Rad.

**Speichenschlüssel** – Werkzeug zum Drehen der Speichennippel; gibt es in vielen kaum zu unterscheidenden Größen, sodass darauf geachtet werden muss, den Vierkant des Nippels nicht rund zu drehen.

**Spiel** – Unerwünschte Bewegung in Lagern. Kann durch falsche Einstellung oder Verschleiß entstehen.

**Steuerrohr** – Kurzes Rahmenrohr, das vorn das → Oberrohr mit dem → Unterrohr verbindet und die → Lenkkopflager und den → Gabelschaft aufnimmt.

**Steuersatz** – Zweiteiliges Lager im Steuerrohr, in dem sich die Gabel dreht (→ Lenkkopflager).

**Stollenreifen** – Reifen für den Einsatz auf lockerem Untergrund mit groben Profilblöcken. Erzeugen auf Asphalt einen hohen Rollwiderstand (→ Slicks).

**Stoßdämpfer-Anlenkung** – Die meisten Hinterradstoßdämpfer werden nicht direkt, sondern über eine Anlenkung komprimiert. Diese kann zum einen progressiv ausgelegt sein, sodass der Dämpfer beim stärkeren Einfedern härter wird; zum anderen lässt sich die Hebelwirkung ändern – ein kurzer Federweg am Dämpfer erlaubt dem Rad dennoch genügend Bewegungsfreiheit.

**Tretlager** → Innenlager.

**Tretlagergehäuse** – Das kurze quer eingeschweißte Rohr, das unten das → Sitzrohr, das → Unterrohr und die → Kettenstreben miteinander verbindet und die → Tretlager samt → Kurbelgarnitur aufnimmt.

**Torxschraube** – Diese Sechsrundschrauben finden sich immer öfter am Fahrrad; mit passenden Schlüsseln lassen sich große Kräfte übertragen.

**Twenty-Nine** – Populäre Reifengröße für Mountainbikes, auch als Bezeichnung für damit ausgestattete MTBs verwendet (»Twentyniner«).

**U-Bremse** – Vorläufer der Cantileverbremse, bei dem die Bremsarme oberhalb des Rades überkreuzt werden und die Lagerung oberhalb der Bremsklötze liegt. Findet sich heute noch an BMX-Rädern.

**Umwerfer** – Vorderes Schaltwerk einer Kettenschaltung, das die Kette auf zwei bis drei → Kettenblätter legt.

**Unterrohr** – Das zwischen dem → Steuerrohr und dem → Tretlagerrohr verlaufende Rahmenrohr, aufgrund seiner Belastung oft am stabilsten ausgeführt.

**V-Bremse** – Aktuell weit verbreitete Felgenbremse. Nachfolger der → Cantileverbremse. Der Bremszug-Nippel ist in einem Hebel und das gebogene Führungsrohr als Verlängerung der Hülle im anderen Hebel eingehängt.

**Vario-Sattelstütze** – Kann hydraulisch per Knopfdruck die Sitzhöhe verändern. Gut für steile Abfahrten mit dem → Mountainbike.

**Vorbau** – Verbindung zwischen Lenker und Gabel. Durch verschiedene Höhen und Längen kann die Sitzposition verändert werden.

**Vorspur** – Damit Bremsklötze nicht quietschen, müssen sie vorn etwas eher die Felge berühren als hinten.

**Welle** – Der sich (zumeist in Lagern) drehende Teil einer Komponente. Ein fest stehendes Teil, auf dem sich etwas dreht, wird → Achse genannt.

**Wulst** – Das stabile Seil, das an den Rändern des Reifens ins Gummi eingebettet ist, um ihn sicher auf der Felge zu halten.

**XTR** – Komponentengruppe, beinhaltet Kurbelgarnitur mit außenliegenden Tretlagern, von Shimano.

**Y-Rahmen** – Aus Leichtmetall-Profilen hergestellter Rahmen, bei dem allein das Unterrohr mit dem Steuerrohr verbunden ist und das Oberrohr erst etwa mittig zwischen Steuer- und Sitzrohr abzweigt.

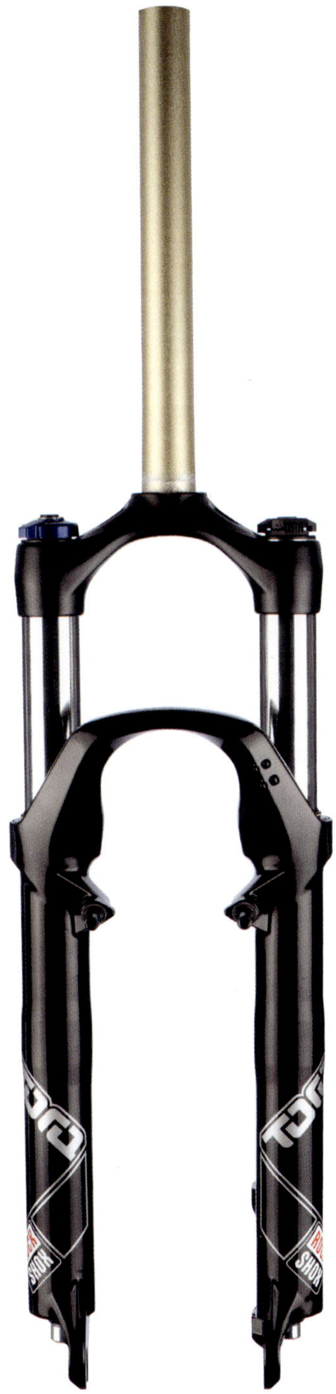

**Y-Schlüssel** – Ein nützlicher dreiarmiger Schlüssel für → Inbus- oder →Torxschrauben in gängigen Größen.

**Zahnkranzpaket** – Die verschiedenen (hinteren) Ritzel einer Kettenschaltung. Üblich sind heute Pakete mit sieben bis zehn Ritzeln.

**Zentrieren** – Laufräder müssen mithilfe der Speichennippel so eingestellt werden, dass die Felge weder einen Höhen- noch einen Seitenschlag aufweist. Zudem muss sie so ausgerichtet sein, dass sie mittig im Rahmen oder der Gabel läuft.

**Zweigelenkbremse** – Moderne Abwandlung einer → Seitenzugbremse mit höherer Bremswirkung. Hauptsächlich am → Rennrad eingesetzt.

# Register

Danksagung
Autoren und Verlag danken den vielen Herstellern und Zulieferern, die Fahrräder, Zubehör, Werkzeug, Fotos und Informationen zur Verfügung gestellt haben, um bei der Entstehung dieses Buches zu helfen.


Die englische Originalausgabe mit dem Titel »The Bike Book 7th Edition – Complete Bicycle Maintenance« erschien bei Haynes Publishing, Somerset.
Text: Mark Storey, James Witts

Bibliografische Information der Deutschen Nationalbibliothek
Die Deutsche Nationalbibliothek verzeichnet diese Publikation in der Deutschen Nationalbibliografie; detaillierte bibliografische Daten sind im Internet über http://dnb.dnb.de abrufbar.

Die vorherigen vierzehn Auflagen dieses Werkes erschienen ebenfalls bei Delius Klasing/ Edition Moby Dick, zuletzt unter der ISBN 978-3-7688-5356-9. Autor der ersten dreizehn Auflagen war Fred Milson, Autor der vierzehnten Auflage Mark Storey.

15., vollständig überarbeitete Auflage 2018
ISBN 978-3-667-11363-4
Die Rechte für die deutsche Ausgabe liegen beim Verlag Delius Klasing & Co. KG, Bielefeld.

Aus dem Englischen von Udo Stünkel
Lektorat: Klaus Bartelt, Florian Haymann, Stephanie Jaeschke
Herausgeber: Ian Heath
Projektmanager: Louise McIntyre
Fachlektorat: Chaz Curry
Mechaniker: Jonny Ashelford
Studiofotografie: Paul Buckland
Illustrationen: Ian Bott
Layout: James Robertson & Christopher Borgman
Einbandgestaltung: Felix Kempf, www.fx68.de
Satz: Fotosatz Habeck, Hiddenhausen
Printed in Malaysia



Delius Klasing Verlag, Siekerwall 21, D - 33602 Bielefeld
Tel.: 0521/559-0, Fax: 0521/559-115
E-Mail: info@delius-klasing.de
www.delius-klasing.de